全国职业技术院校模具制造/模具设计专业教材

模具制造电切削加工技术
(第二版)

人力资源和社会保障部教材办公室组织编写

中国劳动社会保障出版社

简　介

本书内容主要包括数控电加工基础知识、快走丝电火花线切割加工、慢走丝电火花线切割加工、电火花成型加工、电火花小孔加工。

本书由申如意主编，姜利、徐燕、常小琴、王震宇、邓建华参编，陈洁训主审。

图书在版编目(CIP)数据

模具制造电切削加工技术/人力资源和社会保障部教材办公室组织编写. —2版. —北京：中国劳动社会保障出版社，2016

全国职业技术院校模具制造/模具设计专业教材

ISBN 978-7-5167-2558-0

Ⅰ.①模…　Ⅱ.①人…　Ⅲ.①模具-制造-电加工-金属切削-职业教育-教材
Ⅳ.①TG760.6

中国版本图书馆 CIP 数据核字(2016)第 141877 号

中国劳动社会保障出版社出版发行

（北京市惠新东街 1 号　邮政编码：100029）

*

北京宏伟双华印刷有限公司印刷装订　　新华书店经销

787 毫米×1092 毫米　16 开本　15.25 印张　307 千字

2016 年 6 月第 2 版　　2023 年12月第 6 次印刷

定价：28.00 元

营销中心电话：400-606-6496

出版社网址：http://www.class.com.cn

http://jg.class.com.cn

前言

为了更好地适应全国职业技术院校模具类专业的教学要求，全面提升教学质量，人力资源和社会保障部教材办公室组织有关学校的骨干教师和行业、企业专家，对全国中等职业技术学校和高等职业技术院校模具类专业教材进行了修订和补充开发。教材的修订和开发以人力资源社会保障部颁布的《技工院校模具制造专业教学计划和教学大纲（2016）》与《技工院校模具设计专业教学计划和教学大纲（2016）》为依据，充分调研了企业生产和学校教学情况，广泛听取了教师对现行教材使用情况的反馈意见，吸收和借鉴了各地职业技术院校教学改革的成功经验。

教材体系

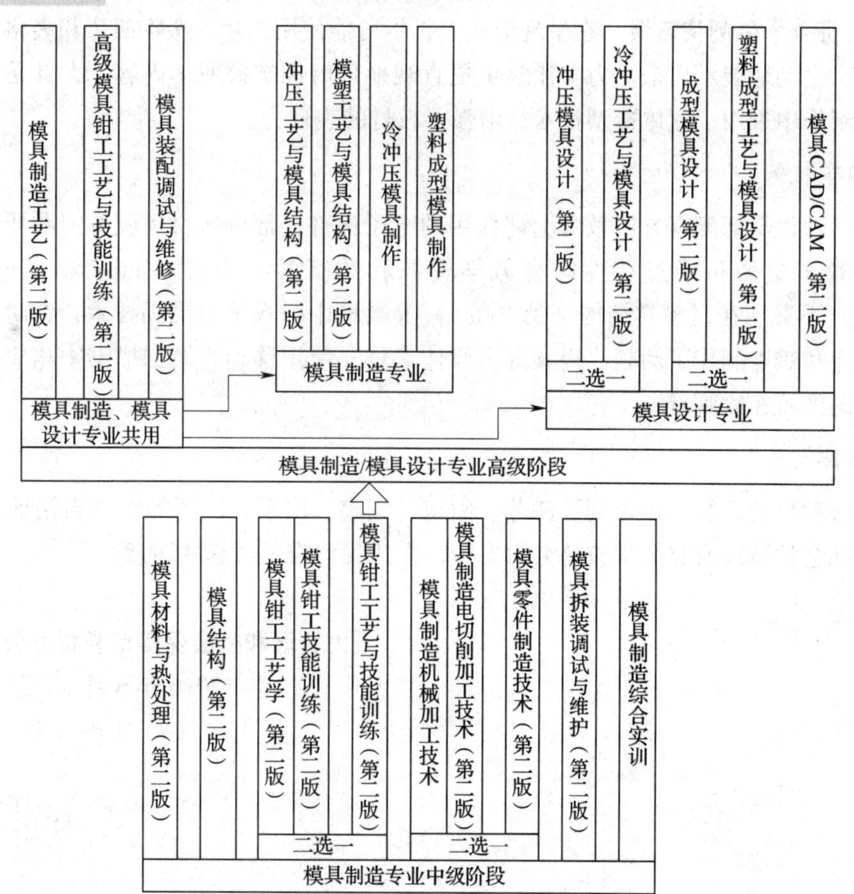

适用对象

模具制造/模具设计专业中级、高级两个层次和以下 3 种学制：

- 初中毕业生 3 年学制培养中级工
- 高中毕业生 3 年学制培养高级工
- 初中毕业生 5 年学制培养高级工

编写特色

◆ **紧贴国家职业标准**　紧密贴合《中华人民共和国职业分类大典（2015 年版）》中对模具工等职业的职业能力要求，同时参照了模具工、工具钳工等国家职业技能标准。

◆ **体现行业技术发展**　根据模具行业的最新发展，在教材中充实模具制造、设计方面的新技术，如模具 CAD/CAM/CAE 技术、快速成型技术、多轴数控加工技术、微细加工技术等，体现教材的先进性。

◆ **更新国家技术标准**　采用最新的国家技术标准，如《工模具钢》（GB/T 1299—2014）、《冲压件尺寸公差》（GB/T 13914—2013）、《冲压件角度公差》（GB/T 13915—2013）等，使教材内容更加科学和规范。

◆ **符合学生阅读习惯**　在呈现形式上，尽可能使用图片、实物照片和表格等形式将知识点生动地展示出来，力求让学生更直观地理解和掌握所学内容。尤其是在教材插图的制作中采用了立体造型技术，增强了教材的表现力。

教学服务

本套教材全部配有方便教师上课使用的电子课件，部分教材还配有习题册，电子课件等教学资源可通过职业教育教学资源和数字学习中心（http：// zyjy. class. com. cn）下载。在《模具结构（第二版）》等教材中引入了二维码技术，针对书中的教学重点和难点制作了动画、视频等多媒体素材，使用移动终端扫描书中相应位置处的二维码即可在线观看。

致谢

本次教材的开发工作得到了江苏、山东、湖南、广东、广西等省（自治区）人力资源和社会保障厅及有关学校的大力支持，在此我们表示诚挚的谢意。

人力资源和社会保障部教材办公室

2016 年 6 月

目 录
Contents

数控电加工基础知识

课题一　电火花加工基础知识

一、电火花加工技术的历史与发展

1. 电火花加工技术的历史

20 世纪 50 年代，前苏联科学家拉扎连科夫妇通过对家用电器开关闭合与断开时经常出现的火花腐蚀现象进行研究，发明了电火花加工技术。我国在 20 世纪 50 年代末期开始研究电火花线切割加工技术。

20 世纪 70 年代末期至 80 年代初期，高频电阻脉冲电源、线切割机床计算机控制系统和专用系列编程系统、超厚线切割加工装置与技术广泛应用于电火花加工机床中。

20 世纪 80 年代末期，大型快速线切割机床和四轴联动线切割机床研制成功。

20 世纪 80 年代到 90 年代，国外慢走丝线切割技术取得了长足的进步。

20 世纪 90 年代初期，国外出现了三轴数控电火花机床。

从技术发展过程来看，电火花加工技术经历了手动电火花加工、液压伺服、直流电动机、步进电动机、交流伺服电动机等一系列过程；控制系统也越来越复杂，从单轴数控到三轴数控，再到多轴联动。

2. 电火花加工技术的现状及发展

数控电火花加工技术正向精密化、智能化、自动化、高效化方向发展。

(1) 精密化

电火花加工的精密核心主要体现在对尺寸精度、仿形精度、表面质量的要求。目前，数控电火花机床加工的精度全面提高，如可达到镜面加工效果且能够成功地完成微型接插件、IC 塑封、手机壳、CD 盒等高精密模具部件的电火花加工。

（2）智能化

智能控制技术的出现把数控电火花加工推向了新的发展高度。新型数控电火花机床采用了智能控制技术。专家系统是数控电火花机床智能化的重要体现。专家系统智能技术的应用使机床操作更容易，对操作人员的技术水平要求更低。

（3）自动化

数控电火花机床具备的自动测量找正、自动定位、多工件连续加工等功能已较好地发挥了它的自动化性能。机床的自动化运转降低了操作人员的劳动强度，提高了生产效率。自动操作过程不需人工干预，可以提高加工精度和效率。但自动装置配件的价格比较高昂，大多数模具企业数控电火花机床的配置并不齐全。提高机床的自动化程度是当前数控电火花机床行业的发展趋势之一。

（4）高效化

现代加工的要求为数控电火花加工技术提供了最佳的加工模式，即要求在保证加工精度的前提下大幅度提高粗、精加工效率（如手机外壳、家电制品、电子仪表等，其模具通过电火花加工后不必再进行零部件表面的手工抛光处理），减少辅助时间（如编程时间、电极与工件定位时间等），这就需要增强机床的自动编程功能，配置电极与工件定位的夹具、装置。

电火花加工主要用于模具生产中型孔、型腔的加工，已成为模具制造业的主导加工方法，推动了模具行业的技术进步。

3. 电火花加工新工艺的应用

（1）标准化夹具实现快速精密定位

数控电火花加工为保证极高的重复定位精度且不降低加工效率，采用快速装夹的标准化夹具。标准化夹具是一种快速精密定位的工艺装备，它的使用大大减少了数控电火花加工过程中装夹定位的时间，有效地提升了企业的竞争力。目前，有瑞士的EROWA和瑞典的3R装置可实现快速精密定位。

（2）混粉加工方法实现镜面加工效果

在放电加工液中混入粉末添加剂，以高速获得光泽面的加工方法称为混粉加工。该方法主要应用于复杂模具型腔，尤其是不便于进行抛光作业的复杂曲面的精密加工，可降低零件表面粗糙度值，省去手工抛光工序，提高零件的使用性能（如寿命、耐磨性、耐腐蚀性、脱模性等）。混粉加工技术的发展使精密型腔模具镜面加工成为现实。

（3）摇动加工方法实现高精度加工

电火花加工复杂型腔时，在不同方向上的加工难度和加工面积相差很大，会引起加工屑局部集中，触发加工不稳定、放电间隙不均匀等情况。为了保证高效率下放电间隙的一致性，维持高的稳定加工性，可以在加工过程中采用电极不断摇动的方法。这种方法可获得侧面与底面更均匀的表面粗糙度，更容易控制加工尺寸，保证高精度、高质量的加工。

(4) 多轴联动加工方法实现复杂加工

近年来，随着模具工业和计算机技术的发展，促进了多轴联动电火花加工技术的进步。数控电火花加工机床利用多轴联动可方便地实现传统电火花机床难以加工的复杂型腔模具或微小零件的加工，如三维螺旋面、微细齿轮、微细齿条等。

在现有技术水平的基础上，不断开发数控电火花加工新工艺是未来发展的方向。数控电火花机床在结构设计、脉冲电源开发方面将向更合理、更具优势化的方向全面发展，在控制技术方面将向自动化、智能化的更高层次发展。而且，计算机网络管理技术在数控电火花机床上的应用将得到逐步推广，获得更好的系统管理效果。

二、电火花加工的基本原理

电火花加工又称放电加工或电加工（Electrical Discharge Machining，EDM），它是使工具电极和工件（分别接正、负电极）间不断产生脉冲电压将工作液击穿，产生火花放电，在放电的微细通道中瞬时集中大量的热能，将金属材料局部熔化，直至汽化而被蚀除的加工方法，如图 1—1—1 所示。

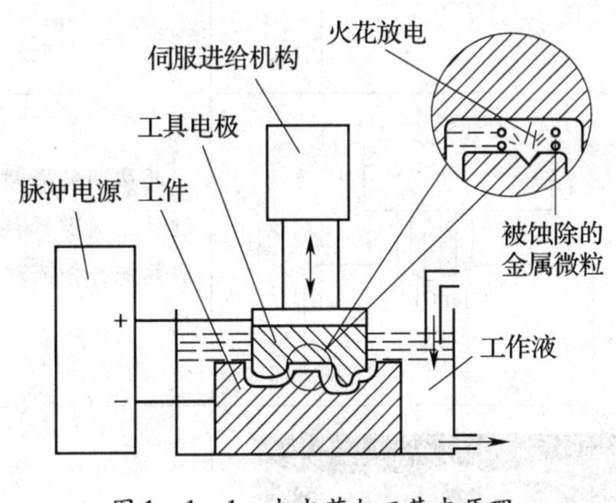

图 1—1—1　电火花加工基本原理

1. 电火花加工的物理本质

一个物体无论从宏观上看是多么平整，但在微观上其表面总是凹凸不平的，即由无数个高峰和凹谷组成。当处在工作介质中的工件与电极加上电压时，两极间立即建立起一个电场，电场强度是很不均匀的。电场强度取决于极间电压和极间距离：两极间距越小，电场强度越大；极间电压越大，电场强度越大。故在极间最近点处先击穿介质，形成放电通道，释放出大量能量，工件表面被电蚀出一个坑，工件表面的最高峰变成凹谷；另一处接近点电场强度变成最大，在脉冲能量的作用下，该处又被电蚀出坑来。在保持工具电极与工件之间恒定放电间隙的条件下，一边蚀除工件金属，一边使工具电极不断地向工件进给，就可在工件上加工出与工具电极形状相反的形状，得到所需要的零件。

2. 单个脉冲的放电过程

在液体介质小间隙中进行单个脉冲放电时，大致可分成以下几个连续过程：介质击穿和通道形成，能量转换和传递，电蚀产物抛出，见表 1—1—1。

表 1—1—1　　单个脉冲的放电过程

阶段	图示	说明
介质击穿	+ U_0 −	处在绝缘的工作液介质中的两电极，在加上无负荷直流电压后，伺服轴电极向下运动，极间距离逐渐缩小
形成通道	G −	当极间距离 G 小到一定程度时，在电场作用下介质被击穿，形成放电通道
能量转换和传递	1000℃以上	两极间的介质一旦被击穿，电源便通过放电通道释放能量，大部分能量转换成热能，使两极间放电点局部熔化或汽化
电蚀产物抛出		在热爆炸力、电动力、流体动力等综合因素的作用下，熔化或汽化的材料被抛出，产生一个小坑
脉冲放电结束	+ U_0 −	脉冲放电结束，两极间介质恢复绝缘，形成下一个加工周期

三、电火花加工的条件

实现电火花加工应具备以下条件：

1. 电极和工件之间必须加 60 ~ 300 V 的脉冲电压，同时还需要维持合理的距离——放电间隙。大于放电间隙，介质不能被击穿，无法形成火花放电；小于放电间隙，会导致积炭，甚至发生电弧放电，无法继续加工。

2. 火花放电必须在有较高绝缘强度的液体介质中进行，这样既有利于产生脉冲性的放电，又能使加工过程中的产物从两极间隙中悬浮排出，同时还能冷却电极和工件表面。常用的液体介质有煤油、氮化液、去离子水等。

3. 输送到两极间的脉冲能量应足够大，即放电通道要有很大的电流密度。

4. 放电必须是短时间的脉冲放电，一般为 1 μs ~ 1 ms，这样才能使放电产生的热量来不及扩散，从而把能量作用局限在很小的范围内，保持火花放电的冷极特性。脉冲放电需要多次进行，并且多次脉冲放电在时间上和空间上是分散的，以避免发生局部烧伤。

5. 脉冲放电后的电蚀产物能及时排放至放电间隙之外，使重复性放电顺利进行。

四、电火花加工的两个重要效应

1. 极性效应

电火花加工时，两极材料的被腐蚀量是不相同的，这种现象叫作极性效应。在生产中，通常将工件接脉冲电源正极（工具电极接负极）称为正极性接法，图 1—1—1 所示为电火花成型加工的正极性接法。将工件接脉冲电源负极（工具电极接正极）称为负极性接法，图 1—1—2 所示为电火花线切割加工的负极性接法。

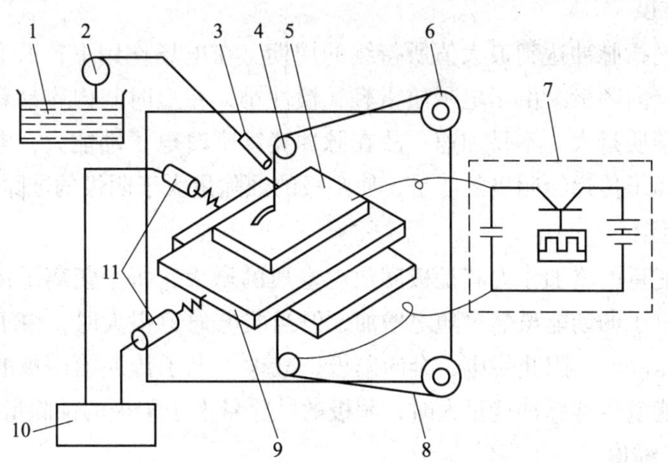

图 1—1—2　电火花线切割加工的负极性接法

1—工作液　2—泵　3—喷嘴　4—导向轮　5—工件　6—储丝筒　7—脉冲电源

8—电极丝　9—坐标工作台　10—数控装置　11—X、Y 轴步进电动机

在实际加工中，极性效应受到电参数、单个脉冲能量、电极材料、加工介质、电源种类等多种因素的影响。

2. 覆盖效应

在电火花加工过程中，电蚀产物在两极表面转移，形成一定厚度的覆盖层，这种现象叫作覆盖效应。覆盖效应的生成条件和影响因素见表1—1—2。

表1—1—2　　覆盖效应的生成条件和影响因素

图示	覆盖效应生成条件	影响覆盖效应的主要因素
	要有足够高的温度，以使碳粒子烧结成石墨化的耐蚀层	脉冲能量与波形的影响（采用某些组合脉冲有助于覆盖层的产生）
	要有足够多的电蚀产物	材料组合的影响
	要有足够多的时间形成碳素层	工艺条件的影响
	必须在油类介质中加工	工作介质的影响（油类工作液在放电产生的高温作用下有助于碳素层的生成）
	采用阳极性加工，碳素层易在阳极表面生成	

合理利用覆盖效应，有利于降低电极的损耗，甚至可做到“无损耗”加工。但若处理不当，出现过覆盖现象，将会使加工后的电极尺寸大于加工前的电极尺寸，从而降低了加工精度。

五、电火花加工工艺指标

1. 脉冲宽度

脉冲宽度是指脉冲达到最大值所持续的周期。在电场作用下，通道中的电子奔向阳极，正离子奔向阴极。由于电子质量轻，惯性小，在短时间内容易获得较高的运动速度；而正离子质量大，不易加速。故在脉冲宽度窄时电子动能大，电子传递给阳极的能量大于正离子传递给阴极的能量，使阳极的蚀除量大于阴极的蚀除量。

2. 脉冲能量

随着放电能量的增加，尤其是极间放电电压的增大，每个正离子传递给阴极的平均动能增加；电子的动能虽然也随之增加，但当放电通道很大时，由于电位分布变化引起阳极区电压降低，阻止了电子奔向阳极，减少了电子传递给阳极的能量，使阴极能量大于阳极能量。即脉冲能量大时，阴极的蚀除量大于阳极的蚀除量。

3. 表面粗糙度

电火花加工表面由无数次放电造成的微小蚀坑形成，每个电火花加工周期结束后，蚀坑的边缘又形成新的高点，使其成为下一个周期熔蚀的优先位置。于是不同的蚀坑最终融合在一起，构成电火花加工表面的随意性，由此得到的表面粗糙度值是电火花加工在众多行业中备受青睐的魅力所在。

电火花加工时改变的不仅是工件表面，还有它的次表面。加工后的工件表面结构分为三层，如图 1—1—3 所示。

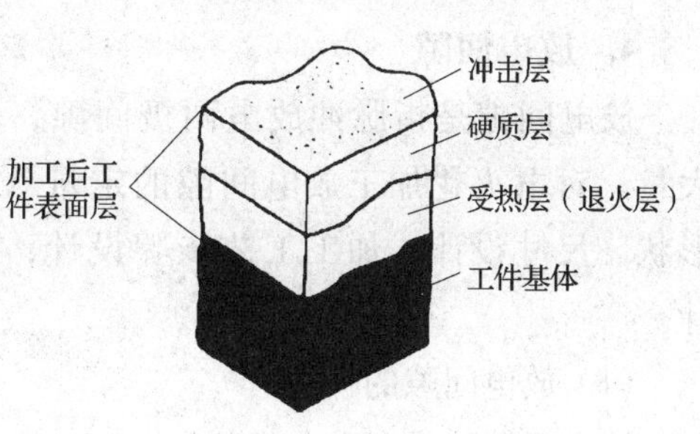

图 1—1—3 电火花加工表面

电火花加工表面冲击层是由被抛出的熔融金属和少量电极微粒冲击而成的，这一层很容易去除。下面一层是硬质层（氧化层），电火花加工实质上改变了硬质层的冶金结构和特性。在介质油的作用下，熔融金属迅速冷却，未被抛出的熔融金属就凝固在型腔中形成了硬质层。这层硬而脆的氧化层会出现显微裂纹。如果这一层太厚，或者通过抛光无法变薄或去除，那么工件可能在某些使用条件下过早损坏。最后一层是受热层或退火层，它只是受热，并没有熔化。硬质层和受热层的厚度由工件材料的散热能力和加工能量决定。不管如何，改变的金属层都会影响工件表面原来的属性。数控电火花加工机床上的自动精加工电路能够有效减少硬质层的形成，但仍然无法清除退火层。

电火花加工表面可用表面粗糙度测量仪测定表面粗糙度值。工件的电火花加工表面粗糙度直接影响其使用性能，如耐磨性、配合性、接触刚度、疲劳强度和耐腐蚀性等。尤其对于高速、高洁、高压条件下工作的模具和零件，其表面粗糙度往往是决定其使用性能和使用寿命的关键。

表面粗糙度与加工速度是一对矛盾的加工指标。要获得高的加工速度，则表面粗糙度值较大；而要获得较小的表面粗糙度值，则加工速度很低。影响表面粗糙度的主要因素见表 1—1—3。

表 1—1—3 影响表面粗糙度的主要因素

影响因素	说明
脉冲宽度	脉冲宽度越大，表面粗糙度值越大
峰值电流	电流越大，表面粗糙度值越大
电极表面质量	电极的表面粗糙度会复制到工件的表面，因此要求电极的表面粗糙度值要小
工件材料	用同样的电加工参数加工熔点高的材料，蚀出的凹坑小且浅
电极材料	电极材料本身组织结构越好，加工出的工件就容易获得小的表面粗糙度值
加工面积	加工面积越大，选取的电参数越大，工件表面粗糙度值越大

4. 放电间隙

放电间隙是指脉冲放电两极间隙，实际效果反映在加工后工件尺寸的单侧扩大量。对电火花加工放电间隙的定量认识是确定加工方案的基础，其中包括电极形状、尺寸设计，加工工艺步骤设计，加工规准的切换，以及相应工艺措施的设计。

（1）放电间隙的种类

放电间隙分为三种，见表1—1—4。

表1—1—4　　放电间隙的种类

间隙的种类	图示	说明
出口间隙（a）	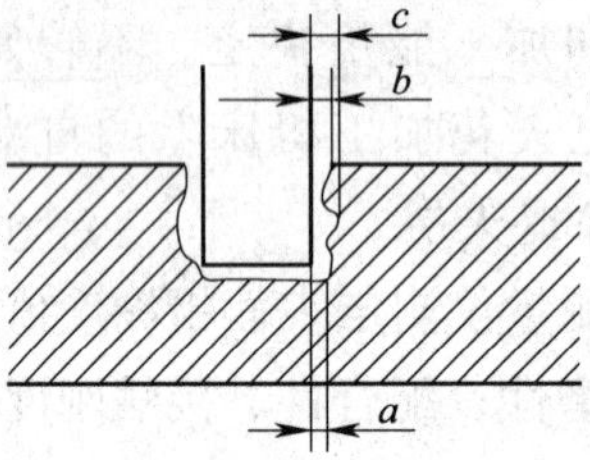 c b a	加工中工件与电极间的直接放电使两极蒸发和熔化部分飞散而造成的
入口间隙（b）		在产生放电间隙的基础上，增加了二次放电而产生
最大侧间隙（c）		排屑时工作液中的离子反复碰撞冲击引起重复二次放电而产生

（2）影响放电间隙的因素

1）电参数的影响。脉冲空载电压越高，放电间隙越大；脉冲宽度越大，放电间隙越大；峰值电流越大，放电间隙越大。

2）非电参数的影响

①加工中的二次放电将造成侧壁尺寸的扩大。加工中应采取措施尽可能减少二次放电的机会，如使用合适的冲油和抽油方式等。

②在加工过程中，由于电极的应力变形或机床系统刚度低而引起的振动，将加大放电间隙，进而影响工件的尺寸精度和仿形精度。

③工件的物理性能不同将产生不同的放电间隙，如加工硬质合金，其放电间隙就比加工一般钢件小得多。

④在电火花成型加工中，侧壁的斜度是不可避免的。对于需要一定斜度的模具，电火花加工过程中自然形成的斜度是有益的；但加工高精度直壁模具时，加工斜度应予以控制。

六、电火花加工的特点及应用范围

电火花加工按工具电极与工件相对运动方式和加工用途不同，分为电火花穿孔、电火花成型加工、电火花线切割、电火花磨削和镗磨、电火花同步共轭回转加工、电火花高速小孔加工、电火花表面强化与刻字。图1—1—4所示为常见的电火花加工工艺。

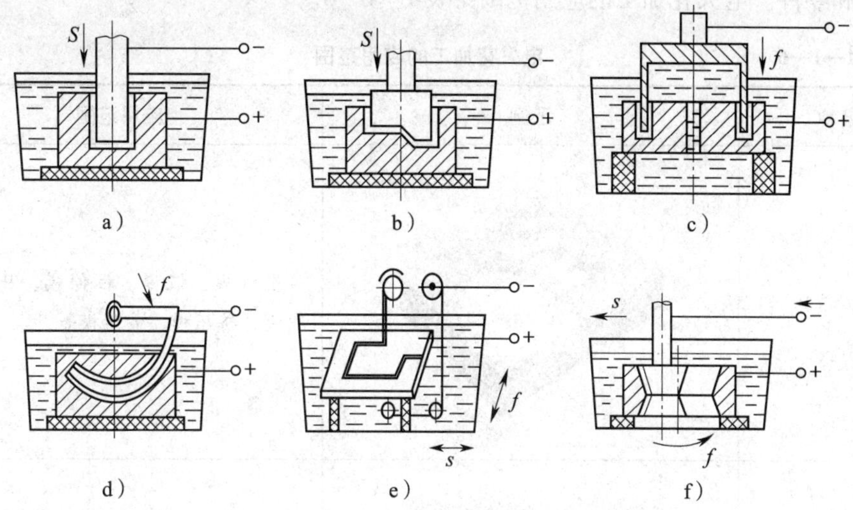

图1—1—4 常见的电火花加工工艺

a）加工通孔 b）加工模具型腔 c）加工环形内腔 d）加工弯孔 e）切割板料 f）磨拉丝模内表面

1. 电火花加工的特点

与常规的金属加工相比较，电火花加工的特点见表1—1—5。

表1—1—5 电火花加工的特点

优点	缺点
可以加工难以用金属切削方法加工的零件，不受材料硬度影响	电火花加工只适用于导电材料的工件
没有机械切削力，工具电极可以做得十分细微，能进行细微加工和复杂型面加工	加工效率一般较低
脉冲电源参数比机械量更易于实现数字控制、适应控制，便于实现自动化和无人化操作	存在电极损耗
可连续进行粗加工、半精加工和精加工	加工表面有变质层，需要去除

2. 电火花加工的应用范围

电火花加工是与机械加工完全不同的一种加工工艺方法。由于电火花加工在生产应用中显示出很多优异性能，加上数控水平和工艺技术的不断提高，其应用领域日益扩大，已在模具制造、航空、航天、电子、核能、仪器、轻工等行业用来解决各种难加工材料的复杂形状零件的加工问题，加工范围可从几微米的孔、槽到几米大的超大型模具和零件。电火花加工的应用范围见表1—1—6。

表1—1—6　　电火花加工的应用范围

名称	示例	应用范围
加工模具	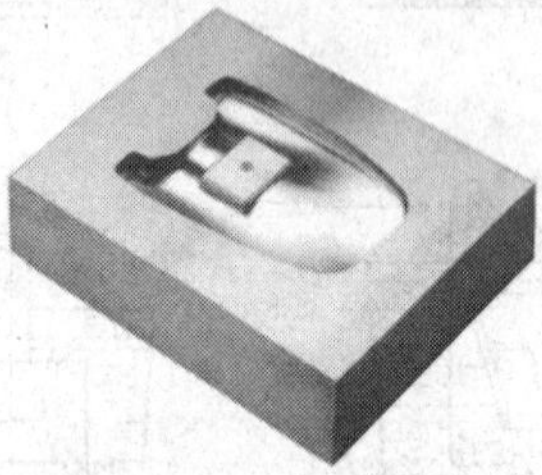	塑料模、锻模、拉伸模、压铸模、冲模、挤压模、玻璃模等
制造行业		加工各种成形刀具、样板、工具、量具、螺纹等
航空业	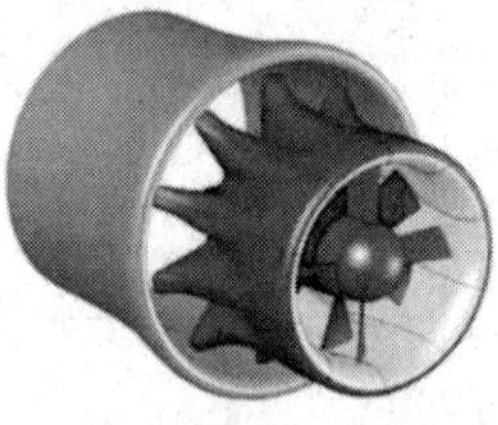	喷气发动机的涡轮叶片，其材料为耐热合金，采用电火花加工是合适的工艺方法
精密加工		化纤异型喷丝孔、发动机喷油嘴、激光器件、人工标准缺陷的窄缝加工

课题二 数控加工基础知识

随着电子技术的发展，越来越多的机床采用了计算机控制系统。电火花加工机床同样采用了计算机控制系统，因此，电火花加工机床也称为数控电火花加工机床。

一、数控的基本概念

1. 数字控制

数字控制（Numerical Control，NC）简称数控，是一种借助数字、字符或其他符号对某一工作过程（如加工、测量、装配等）进行可编程控制的自动化方法。

2. 数控技术

数控技术（Numerical Control Technology）是指用数字量及字符发出指令并实现自动控制的技术，它已经成为制造业实现自动化、柔性化、集成化生产的基础技术。

3. 数控系统

数控系统（Numerical Control System）是指采用数字控制技术的控制系统。

4. 计算机数控系统

计算机数控系统（Computer Numerical Control System）是以计算机为核心的数控系统，简称 CNC。

5. 数控机床

数控机床（Numerical Control Machine Tools）是指采用数字控制技术对机床的加工过程进行自动控制的机床。

二、数控机床简介

根据加工用途分类，数控机床主要有数控金属切削类机床、数控电火花加工类机床等大类。常见的数控切削加工机床包括数控车床、数控铣床/加工中心等（图 1—2—1），这类数控机床的相关知识与操作技术可参见《模具制造机械加工技术》。本教材重点介绍常见的数控电火花加工机床，见表 1—2—1。

除上述常见数控机床外，还有数控精雕机床、数控磨床、数控冲床、数控激光加工机床、数控超声波加工机床等。

三、数控编程方法

为了使数控机床能根据零件加工的要求进行动作，必须将这些要求以机床数控系统能识别的指令形式告知数控系统，这种数控系统可以识别的指令称为程序，制作程序的过程称为数控编程。

a）

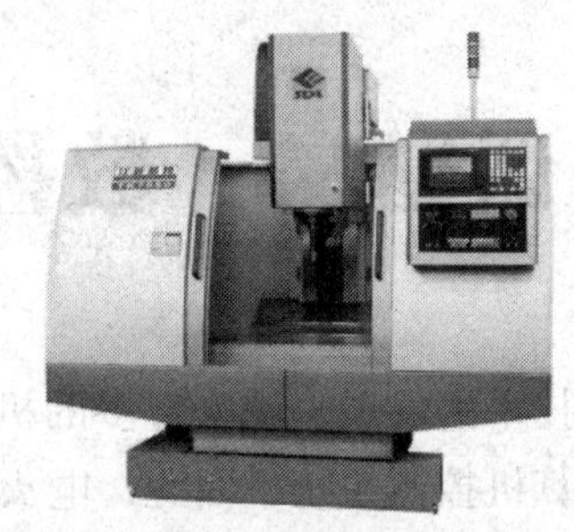

b）

图 1—2—1　常见的数控切削加工机床

a）数控车床　b）数控铣床/加工中心

表 1—2—1　常见的数控电火花加工机床

名称	图示	说明
电火花线切割加工机床		其工作原理是利用两个不同极性的电极（电极丝和工件）在绝缘液体中产生的电蚀现象去除材料而完成加工
电火花成型加工机床（俗称电脉冲机床）		其工作原理与电火花线切割加工机床类似。对于形状复杂的模具及难加工材料的加工有其特殊优势
电火花小孔机（又称数控电火花小孔机、电火花穿孔机）		它是在机械制造业中微孔、孔系、深小孔的加工，以及在超硬材料上的孔加工首选的加工手段

数控编程一般分为手工编程和自动编程两种编程方式。

1. 手工编程

手工编程是指编制加工程序的全过程，即图样分析、工艺处理、数值计算、编写程序单、制作控制介质、程序校验都由手工来完成。

手工编程不需要计算机、编程器、编程软件等辅助设备，只需要有合格的编程人员即可完成。手工编程具有编程快速、及时的优点，但其缺点是不能进行形状复杂的零件的编程。手工编程比较适合批量较大、形状简单、计算方便、轮廓仅由直线或圆弧两种规则线条组成的零件的加工。对于形状复杂的零件，采用手工编程则比较困难，最好采用自动编程的方法进行编程。

2. 自动编程

自动编程是指通过计算机软件编制数控加工程序的过程。

自动编程的优点是效率高，程序正确性好。自动编程由计算机替代人完成复杂的坐标计算和书写程序单的工作，它可以解决许多手工编程无法完成的复杂零件的编程难题，但其缺点是必须具备编程软件。

常见的自动编程方法主要采用人机对话的处理方式，利用 CAD/CAM 软件功能生成加工程序。CAD/CAM 软件编程与加工过程包括：图样分析、工艺分析、三维造型、生成刀具轨迹、后置处理生成加工程序、程序校验、程序传输并进行加工。图 1—2—2 所示为 NX 软件的线切割编程界面。

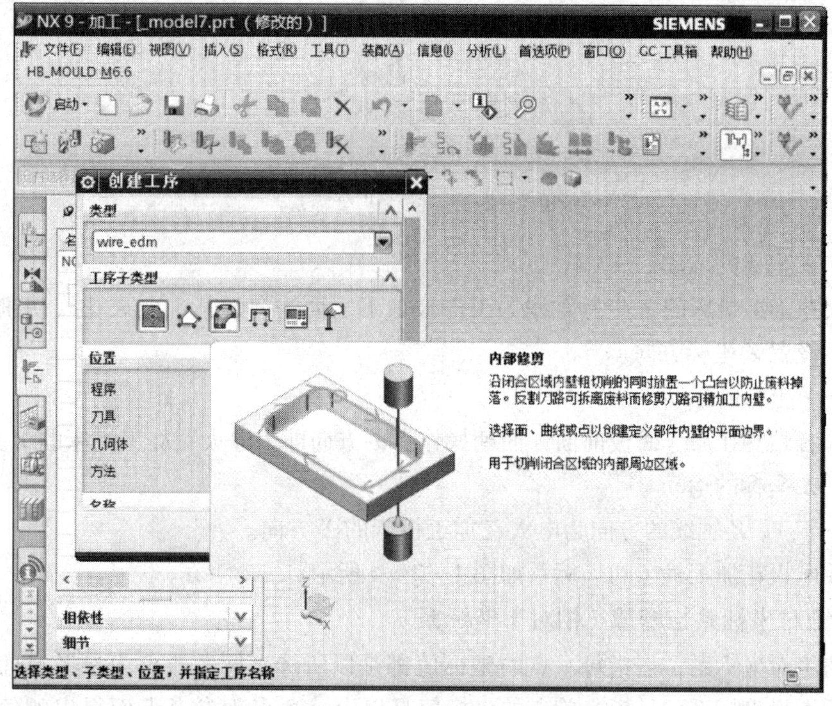

图 1—2—2 NX 软件的线切割编程界面

四、数控编程 ISO 代码

ISO 代码具有信息量大、可靠性高等优点，目前世界各国数控编程都通用 ISO 代码。

1. ISO 代码指令编程中的运动方向

标准的机床坐标系采用右手直角笛卡儿坐标系。如图 1—2—3 所示，拇指的方向为 X 轴的正方向，食指的方向为 Y 轴的正方向，中指的方向为 Z 轴的正方向。假设工件相对静止、刀具运动，若刀具运动方向与手指指向相同，则为刀具在该轴运动的正方向，相反则为负方向。

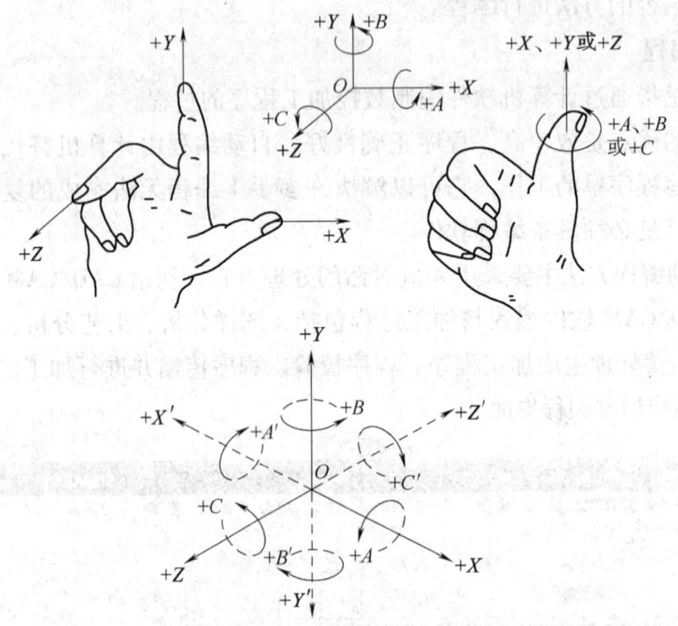

图 1—2—3　笛卡儿坐标系

（1）Z 坐标的运动

电火花加工机床的 Z 坐标轴线为工件被加工表面法向，其中电火花线切割加工机床一般不设置 Z 坐标方向。

（2）Y 坐标的运动

操作者站立在操作面板前面，面朝操作者的方向即为电火花加工机床的 Y 方向。

（3）X 坐标的运动

垂直于 Y、Z 轴线的方向为电火花加工机床的 X 方向。

数控电火花加工机床的坐标系如图 1—2—4 所示。

2. 绝对坐标系与增量（相对）坐标系

所谓绝对坐标系，是指每一点的坐标值都是以所选坐标系原点为参考点而得出的值。所谓增量坐标系，是指当前点的坐标值是以上一个点为参考点而得出的值。绝对坐标系与增量坐标系如图 1—2—5 所示。

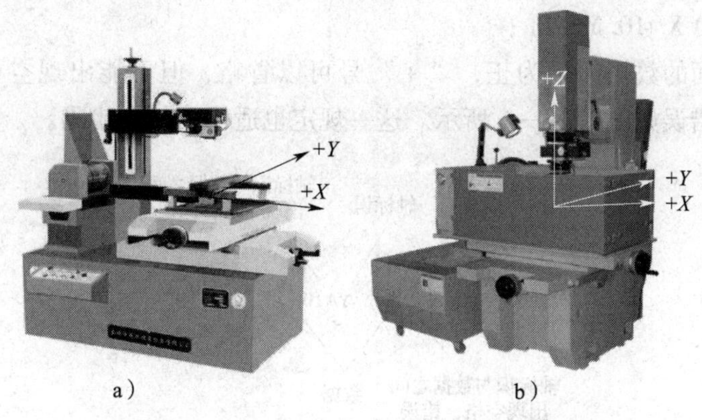

图 1—2—4 数控电火花加工机床的坐标系

a）电火花线切割加工机床 b）电火花成型加工机床

从 A（4.，4.）点加工到 B（19.，9.）点，不同坐标方式的程序如下：

绝对坐标：G90 G01 X19. Y9.；

增量坐标：G91 G01 X15. Y5.；

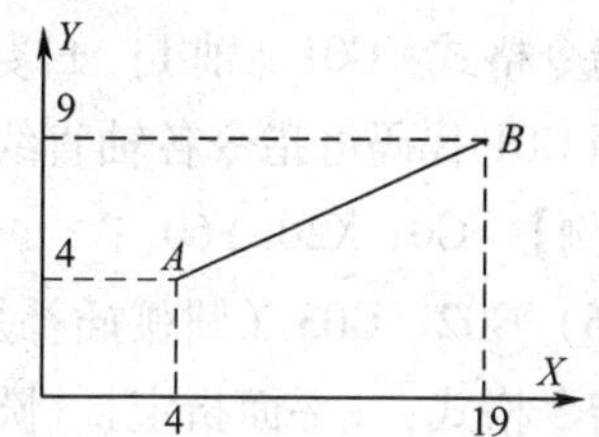

图 1—2—5 绝对坐标系与增量坐标系

3. 准备功能 G 代码

（1）G90（绝对坐标指令）、G91（增量坐标指令）

G90：绝对坐标指令，即所有点的坐标值均以坐标系的零点为参考点。

G91：增量坐标指令，即当前点坐标值是以上一点为参考点得出的。

（2）G92（设置当前点的坐标值）

G92 代码把当前点的坐标设置成需要的值。

【例】 G92 X0 Y0；……………把当前点的坐标设置为（0，0），即坐标原点。

【例】 G92 X10. Y0；……………把当前点的坐标设置为（10，0）。

1）在补偿方式下，如果遇到 G92 代码，会暂时中断补偿功能，相当于撤销一次补偿，执行下一段程序时再重新建立补偿。

2）每个程序的开头一定要有 G92 代码，否则可能会发生不可预测的错误。

G92 只能定义当前点在当前坐标系的坐标值，而不能定义该点在其他坐标系的坐标值。

（3）G54、G55、G56、G57、G58、G59（工件坐标系 0 ~ 5）

这组代码用来选择工件坐标系，G54 ~ G59 共有六个坐标系可选择，以方便编程。这组代码可以与 G92、G90、G91 等一起使用。

（4）G00（定位、移动轴）

指令格式：G00｛轴 1｝ ±｛数据 1｝｛轴 2｝ ±｛数据 2｝；

G00 代码为定位指令，用来快速移动轴。执行此指令后，不加工而移动轴到指定的位置（可以是一个轴移动，也可以两轴移动）。

【例】 G00 X +10. Y –20. ;

轴标识后面的数据如果为正，“ + ”号可以省略，但不能出现空格或其他字符，否则属于格式错误如图 1—2—6 所示。这一规定也适用于其他代码。

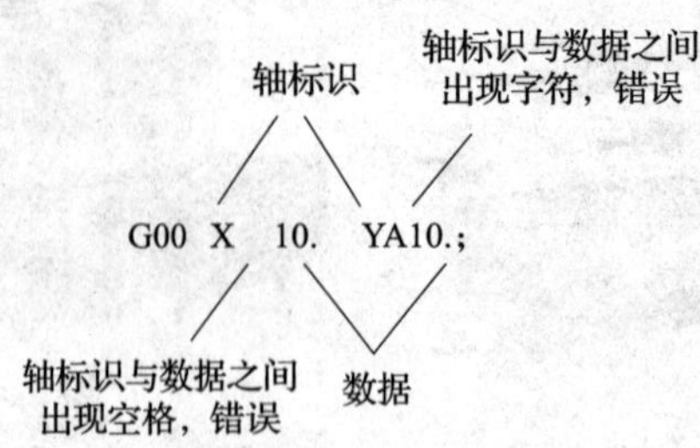

图 1—2—6 格式错误

（5）G01（直线插补加工）

指令格式：G01｛轴 1｝±｛数据 1｝｛轴 2｝±｛数据 2｝；

用 G01 代码可指令各轴直线插补加工，最多可以有四个轴标识及数据。

【例】 G01 X20. Y60. ;

（6）G02、G03（圆弧插补加工）

指令格式：｛平面指定｝｛圆弧方向｝｛终点坐标｝｛圆心坐标｝；

G02、G03 用于两坐标平面的圆弧插补加工。平面指定默认值为 *XOY* 平面。G02 表示顺时针方向加工，G03 表示逆时针方向加工。圆心坐标分别用 I、J、K 表示，它是圆心相对于圆弧起点的坐标增量值。

【例】 图 1—2—7 所示圆弧加工指令：

G17 G90 G54 G00 X10. Y20. ;

G02 X50. Y60. I40. ;

G03 X80. Y30. I30. ;

I、J 有一个为 0 时可以省略（如此例中的 J0），但不能都为 0、都省略，否则会出错。

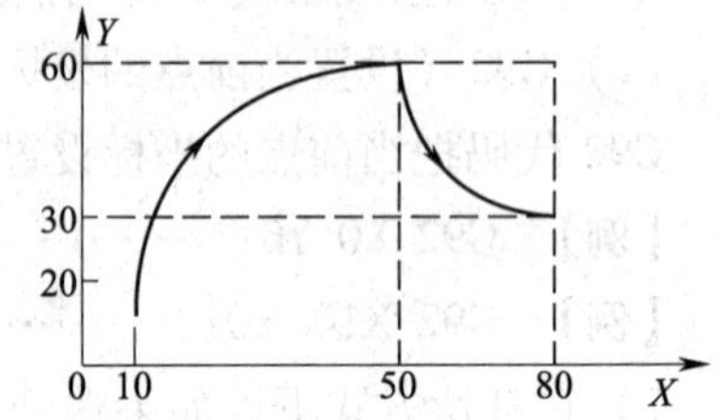

图 1—2—7 圆弧加工指令

（7）G04（停歇指令）

指令格式：G04 X｛数据｝；

执行完一段程序后，暂停一段时间，再执行下一程序段。X 后面的数据即为暂停时间，单位为 s，最大值为 99999. 999 s。

【例】 暂停 5. 8 s 的程序：

公制：G04 X5. 8；或 G04 X5800；

英制：G04 X5. 8；或 G04 X58000；

（8）G20、G21（单位选择）

这组代码应放在 NC 程序的开头。

G20：英制，有小数点为英寸，否则为万分之一英寸。如 0. 5 in 可写作“0. 5”或

“5000”。

G21：公制，有小数点为毫米，否则为微米。如 1.2 mm 可写作“1.2”或“1200”。

（9）G40、G41、G42（补偿和取消补偿）

在线切割加工中，G41 为电极左补偿，G42 为电极右补偿。G41、G42 是在电极运行轨迹的前进方向上向左（或者向右）偏移一定量，偏移量由 H×××确定。G40 为取消补偿。

五、常用辅助功能 M 指令

M 指令是用来控制机床各种辅助动作及开关状态的，如主轴的转与停、切削液的开与关等。在程序的每一个语句中，M 代码只能出现一次。

1. M00（程序暂停）

执行含有 M00 指令的语句后，机床自动停止。如编程者想要在加工中使机床暂停（检验工件、调整、排屑等），使用 M00 指令，重新启动程序后才能继续执行后续程序。

2. M02（程序结束）

执行含有 M02 指令的语句后，机床自动停止。机床的数控单元复位，如主轴、进给、冷却停止，表示加工结束。该指令并不返回程序起始位置。

3. M30（程序结束）

执行含有 M30 指令的语句后，机床自动停止。机床的数控单元复位，如主轴、进给、冷却停止，表示加工结束。该指令返回程序起始位置。

六、ISO 代码编程实例

完成图 1—2—8 所示零件外轮廓的加工，编写该零件的数控加工程序。

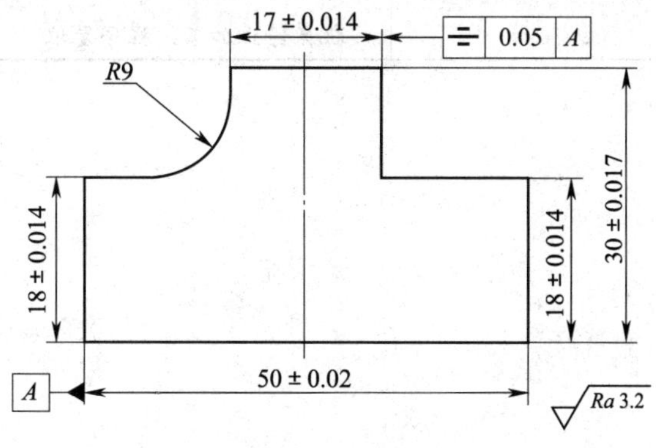

图 1—2—8 零件图

1. 坐标标定

建立坐标系，并按照零件图标注出各角点的坐标，如图 1—2—9 所示。

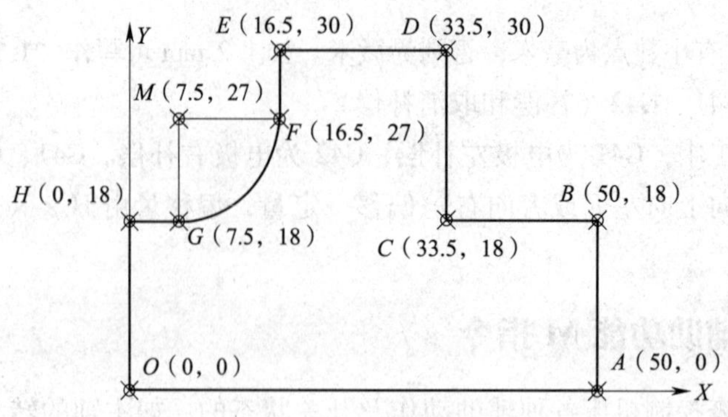

图 1—2—9　坐标图

2. 编制程序

参考程序如下：

程序	说明
N0010 G21 G90；	本段程序采用绝对坐标编程
N0020 G92 X0 Y0；	定义坐标系，使电极在坐标系中（0，0）位置处
N0030 G01 X50.0 Y0；	使电极切割加工至（50.0，0）位置处
N0040 X50.0 Y18.0；	使电极切割加工至（50.0，18.0）位置处
N0050 X33.5 Y18.0；	使电极切割加工至（33.5，18.0）位置处
N0060 X33.5 Y30.0；	使电极切割加工至（33.5，30.0）位置处
N0070 X16.5 Y30.0；	使电极切割加工至（16.5，30.0）位置处
N0080 X16.5 Y27.0；	使电极切割加工至（16.5，27.0）位置处
N0090 G02 X7.5 Y18.0 I－9.0；	使电极切割加工至（7.5，18.0）位置处
N0100 G01 X0 Y18.0；	使电极切割加工至（0，18.0）位置处
N0110 X0 Y0；	使电极切割加工至（0，0）位置处
N0120 M30；	机床停止加工，程序复位

快走丝电火花线切割加工

课题一 电火花线切割加工基础知识

一、电火花线切割及其加工原理

电火花线切割加工（Wire - cut Electrical Discharge Machining，WEDM）简称线切割加工，属于特种加工方法之一。它是以一根移动的金属丝（电极丝）作为工具电极，与工件之间产生火花放电，对工件进行切割，故称为线切割加工。在正常的线切割加工过程中，电极丝与工件之间保持较小的间隙，彼此不接触。在电极丝上施加一定的电压，使其与工件之间产生局部击穿放电，放电产生的瞬时高温使工件局部熔化甚至汽化而被蚀除；同时，电极丝不断进给直至加工出理想的工件形状。

电火花线切割工艺及装置如图 2—1—1 所示。电极丝 2 作为工具电极用于对工件进行切割。脉冲电源 6 的正、负极分别接工件和电极丝。工作液作为工作介质处在电极之间并具有一定的绝缘性。工作台在水平面内按控制程序的指令进行伺服进给移动，从而将工件切割出各种形状。

二、电火花线切割机床的分类及型号

1. 电火花线切割机床的分类

电火花线切割机床的分类方式有很多种，通常有按电极丝的运行速度分类、按电极丝运动轨迹的控制形式分类和按电源形式分类等。

(1) 按电极丝的运行速度分类

按电极丝的运行速度不同，电火花线切割机床可分为快走丝和慢走丝两种类型。

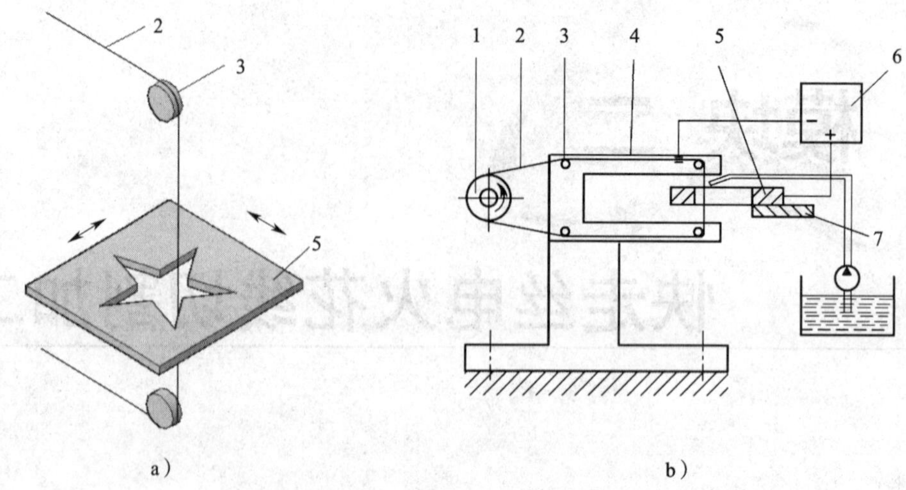

图 2—1—1　电火花线切割工艺及装置

a）工件及其运动方向　b）线切割加工装置原理

1—储丝筒　2—电极丝　3—导向轮　4—支架　5—工件　6—脉冲电源　7—绝缘底板

1）快走丝电火花线切割机床。快走丝电火花线切割是我国独创的数控电火花线切割加工方式。快走丝电火花线切割机床（简称快走丝线切割机床，WEDM－HS）是我国电火花线切割生产中主要使用的机床类型，如图 2—1—2a 所示。机床的电极丝做快速的往复运动，一般走丝速度为 8～10 m/s；电极丝可重复使用；但快走丝容易造成电极丝抖动和反向时停顿，使加工质量下降。

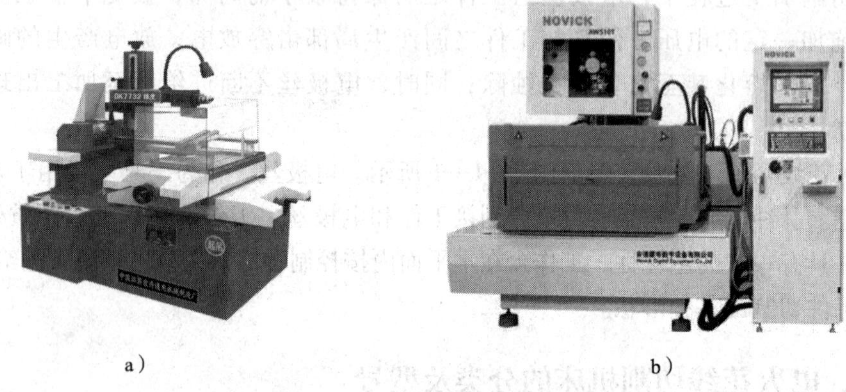

图 2—1—2　电火花线切割机床

a）快走丝线切割机床　b）慢走丝线切割机床

2）慢走丝电火花线切割机床。慢走丝电火花线切割机床（简称慢走丝线切割机床）是国际上电火花线切割加工生产中使用的主要机床类型，如图 2—1—2b 所示。机床的电极丝做慢速单向运动，一般走丝速度低于 0.2 m/s；电极丝放电后不再使用；工作平稳、均匀、抖动小，加工质量较好。

两种数控电火花线切割机床的比较见表 2—1—1。

表 2—1—1　　两种数控电火花线切割机床的比较

项目		快走丝线切割机床	慢走丝线切割机床
电极丝运行速度（m/s）		8～10	<0.2
电极丝运动形式		双向往复运动	单向运动
常用电极丝	材料	钼丝	铜丝、钨丝、钼丝等
	规格（mm）	ϕ0.1～0.2	ϕ0.1～0.35
工作液		乳化液或皂化液	去离子水、煤油
加工尺寸的最高精度（mm）		0.015	0.001
加工表面的表面粗糙度（μm）		*Ra*1.25	*Ra*0.16
设备成本		低廉	昂贵

由表 2—1—1 可知，慢走丝线切割机床具有切割精度高、加工表面质量好等优点，但机床和加工成本高；而快走丝线切割技术由我国独创，其机床及加工成本低，但是加工表面质量欠佳。

近年来，我国在快走丝线切割加工的基础上研发了“中走丝电火花线切割机床”。“中走丝线切割机床”实质上仍属于快走丝线切割机床范畴，主要是在快走丝线切割机床上实现了多次切割功能。从工作原理上讲，所谓“中走丝”并非是指走丝速度介于高速与低速之间，而是复合走丝线切割，即在粗加工时采用快速走丝（8～10 m/s），精加工时采用慢走丝（1～3 m/s），这样工作相对平稳、抖动小，并通过多次切割减小材料变形及钼丝损耗带来的误差，使加工质量相对提高。

（2）按对电极丝运动轨迹的控制形式分类

1）靠模仿形控制。在进行线切割加工前，预先制造出与工件形状相同的靠模，加工时把工件毛坯和靠模同时装夹在机床工作台上，在切割过程中电极丝紧紧地贴着靠模边缘做轨迹移动，从而切割出与靠模形状和精度相同的工件。

2）光电跟踪控制。在进行线切割加工前，先根据零件图样按一定放大比例描绘出一张光电跟踪图，加工时机床光电跟踪台上的光电头始终追随墨线图形的轨迹运动，再借助于电气、机械的联动，控制机床工作台连同工件相对电极丝做相似形状的运动，从而切割出与图样形状相同的工件。

3）数字程序控制。采用先进的数字化自动控制技术，驱动机床按照加工前根据零件几何形状参数预先编制好的数控加工程序自动完成加工，不需要制作靠模样板，也无须绘制放大图，比前面两种控制形式具有更高的加工精度和广阔的应用范围。目前，国内外 95% 以上的电火花线切割机床都已采用数控技术。

（3）按电源形式分类

按电源形式可分为 RC 电源、晶体管电源、分组脉冲电源和自适应控制电源等。

2. 电火花线切割机床的型号

我国电火花线切割机床的型号以 DK77□□表示。

【例】 DK7725 的含义如下：

D——机床类型代号；

K——机床特性代号（数控）；

7——组别代号（电火花加工机床）；

7——型别代号（7 为快走丝，6 为慢走丝）；

25——基本参数代号，表示 X 向工作台行程为 250 mm。

三、电火花线切割机床的常见功能

1. 模拟加工功能

模拟显示线切割加工时电极丝的运动轨迹及其坐标。

2. 短路回退功能

线切割加工过程中若进给速度太快而电腐蚀速度慢，在加工时出现短路现象，控制器会改变加工条件并沿原来的轨迹快速后退，消除短路，防止断丝。

3. 回原点功能

遇到断丝或其他一些情况，需要回到起割点，可用此操作。

4. 单段加工功能

线切割加工完成当前段程序后自动暂停，并有相关提示信息。例如，显示屏提示“单段停止！按 OFF 键停止加工，按 RST 键继续加工”。这个功能主要用于检查程序每一段的执行情况。

5. 暂停功能

暂时中止当前的功能（如加工、单段加工、模拟、回退等）。

6. MDI 功能

手动数据输入方式输入程序功能，即通过操作面板上的键盘把数控指令逐条输入存储器中。

7. 进给控制功能

线切割机床的控制系统能根据加工间隙的平均电压或放电状态的变化，通过取样、变频电路，不断定期地向计算机发出中断申请，自动调整伺服进给速度，保持平均放电间隙，使加工稳定，提高切割速度和加工精度。

8. 间隙补偿功能

线切割加工数控系统所控制的是电极丝中心移动的轨迹。因此，加工零件时有补偿量，其大小为单边放电间隙与电极丝半径之和。

9. 自动找中心功能

电极丝能够自动找正后停在孔中心处。

10. 信息显示功能

线切割机床控制系统通过显示屏可动态显示程序号、计数长度、电规准参数、切割轨迹图形等参数。

11. 断丝保护功能

在断丝时，控制系统控制线切割机床的电极丝停在断丝坐标位置上等待处理，同时高频停止输出脉冲，丝筒停止运转。

12. 停电记忆功能

可保存全部内存加工程序，当前没有加工完的程序可保持 24 h，随时可停机。

13. 断电保护功能

在加工时如果突然断电，系统会自动将当时的加工状态记下来。在下次来电加工时，系统自动进入自动方式，并提示“从断电处开始加工吗？按 OFF 键退出，按 RST 键继续”。这时，如果想继续从断电处开始加工，则按下“RST”键，系统将从断电处开始加工；否则按“OFF”键退出加工。

使用该功能的前提是不要轻易移动工件和电极丝；否则，来电继续加工时会发生很长时间的回退，影响加工效果甚至导致工件报废。

14. 分时控制功能

线切割机床可以一边进行切割加工，一边编写另外的程序。

15. 平移功能

主要用在切割完当前图形后，在另一个位置加工同样图形等场合。该功能可以省掉重新画图的时间。

16. 跳步功能

所谓线切割跳步，是指在一个工件上面的不同位置进行多次切割。线切割机床的跳步功能可以将多个加工轨迹连接成一个跳步轨迹，可以简化加工的操作过程，如图 2—1—3 所示（图中实线为零件加工轮廓形状，虚线为电极丝路径）。

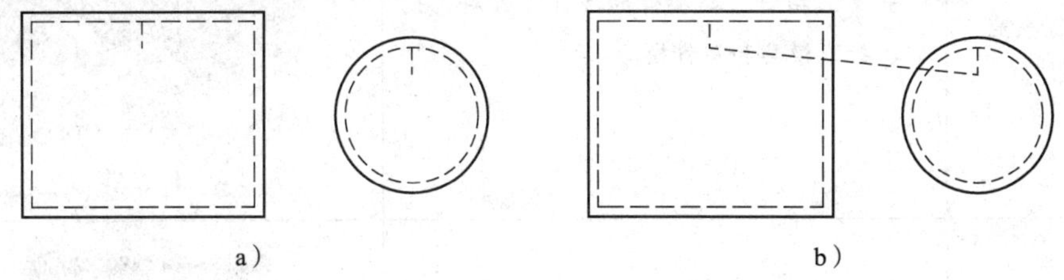

a） b）

图 2—1—3 轨迹跳步

a）跳步前轨迹 b）跳步后轨迹

17. 任意角度旋转功能

该功能可以大大简化某些轴对称零件的编程工艺。例如，对于齿轮只需先画一个齿形，然后让它旋转几次，就可圆满完成。

18. 代码转换功能

能将 ISO 代码转换为3B 代码等。

19. 上下异形功能

线切割机床可加工出上下表面形状不相似的零件，如上面为圆形而下面为方形的零件。

四、电火花线切割加工的应用范围

电火花线切割加工为新产品试制、精密零件加工及模具制造开辟了一条新的工艺途径，主要适用于以下方面：

1. 加工模具

适用于加工各种形状的冲模。调整不同的间隙补偿量，只需一次编程就可以切割凸模、凸模固定板、凹模及卸料板等，模具配合间隙、加工精度通常都能达到要求。此外，还可加工挤压模、粉末冶金模、塑压模等模具。线切割加工模具的适用范围见表 2—1—2。

表 2—1—2　　线切割加工模具的适用范围

行业	模具	示例
电机行业	电机的定子和转子冲片、电气柜和仪表机箱的冲孔、折弯模	电机模具
电子仪表业	开关、指针、接插件的冲孔、落料、切口、折弯模具和塑料模	折弯模
家电行业	电视机、冰箱、洗衣机的注塑模	电视机模具

续表

行业	模具	示例
建材行业	型材挤压模	铝型材挤压模
粉末冶金	硬质合金压铸模	压铸模
广告美工	不锈钢刻字、面板模	刻字模
轻工业	缝纫机、自行车、眼镜模具	眼镜模

2. 加工电火花成型加工用的电极

一般穿孔加工用的电极、带锥度型腔加工用的电极等，用电火花线切割加工特别经济，同时也适用于加工微细复杂形状的电极。图 2—1—4 所示为线切割加工的铜电极。

3. 加工零件

在试制新产品时，用线切割在坯料上直接割出零件，如试制切割特殊微电机硅钢片定子、转子铁芯，由于不需要另行制造模具，可大大缩短制造周期，降低成本。另外，修改设计、变更加工程序比较方便，加工薄件时还可以多片叠加在一起加工。在零件制造方面，可用于加工品种多、数量少的零件，特殊难加工材料的零件，材料试验样件，各种型孔、特殊齿轮、凸轮、样板、成形刀具。此外，还可进行微细加工、异形槽和人工标准缺陷的窄缝加工等。图 2—1—5 所示为电火花线切割加工的典型零件。

图 2—1—4　线切割加工的铜电极

图 2—1—5　电火花线切割加工的典型零件

五、电火花线切割加工中的常用名词、术语

1. 加工效率（η）

加工效率是衡量电火花线切割加工速度的一个参数，以单位时间内电极丝加工过的面积大小来表示，单位为 mm^2/min。

$$\eta = \frac{加工面积}{加工时间} = \frac{切割长度 \times 工件厚度}{加工时间}$$

2. 伺服控制

在电火花线切割加工过程中，电极丝的进给速度是由材料的蚀除速度和极间放电状况的好坏决定的。伺服控制系统能自动调节电极丝的进给速度，使电极丝根据工件的蚀除速度和极间放电状态进给或后退，保证加工顺利进行。电极丝的进给速度与材料的蚀除速度一致，此时的加工状态最好，加工效率和表面质量均较好。

3. 短路

电火花线切割加工中，电极丝的进给速度大于材料的蚀除速度，致使电极丝与工件接触，不能正常放电，称为短路。它使放电加工不能连续进行，严重时还会在工件表面留下明显的条纹。短路发生后，伺服控制系统会做出判断并让电极丝沿原路回退，以形成放电间隙，保证加工顺利进行。

4. 开路

电火花线切割加工中，电极丝的进给速度小于材料的蚀除速度。开路不但影响加工速度，还会形成二次放电，影响已加工表面精度，也会使加工状态变得不稳定。开路状态可从加工电流表上反映出来，即加工电流间断性回落。

5. 锥度

电火花线切割加工中，电极丝在二维切割平面内运动的同时，还能按一定的规律进行偏摆，形成一定的倾斜角，加工出带锥度的工件或上下形状不同的异形件，这就是所谓的锥度加工，如图 2—1—6 所示。

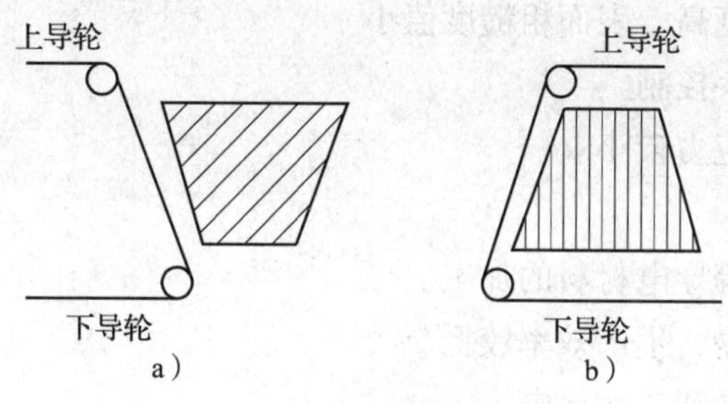

图 2—1—6 锥度加工

a）上大 b）下大

实际加工中，当加工方向确定时，电极丝的倾斜方向不同，加工出的锥度方向也就不同，反映在工件上就是“上大”或“下大”。

6. 偏移

电火花线切割加工中，电极丝中心的运动轨迹与零件的轮廓有一个平行位移量，也就是说电极丝中心相对于理论轨迹要偏在一边，这就是偏移，平行位移量叫作偏移量。为了保证理论轨迹正确，偏移量等于电极丝半径与放电间隙之和，如图 2—1—7a 所示。

偏移根据实际需要可分为左偏和右偏，具体根据成形尺寸的需要来确定。沿着电极丝的轨迹方向，电极丝位于理论轨迹的左边即为左偏，电极丝位于理论轨迹的右边即为右偏，如图 2—1—7b、c 所示。

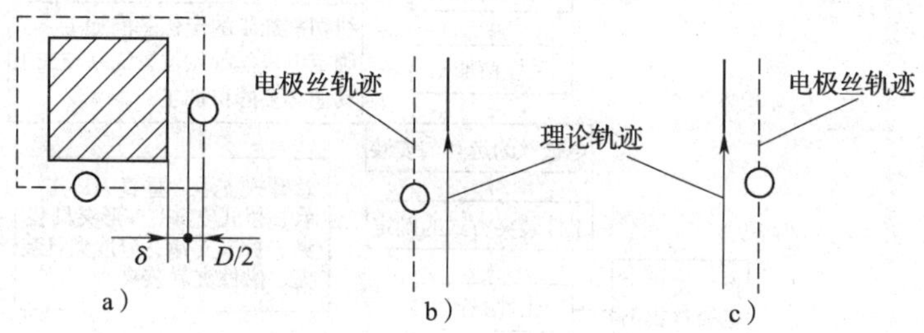

图 2—1—7 电火花线切割加工偏移

a）偏移量的确定 b）电极丝左偏 c）电极丝右偏

7. 放电间隙

放电间隙是指放电发生时电极丝与工件的距离。这个间隙存在于工具电极的周围，因此侧面的间隙会影响成形尺寸，确定加工尺寸时应予以考虑。

六、电火花线切割加工的特点

1. 优点

（1）非接触式，适合高硬度难切削材料的加工。

（2）十分适合复杂型孔及外形的加工。

（3）切缝细，节省的金属材料。

（4）加工尺寸精度高，表面粗糙度值小。

（5）易于实现数字控制。

（6）加工的残余应力较小。

2. 局限性

（1）仅限于金属等导电材料的加工。

（2）加工速度较慢，生产效率较低。

（3）存在电极损耗和二次放电。

（4）最小角部半径有限制。

七、电火花线切割加工基本流程

图 2—1—8 所示为电火花线切割加工基本流程。

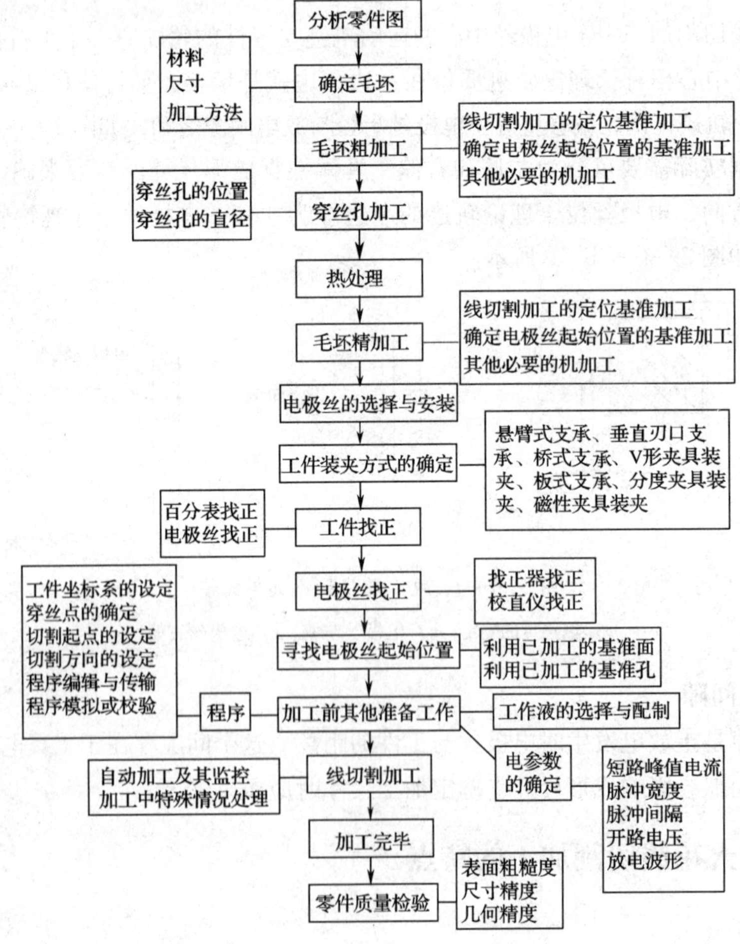

图 2—1—8　电火花线切割加工基本流程

知识拓展

电火花线切割3B代码编程简介

一、3B代码编程格式

3B代码是我国自行开发的一种程序代码，具有简单易学、易于实现自动编程等优点，为大多数线切割机床所支持。因此，有必要了解这种编程方法，以便在电火花线切割加工实践中运用。常见的线切割加工类型有直线加工和圆弧加工两种，其他复杂曲线都可以用直线或圆弧来拟合。在3B代码中都以增量方式编程。

3B代码的程序格式为：BX BY BJ G Z

B——分隔符，用以分隔X、Y、J的数值，不可省略，“3B”代码因此得名；

X——*X*方向坐标绝对值，单位为μm，数字为0时可不写；

Y——*Y*方向坐标绝对值，单位为μm，数字为0时可不写；

J——计数方向上的长度，指切割路径在*X*轴或*Y*轴上的投影长度，取绝对值，单位为μm；

G——计数方向，有GX（*X*方向）、GY（*Y*方向）两种；

Z——加工方式，共12种，其中直线4种，圆弧8种。

以下为一个程序片段：

…

N11：B18164 B0 B18164 GX L1

N12：B14695 B10676 B14695 GX L3

N13：B5613 B17275 B17275 GY L4

…

上面的程序中，每一行叫作一个程序段，用以完成一个小任务；很多行的程序合起来，完成一个零件的加工。其中N为段号，用以计数，可省略。段号数字以递增方式排列，可顺序进行，如N1、N2、N3等；也可以按间隔递增方式排列，留有修改空间，如N10、N20、N30等。程序结束符可参考机床说明书，一般以DD结束，表示加工程序已完。

二、直线编程

1. X、Y坐标值

以直线起点为原点建立计算坐标系，求得线段终点在该假想坐标系中的坐标值（X，Y），以μm为单位。在3B代码中，X、Y值主要表示斜率，因此可等比放大或缩小，不影响程序加工。当直线与*X*轴重合时，终点坐标的Y值为0；当直线与*Y*轴重合时，终点坐标的X值为0。这两种情况下终点坐标的Y值或X值可省略不写，但其分隔符B不可省略。

2. 计数长度J

计数长度是指直线段按计数方向在*X*轴或*Y*轴上的投影长度，以μm为单位。计数方向为 GX 时，计数长度 J 是直线段在 X 轴上的投影长度；计数方向为 GY 时，计数长度 J 是直线段在 Y 轴上的投影长度，如图 2—1—9 所示。

3. 计数方向 G

有两种计数方向，即计 X 和计 Y，分别写成 GX 和 GY。加工直线时，必须以进给距离较大的一个坐标轴作为控制进给的计数方向。先假想将坐标系原点移到该线段的起点上，再看线段终点所处的位置。如图 2—1—10 所示，以 45°的线分界，直线段终点坐标（X，Y）落在阴影区域内，计数方向取 GX；直线段终点坐标落在阴影区域外，计数方向取 GY；直线段正好在 45°线上时，计数方向可任意选取。即：

$|Y| > |X|$时，取 GY；

$|X| > |Y|$时，取 GX；

$|X| > |Y|$时，取 GX 或 GY 均可。

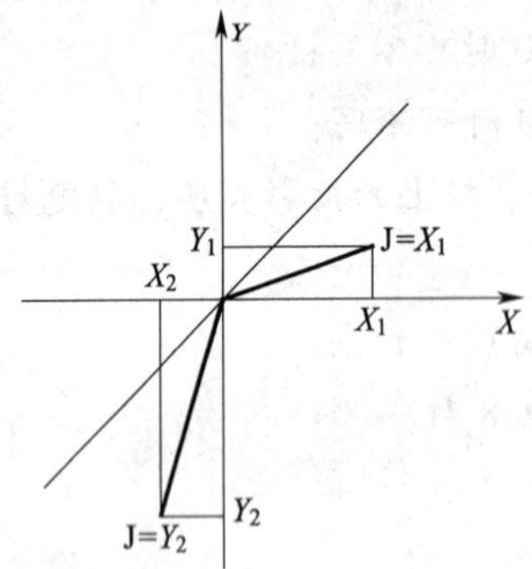

图 2—1—9　计数长度的确定

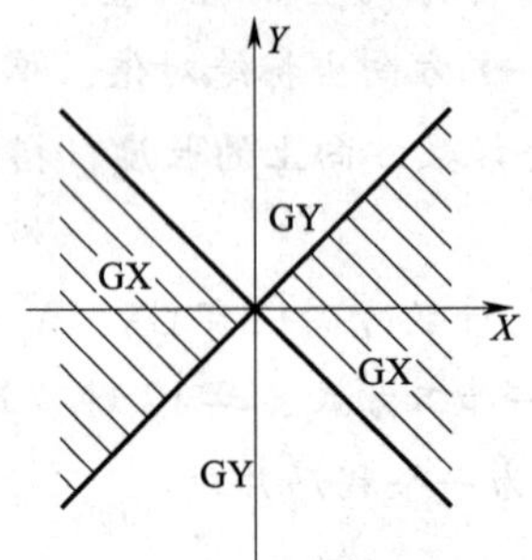

图 2—1—10　计数方向的选取

4. 加工方式

直线的加工方式有四种，按切割方向不同分为 L1、L2、L3、L4。L 代表直线加工，数字代表不同的方向。L1 表示由起点开始向第一象限或 X 轴正方向加工，L2 表示由起点开始向第二象限或 Y 轴正方向加工，L3 表示由起点开始向第三象限或 X 轴负方向加工，L4 表示由起点开始向第四象限或 Y 轴负方向加工，如图2—1—11所示。

三、圆弧编程

1. X、Y 坐标值

以圆弧圆心为原点建立坐标系，X、Y 值为圆弧起点坐标的绝对值，以 μm 为单位，不允许简化。

2. 计数长度 J

计数长度是指圆弧按计数方向在 X 轴或 Y 轴上的投影长度，以 μm 为单位。计数方向为 GX 时，计数长度 J 是圆弧在 X 轴上的投影长度；计数方向为 GY 时，计数长度 J 是圆弧在

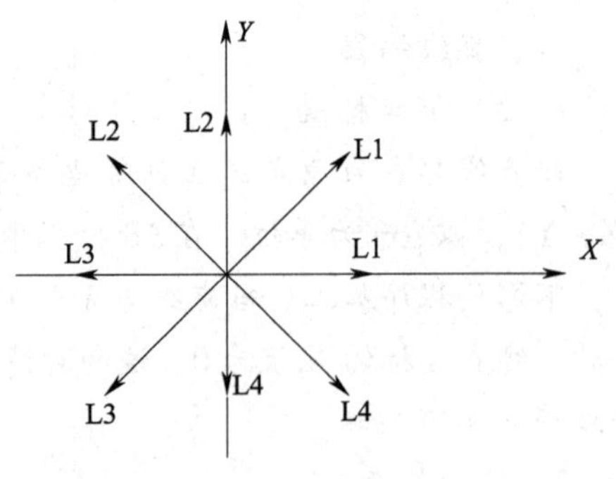

图 2—1—11　直线加工方式

Y 轴上的投影长度。当圆弧跨多个象限时，取这几个象限上的投影和作为计数长度，如图 2—1—12 所示。

3. 计数方向 G

如图 2—1—13 所示，以圆弧的圆心为编程坐标系的原点，圆弧终点坐标（X，Y）落在阴影区域内，计数方向取 GX；圆弧终点坐标落在阴影区域外，计数方向取 GY；圆弧终点正好在 45°线上时，计数方向可以任意选取。即：

$|X| > |Y|$时，取 GY；

$|Y| > |X|$时，取 GX；

$|X| > |Y|$时，取 GX 或 GY 均可。

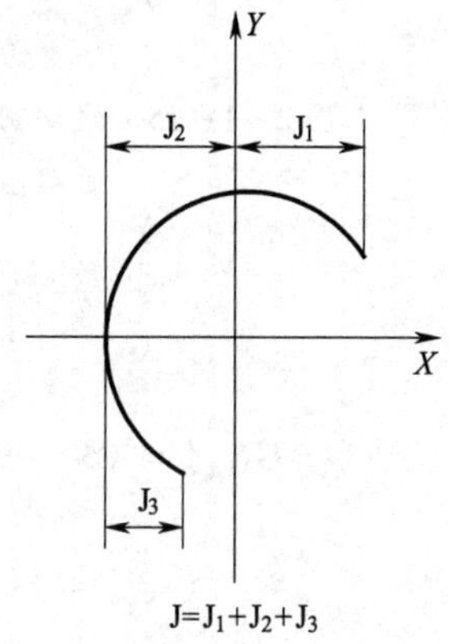

图 2—1—12 计数长度的确定

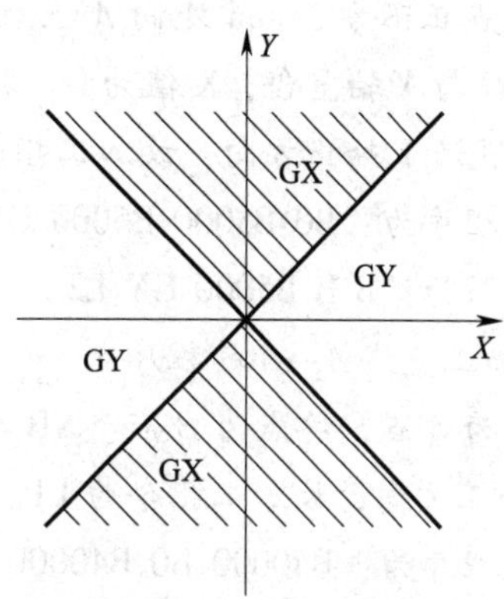

图 2—1—13 计数方向的选取

4. 加工方式

圆弧的加工方式有八种，按起点位置不同可分为 R1、R2、R3、R4。R 代表圆弧加工，数字代表起点位置位于哪个象限。R1 表示起点位于第一象限，R2 表示起点位于第二象限，R3 表示起点位于第三象限，R4 表示起点位于第四象限。按切割走向可分为顺圆 S 和逆圆 N，如图 2—1—14 所示。若加工起点刚好在坐标轴上，其指令应选圆弧开始跨越的象限。

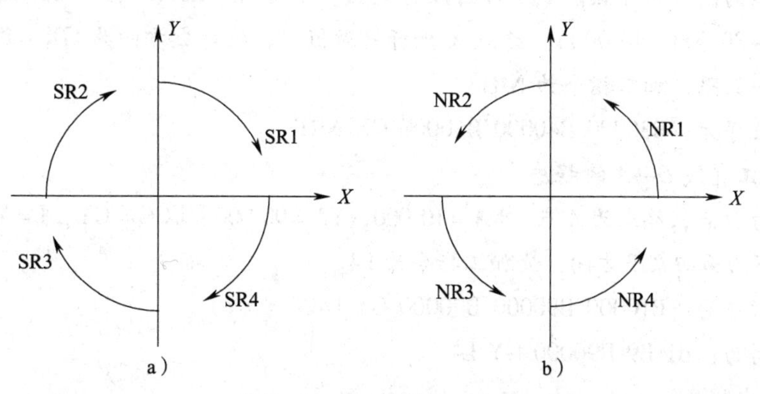

图 2—1—14 圆弧加工方式

a）顺圆 b）逆圆

四、电火花线切割 3B 代码编程实例

按图 2—1—15 所示的轨迹进行切割，不考虑补偿，从 *A* 点正下方 5 mm 处开始切割，试用 3B 代码编制其线切割程序。

由图 2—1—15 可知：该凸模由三段直线与一段圆弧组成，应编制四个程序段（沿逆时针方向加工）。此外，还应增加电极丝从工件外部切入轮廓线的引入和从轮廓线结束并顺原路径引出的程序段（即引入、引出线）。

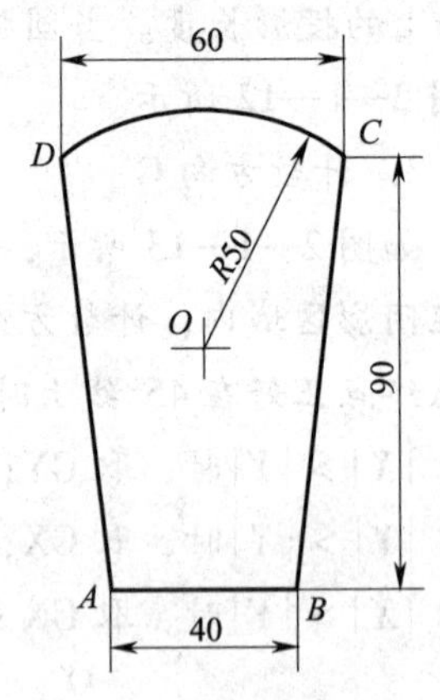

图 2—1—15　线切割 3B 代码编程图形

1. 引导程序

从 *A* 点正下方 5 mm 处向 *A* 点切割，XA = 0，YA = 5 000。线段与 *Y* 轴重合，X 值为 0。取 G = GY，J = YA = 5 000。线段沿 *Y* 轴正方向，故加工指令为 L2。

此段程序为：B0 B5000 B5000 GY L2

可简写为：B B B5000 GY L2

2. 加工直线 *A*→*B* 的程序

起点为 *A* 点，终点为 *B* 点。XB = 40 000，YB = 0。取G = GX，J = XB = 40 000。线段沿 *X* 轴正方向，故加工指令为 L1。

此段程序为：B40000 B0 B40000 GX L1

可简写为：B B B40000 GX L1

3. 加工直线 *B*→*C* 的程序

起点为 *B* 点，终点为 *C* 点。XC = 10 000，YC = 90 000。取 G = GY，J = YC = 90000。线段斜向上为第一象限方向，故加工指令为 L1。

此段程序为：B10000 B90000 B90000 GY L1

可简写为：B1 B9 B90000 GY L1

4. 加工圆弧 *C*→*D* 的程序

取圆弧的圆心为原点。*C* 点为圆弧的起点，坐标为（30 000，40 000），终点 *D* 的坐标为（−30 000，40 000）。终点 *X* 坐标绝对值小，故计数方向为 GX。逆时针圆弧，起点在第一象限，加工指令为 NR1。

此段程序为：B30000 B40000 B60000 GX NR1

5. 加工直线 *D*→*A* 的程序

起点为 *D* 点，终点为 *A* 点。XA = 10 000，YA = 90 000。取 G = GY，J = YA = 90 000。线段斜向下为第四象限方向，故加工指令为 L4。

此段程序为：B10000 B90000 B90000 GY L4

可简写为：B1 B9 B90000 GY L4

6. 引出程序

与引导程序相似，所不同的是切割方向。

此段程序为：B0 B5000 B5000 GY L4

可简写为：B B B5000 GY L4

课题二　快走丝电火花线切割加工基本操作

我国从20世纪60年代开始研制电火花线切割机床，并自主研发出了快走丝线切割机床。快走丝线切割机床通常采用高强度的钼丝作为工作电极丝，采用往复走丝加工方式，充分地利用电极丝，其走丝速度通常为8～12 m/s。经过几十年的发展，快走丝线切割机床的功能、工艺指标等都有了很大的提高。

一、快走丝线切割机床的结构及组成

快走丝线切割机床一般分为控制柜和主机两大部分。机床控制柜主要由控制系统、高频电源和伺服驱动等部分组成；主机主要由 X、Y 轴（部分机床带 U、V 轴），以及工作台、储丝筒、立柱（或丝架）、工作液箱等部分组成。快走丝线切割机床的结构原理如图2—2—1所示。

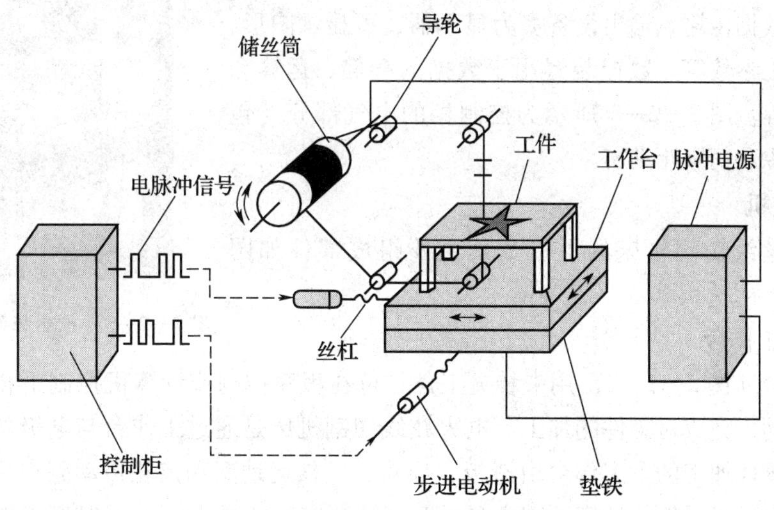

图2—2—1　快走丝线切割机床的结构原理

1. 机床控制柜

图2—2—2所示为快走丝线切割机床的立式控制柜。快走丝线切割机床控制系统由输入/输出设备、数控装置、电气控制系统组成。

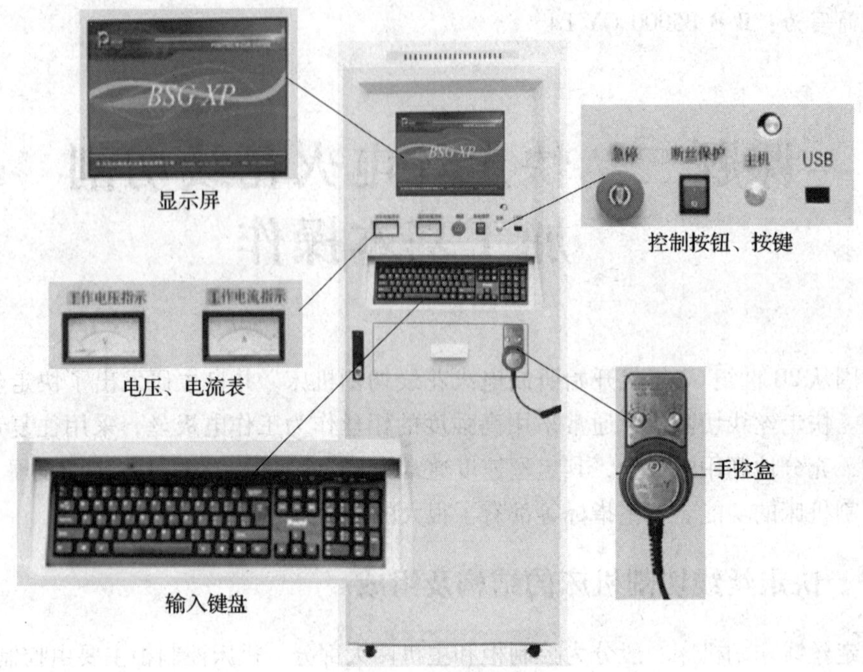

图 2—2—2　立式控制柜

图 2—2—3　控制柜的电气部分

输入设备有键盘、鼠标、手控盒等，也可以通过 USB（通用串行总线，Universal Serial Bus）接口连接外部设备实现数据传输。输出设备多为显示器，可显示图形、代码、加工参数等。数控装置用于数据的存储、运算和指令传输等。图 2—2—3 所示为控制柜的电气部分（包括高频电源和伺服驱动）。

2. 主机

快走丝线切割机床的主机及其主要组成部件如图 2—2—4 所示。

（1）工作台

工作台（图 2—2—5）用来装夹工件，可在程序控制或计算机控制下相对于固定的丝架移动，完成对工件的加工。电火花线切割机床是通过工作台与电极丝的相对运动来完成零件加工的。工作台由滑板、导轨、丝杠运动副和齿轮传动副组成。为了保证机床精度，对导轨的精度、刚度和耐磨性都有较高的要求。为了保证工作台的定位精度和灵敏度，必须消除传动丝杠与螺母之间的间隙。

（2）走丝系统

走丝系统主要由导轮、丝架、储丝及走丝机构等组成。快走丝线切割机床走丝系统的结构原理如图 2—2—6 所示。

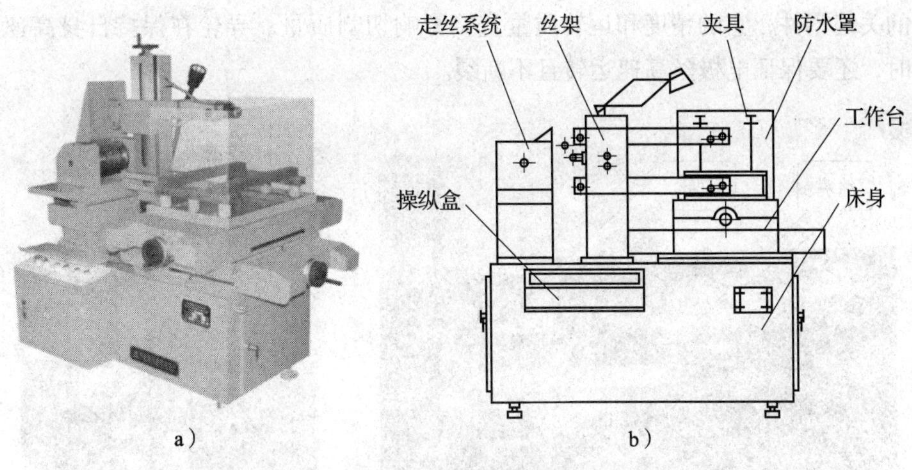

图 2—2—4 快走丝线切割机床的主机及其主要组成部件

a）主机外形 b）主要组成部件

图 2—2—5 工作台

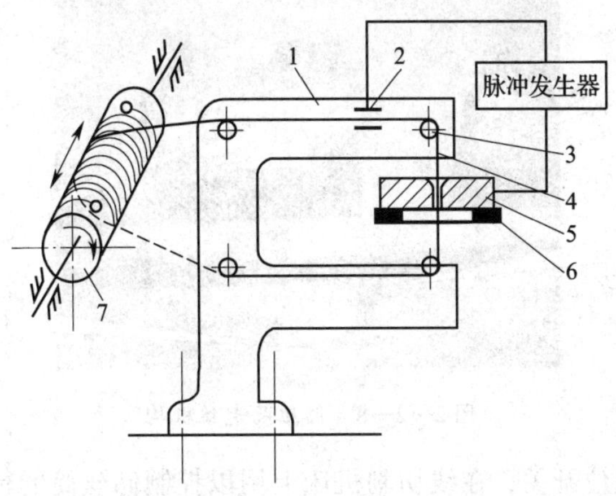

图 2—2—6 快走丝线切割机床走丝系统的结构原理

1—丝架 2—导电器 3—导轮 4—电极丝 5—工件 6—工作台 7—储丝筒

1）导轮及丝架（图2—2—7）。导轮对电极丝起定位和导向作用。导轮是线切割机床的关键零件，它的精度和运转质量直接影响切割质量。导轮在保持自身高速运转的同时，还要保证电极丝高速运转且不断裂。

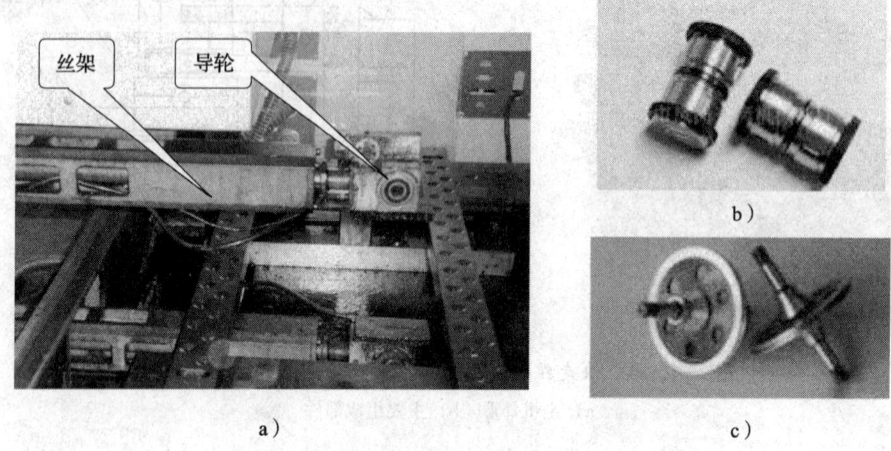

a） b） c）

图2—2—7 导轮及丝架

a）导轮及丝架 b）导轮轴承部件 c）导轮

丝架主要对导轮和电极丝起支承作用，并使电极丝工作部分与工作台面保持一定的几何角度。

2）储丝及走丝机构。图2—2—8所示为线切割机床的储丝及走丝机构。储丝及走丝机构是线切割机床的关键部件，电极丝整齐地缠绕在储丝筒上，由电动机带动储丝筒旋转，以实现电极丝的运转。在线切割机床正常工作时，为了使缠绕在储丝筒上的电极丝与导轮之间保持直线位置，储丝筒要在轴向上做往复运动。调整行程挡块之间的距离，就可以控制储丝筒轴向往复运动的距离。

图2—2—8 储丝及走丝机构

行程开关又称限位开关，在线切割机床上用以控制储丝筒的行程，避免储丝筒超程。行程开关可以感应储丝筒的位置，使储丝筒在调定的范围内往复运动。使用时，松开行程控制旋钮，将挡块调整到合适位置后拧紧即可。

(3) 工作液循环系统

在电火花线切割加工过程中，需要稳定供给有一定绝缘性能的工作液，以冷却电极丝和工件，排除电蚀物等，保证线切割加工持续进行。在线切割加工中，工作液对加工工艺指标的影响很大，如对切割速度、表面粗糙度、加工精度等都有影响。快走丝线切割机床的工作液循环系统通常采用浇注式供液方式。工作液循环系统由工作液箱、工作液泵、流量控制系统、连接导管和上水嘴控制阀、下水嘴控制阀等组成，如图 2—2—9 所示。

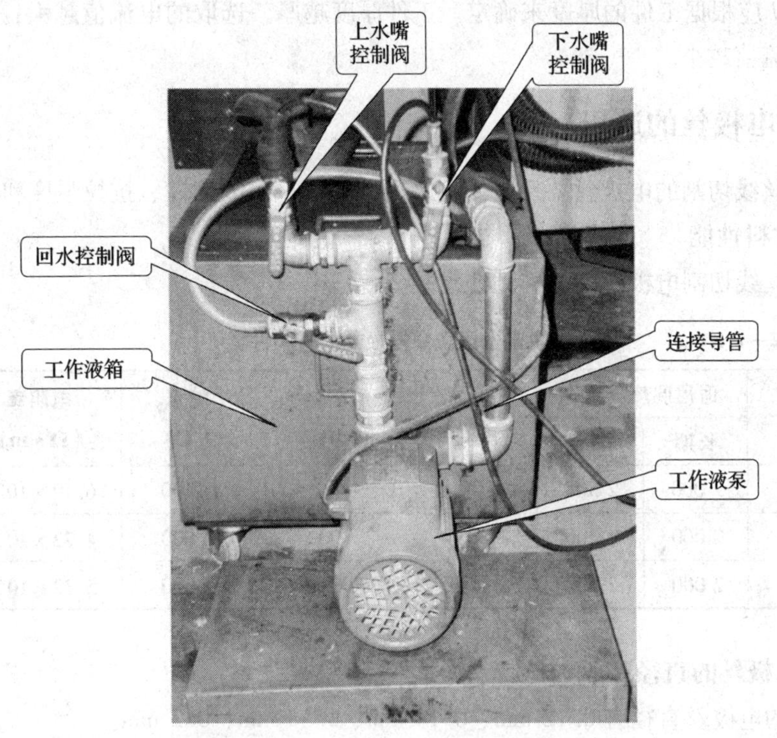

图 2—2—9　工作液循环系统的组成

二、主要加工放电参数的选用

1. 脉宽

在特定的工艺条件下，脉宽增加，切割速度提高，表面粗糙度值增大。在脉宽增加的初期，加工速度增大较快；但随着脉宽的进一步增大，加工速度的增大相对平缓，表面粗糙度变化趋势也一样。这是因为单脉冲放电时间过长，会使局部温度升高，形成对侧边的加工量增大，热量散发快，因此减缓了加工速度。

通常情况下，脉宽的取值要考虑工艺指标及工件的材质、厚度。如工件表面质量要求较高，材质易于放电切割加工，切割厚度适中时，脉宽取值一般为 3 ~ 10 μs；工件材质放电切割性能差，切割厚度较厚时，脉宽取值一般为 10 ~ 25 μs。

当然，这里只能定性地介绍脉宽的选择趋势和大致取值范围，实际加工时要综合考虑各种影响因素，根据侧重点的不同，最终确定合理的数值。

2. 脉间间隙

在特定的工艺条件下，脉间间隙减小，切割速度增大，但表面粗糙度值增大不多。这表明脉间间隙对加工速度影响较大，而对表面粗糙度影响较小。减小脉间间隙可以提高加工速度。但是脉间间隙也不能太小；否则消电离不充分，电蚀产物来不及排除。

3. 电流

电流 I 应根据工件的厚度来确定。工件厚度越厚，选取的电流值越大；厚度越薄，选取的电流值越小。

三、电极丝的选用

快走丝线切割的电极丝要反复使用，因此要有一定的韧性、抗拉强度和耐腐蚀性。

1. 材料性能

快走丝线切割电极丝的材料性能见表 2—2—1。

表 2—2—1　　快走丝线切割电极丝的材料性能

材料	适用温度（℃）		延伸率（%）	抗张应力（MPa）	熔点（℃）	电阻率（Ω·m）	材质
	长期	短期					
钨	2 000	2 500	0	1 200 ~ 1 400	3 400	6.12×10^{-8}	较脆
钼	2 000	2 300	30	700	2 600	4.72×10^{-8}	较韧
钨钼合金	2 000	2 400	15	1 000 ~ 1 100	3 000	5.32×10^{-8}	适中

2. 电极丝的直径及张力选择

常用的电极丝直径有 0.12 mm、0.14 mm、0.18 mm、0.2 mm。

抗张力是保证加工精度的一个重要因素。张力受丝径、丝使用时间的长短等要素限制。一般电极丝在使用初期张力可大些；使用一段时间后，电极丝已不易伸长，可适当去些配重，以延长电极丝的使用寿命。

四、确定电极丝位置的方法

在线切割加工中，需要确定电极丝相对工件基准面、基准线或基准孔的坐标位置，可以按下列方法进行。

1. 目测法

对于加工要求较低的工件，在确定电极丝与工件基准间的相对位置时，可以直接目测或者使用低倍放大镜观察。对于外轮廓，可以采用目测基准面法，即直接观察电极丝与基准面接触间隙，如图 2—2—10a 所示；对于内轮廓（如孔），可以采用目测基准线法，即使用 2 ~ 8 倍的放大镜观察基准线是否与十字划线重合，如图 2—2—10b 所示。根据目测结果，通过工作台的 X、Y 向坐标确定电极丝的准确位置，这种方法获得的电极丝中心坐标误差较大。

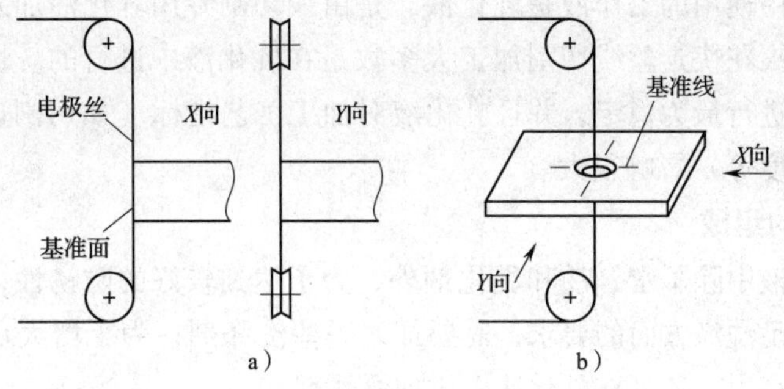

图 2—2—10 目测法定位

a）目测基准面 b）目测基准线

2. 火花法

如图 2—2—11 所示，移动工作台使工件的基准面逐渐靠近电极丝，在出现电火花的瞬间记录工作台的相应坐标值，然后根据放电间隙计算电极丝中心的坐标。计算方法：电极丝中心位置 = 工件外形尺寸/2 + 电极丝半径 + 单边放电间隙。这种方法简单、易行，但是往往因为电极丝靠近工件基准面时产生的放电间隙与正常线切割条件下的放电间隙不完全相同而产生误差。

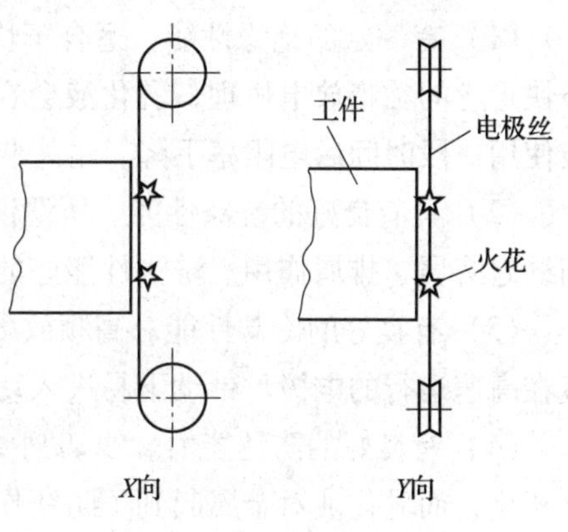

图 2—2—11 火花法定位

3. 自动找中心法

当穿丝孔尺寸与位置精度较高时，可直接利用穿丝孔使用机床自动找中心功能定位电极丝，这就是自动找中心法。这种方法根据电极丝与工件的短路信号来确定电极丝的中心坐标。具体方法如下：使电极丝接触感知孔的四个方向，自动计算出孔的中心坐标，并移动到孔的中心位置，如图 2—2—12 所示。

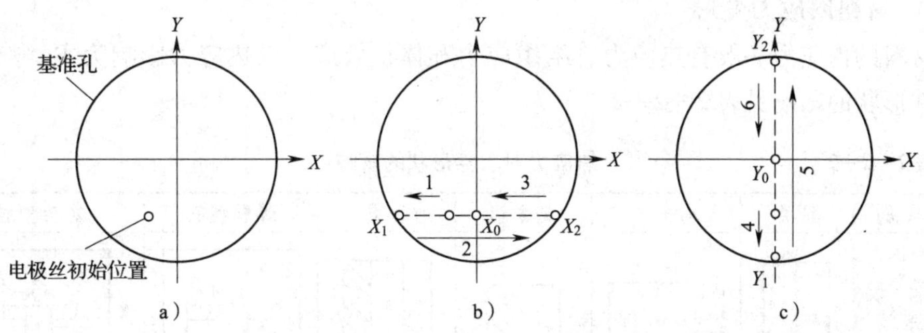

图 2—2—12 自动找中心法定位

a）初始位置 b）X 向找正 c）Y 向找正

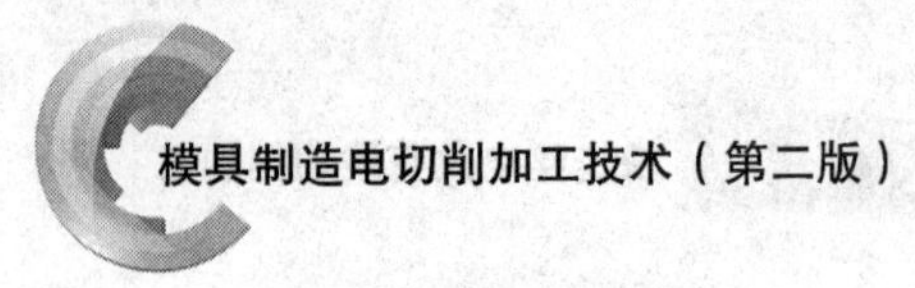

五、乳化液的组成、特点及种类

线切割加工中使用的工作液是乳化液，是由线切割专用乳化油加入一定比例的水配制而成的。电火花快走丝线切割加工大多数是在乳化液中进行的。快走丝线切割加工在液体介质中进行最为稳定，并且乳化液对加工工艺指标（如切割速率、工件表面粗糙度和加工精度等）影响很大。

1. 乳化液的组成

线切割乳化液中除了水、油和乳化剂外，为了达到较好的防锈性，可在其中加入防锈剂；为了满足洗涤方面的要求，需要加入一些洗涤剂；为了增大切割硬质合金和较厚工件时的爆炸力，还可在乳化液中添加爆炸剂。

2. 乳化液的特点

快走丝线切割机床使用的乳化液有以下特点：

（1）有一定的绝缘性能，适合于快走丝线切割加工对放电介质的要求。另外，由于快走丝的独特放电机理，乳化液会在放电区域金属材料表面形成绝缘膜，即使乳化液使用一段时间后电阻率下降，也能起到绝缘介质的作用，使放电正常进行。

（2）具有良好的洗涤性能。所谓洗涤性能，是指乳化液在电极丝带动下渗入工件切缝起溶屑、排屑作用。洗涤性能好的乳化液，切割后的工件易取下，且表面光亮。

（3）有良好的冷却性能。高频放电局部温度高，工作液起到冷却作用。由于乳化液在高速运行的电极丝带动下易进入切缝，因而整个放电区能得到充分冷却。

（4）有良好的防锈能力。线切割要求用水基介质，即以去离子水作为介质，工件易氧化，而乳化液对金属起到了防锈作用，有其独到之处。

（5）对环境无污染，对人体无害。

3. 常用乳化液的种类

线切割加工常用的乳化液有 DX－1 型皂化液、502 型皂化液、植物油皂化液、线切割专用皂化液。

六、影响加工精度的因素

1. 材料内应力变形

材料的内应力一般有热应力、组织应力和体积效应，以热应力影响为主。热应力对工件形状的影响见表 2—2—2。

表 2—2—2　　热应力对工件形状的影响

零件类别	轴类	扁平类	正方形	套类	薄壁型孔	复杂型腔
理论形状					A B	A B

续表

零件类别	轴类	扁平类	正方形	套类	薄壁型孔	复杂型腔
热应力作用下的形状					$A+$ $B+$	$A-$ $B+$

对于应力变形，一般可采用预加工（如在余料上钻孔、切槽等），热处理件充分回火消应力，采用穿丝并选择合理的加工路径（图 2—2—13），以限制应力释放。

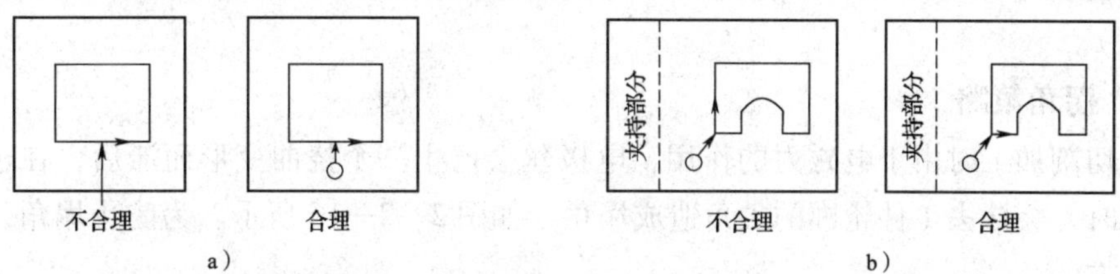

图 2—2—13 起割点及加工路径选择对应力变形的影响

a）预钻穿丝孔 b）选择合理的加工路径

2. 校正精度的影响

（1）定位孔精度的影响

定位孔自身的精度及校正此孔的精度都会影响加工精度。如果用穿丝孔作为定位孔，则要保证穿丝孔精度。

如图 2—2—14 所示，定位孔若有 α 的倾斜度，工件厚 H，则校正的中心 O_d 与理论中心 O_D 的误差为：

$$\Delta = H\tan\alpha/2$$

即校正中心误差与工件厚度、倾角的正切成正比。

为了减小定位孔自身精度对定位的影响，就要设法减小 H 和 α。在工件厚度不变的情况下，通常采用挖空刀孔以减小 H 的方法，如图 2—2—15 所示。再就是设法提高定位孔的垂直度精度，对要求较高的定位孔需在坐标镗床上加工。对于多孔位加工，为了保证各孔的位置精度，也需在坐标镗床上加工定位孔。

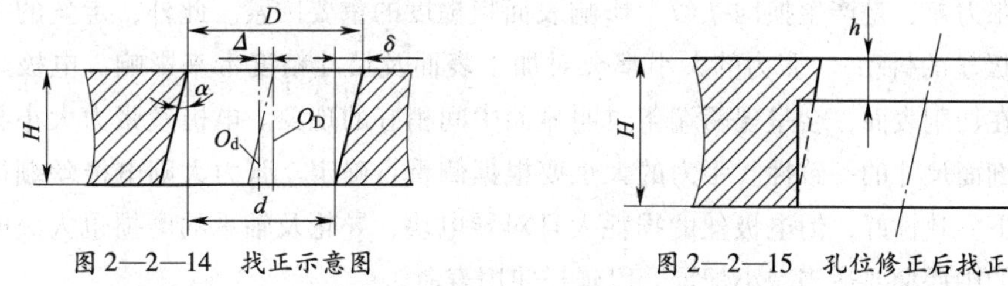

图 2—2—14 找正示意图

图 2—2—15 孔位修正后找正示意图

另外，为了提高感知精度，感知面的表面粗糙度值要小，孔口应倒角，以防产生毛刺。

（2）找中心的方法

第一次校正完成后接着再校正 2～3 次，以差值很小为准。由于校正前电极丝不在孔的中心，校正误差较大，多校正几次可减小误差。

校正时注意感知表面要干净，电极丝上不要有残留的工作液，以免影响感知精度。

（3）垂直度有要求的工件的加工

加工时要求电极丝垂直度精度要高。首先，检查运丝是否抖动，若抖动则应清洗导轮槽；检查导电块是否已磨出深槽，电极丝与导电块接触是否良好；检查导轮轴承运转是否灵活，有无轴向窜动。其次，要保证校正块与台面接触良好，校正时速度要逐步降低，在校正块的一个位置粗校正后，换一个位置再复检（二次校正）。

3. 拐角策略

线切割加工时由于电磁力的作用，电极丝会产生一个挠曲变形而滞后，在进行拐角切割时，会抹去工件轮廓的尖角造成塌角，如图 2—2—16 所示。为防止塌角，可采用以下方法：

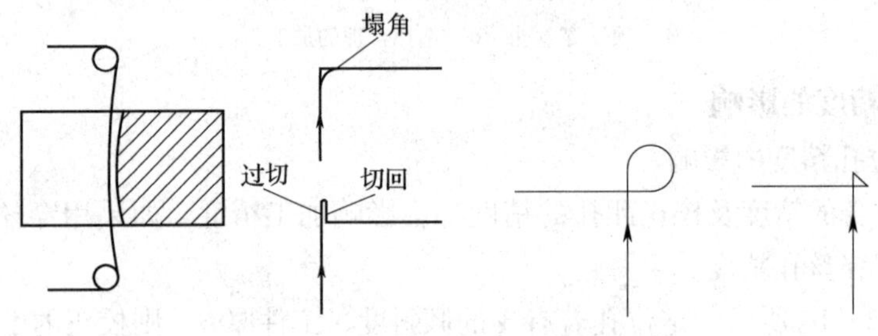

图 2—2—16　拐角策略

（1）程序段末延时，以等待电极丝切直。

（2）过切。进行凸模加工时可在外面的余料上过切，即沿原程序段多切一段距离，再原路返回。在这个过切过程中，电极丝已回直，可加工出清角。

4. 走丝系统精度的影响

快走丝线切割走丝系统的状况对工件的表面质量有较大的影响。走丝系统正、反向运丝时的张力差，是产生换向条纹、影响表面粗糙度的重要因素。此外，走丝的平稳性（即电极丝的抖动）、张力的大小都会对加工表面及尺寸精度带来影响。电极丝的抖动反映在切割表面，会呈现两端条纹明显而中间稍好的现象。电极丝张力大小会影响工件纵剖面尺寸的一致性。张力的大小要根据侧重点确定。张力大则电极丝绷得直，工件上下一致性好，但电极丝的损耗大且对导电块、导轮及轴承的磨损也大。电极丝在使用的中后期要适当减小配重，以延长使用寿命。

走丝机构包括储丝筒、配重、导轮、导电块，检查并维护好这些零部件是保证走丝平稳的条件。

七、快走丝线切割加工安全规程

为保证快走丝线切割机床长期处于安全、平稳的工作状态，操作者必须严格按照安全规程进行操作，同时，还要按照维护及保养规范按时对机床进行必要的维护及保养。保证快走丝线切割加工的安全性要注意两个方面：一方面是人身安全，另一方面是设备安全。具体有以下几点要求：

1．操作者必须熟悉快走丝线切割机床的操作技术，开机前应按设备润滑要求对机床有关部位注油润滑。

2．操作者必须熟悉快走丝线切割机床加工工艺，合理选取加工参数。图2—2—17所示为快走丝线切割机床常用工艺参数专家库，按此选择合适的加工参数进行操作，可以防止断丝等故障的发生。

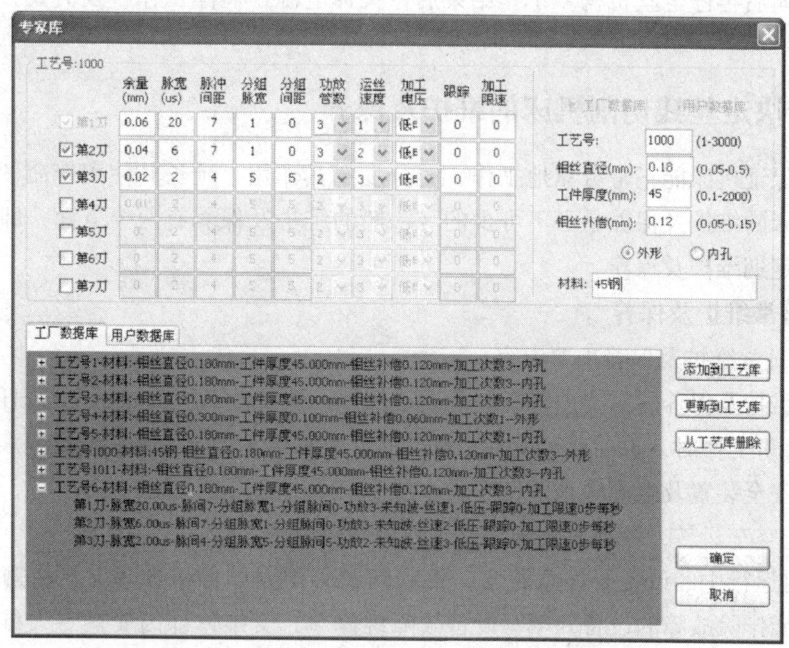

图 2—2—17　快走丝线切割机床常用工艺参数专家库

3．用摇柄操作储丝筒后，应及时将摇柄拔出，以防止储丝筒转动时将摇柄甩出伤人。废丝要放在规定的容器内，防止混入电路和走丝系统中，造成短路、触电和断丝事故。停机时，要在储丝筒刚换向后尽快按下停止按钮，以防止因储丝筒惯性造成断丝及传动件碰撞事故。

4．正式加工工件前，应确认工件位置是否正确，防止碰撞丝架和因超程撞坏丝杠、螺母等传动部件。对于无超程限位的工作台，要防止超程坠落事故。

5．在加工工件前应对工件进行热处理，尽量消除工件的残余应力，防止切割过程中工件爆裂伤人。加工前应安装好防护罩。

6. 在检修机床、机床电器、脉冲电源、控制系统前应注意切断电源，防止损坏电路元件和触电事故的发生。

7. 禁止用湿手按开关或接触电气部分。

8. 防止工作液等导电物进入电气部分，一旦发生因短路造成的火灾时，应首先切断电源，立即用四氯化碳等合适的灭火器灭火，不准用水灭火。

9. 由于工作液在加工过程中可能因为一时供应不足而产生放电火花，所以机床附近不得放置易燃、易爆物品。

10. 定期检查机床的保护接地是否可靠，注意各部位是否漏电，尽量采用防触电开关。合上加工电源后，不可用手或手持导电工具同时接触脉冲电源的两输出端（床身与工件），以防触电。

11. 停机时，应先停高频脉冲电源，再停工作液，让电极丝运行一段时间，并等储丝筒反向后再停走丝机构。工作结束后，关掉电源，擦净工作台及夹具，并润滑机床。

八、快走丝线切割机床的维护及保养

为了保证机床能正常可靠地工作，充分发挥其作用，延长其使用寿命，对电火花线切割机床的维护及保养是必不可少的。一般的维护及保养有两个方面，即日常维护及保养、定期维护及保养。

1. 日常维护及保养

（1）日常维护及保养主要内容

日常维护及保养的主要内容有润滑运动部件、调整传动机构和更换易损件。

1）每班工作时，班前要对设备进行点检，查看有无异常，并按润滑图表的规定加油；确认安全装置及电源等是否良好。

2）先空车运转，等到充分润滑及达到热平衡后再工作。

3）对运行中的设备要注意观察，发现问题必须立即停机处理。严格遵守操作规程，对不能排除故障的设备要填写设备故障维修单，交维修部门安排专人维修，检修完成后由操作者签字验收。

4）下班时要切断电源，清扫、擦拭设备，在设备导轨部位涂油，清理工作场地，保持设备及周围环境整洁。

(2) 日常维护注意事项

1）机床应避开阳光直射，尽量远离振动源避免高温、振动对机床精度的影响。机床附近不应有电焊机、高频处理设备等。应始终保持机床的清洁与完整，经常清理数控装置的散热通风系统，以便于数控系统可靠运行。有超温情况时，一定要立即停机检测。

2）机床电源应保持稳定，波动范围控制在 -15% ~10% 之间，最好有稳压装置和防止损坏系统。

3）润滑装置要保持清洁，油路要畅通，机床各部位润滑良好；润滑油液必须符合标准。

4）电气系统的控制柜和强控制柜的门应尽量少开，防止灰尘、油雾对电子元器件的腐蚀及损坏。

2. 定期维护及保养

设备的定期维护是在维修工的配合下，由操作者进行的定期维修作业，按设备管理部门的计划执行。在维护作业中发现的故障隐患一般由操作者自行调整，不能完成的则以维修工为主、操作者配合进行处理，并按规定做好记录备查。设备定期维护后要由机械员（师）组织维修组验收，由设备部门抽查。

定期维护的主要内容包括以下几点：

（1）清洁

拆卸指定部件、箱盖及防尘罩等，彻底清洗、擦拭各部件内外表面；更换切削液及清洗切削液箱；补齐手柄、手球、螺钉、螺母及油嘴等机件，保持设备完整；清扫、检查、调整电气线路及装置。

（2）定期润滑

疏通油路，清扫滤油器，检修油毡、油线、油标，添加或更换润滑油。线切割机床上需定期润滑的部位主要有机床导轨、丝杠与螺母副、传动齿轮、导轨轴承等，一般用油枪注入润滑油。轴承和滚珠丝杠如是保护套式的，可以半年或一年一次拆开注油。机床各部位润滑情况见表2—2—3。

表2—2—3　　机床各部位润滑情况

润滑部位	油品牌号	润滑方式	润滑周期
X、Y向导轨	根据参考书选择润滑脂	油枪注射	半年
X、Y向丝杠	根据参考书选择润滑脂	油枪注射	半年
滑枕上下移动导轨	根据参考书选择机油	油枪注射	每月
储丝筒导轨	根据参考书选择机油	油枪注入	每日
储丝筒丝杠	根据参考书选择润滑脂	油枪注入	每日
储丝筒齿轮	根据参考书选择机油	油枪注入	每日
U、V轴导轨丝杠	根据参考书选择润滑脂	装配时填入	大修

（3）定期调整

对于丝杠与螺母副，部分快走丝电火花线切割机床采用锥形开槽式的调节螺母，需拧紧一些，凭经验和手感确定间隙，保证其转动灵活。滚动导轨的调整方法是松开工作台一边的导轨固定螺钉，拧调节螺钉，看百分表的指示，使其靠紧另一边。挡丝块和进电块的调整在于改变电极丝与挡丝块和进电块的接触位置。因为挡丝块和进电块使用一段时间后会摩擦出沟痕，易造成断丝，所以需转动或移动一下，以改变接触位置。

（4）检查及调整各部分配合间隙，更换个别易损件及密封件

快走丝线切割机床上需定期更换的易损件有导轮、进电块、挡丝块和导轮轴承。这些部件易磨损，要及时检查，发现损坏后应更换。进电块、挡丝块目前常用硬质合金制成，只需改变位置，避开已磨损的部位即可。

技能训练

一、基本操作

1. 控制按钮识别

快走丝线切割机床的控制部件主要包括电气控制柜面板（简称控制柜面板）、手动控制盒（简称手控盒）两个主要部分，如图2—2—18 所示。控制柜面板和手控盒主要用于图形的绘制、程序的编写、指令的发送以及加工参数的设置与调整。其中，手控盒主要用于操作者远离控制柜面板时对机床进行操作。控制柜面板和手控盒的具体功用分别见表2—2—4、表2—2—5。

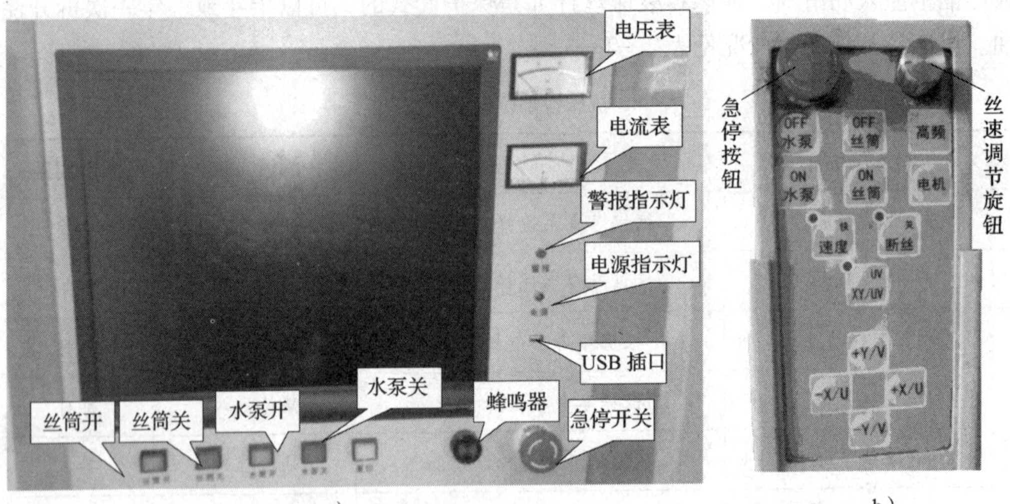

a）　　　　　　　　b）

图 2—2—18　快走丝线切割机床的控制柜面板和手控盒

a）控制柜面板　b）手控盒

表 2—2—4　　控制柜面板按钮、插口、指示灯、仪表及其作用

按钮、插口、指示灯、仪表	作用
丝筒开	以手控盒上的储丝筒运转速度使储丝筒旋转
丝筒关	停止储丝筒旋转

续表

按钮、插口、指示灯、仪表	作用
水泵开	开启水泵
水泵关	关闭水泵
蜂鸣器	在机床工作过程中，有警报出现时会发出响声
急停开关	在任何时候可以停止机床工作，防止事故的发生
USB 插口	从 USB 存储设备导入需要的图形、数据等
电源指示灯	在电源打开的情况下，指示灯显亮
警报指示灯	在机床工作过程中，有警报出现时指示灯显亮
电流表	显示当前电流值
电压表	显示当前电压值

表 2—2—5　　手控盒按钮和按键及其主要作用

按钮和按键	主要作用
急停按钮	压下急停按钮，加工停止，此时储丝筒和水泵将会停止动作
丝速调节旋钮	用于调节储丝筒旋转速度。顺时针为高速，逆时针为低速
操作按键	“水泵”“丝筒”“高频”“电机”等操作按键分别用来控制水泵、储丝筒、高频脉冲及工作台电动机的开与关
“速度”键	移轴速度切换键，指示灯不亮为慢速，指示灯亮为快速
“断丝”键	在加工过程中若出现断丝，机床会自动报警，指示灯亮，进行断丝保护。按下断丝保护键，取消断丝保护
“XY/UV”键	移轴切换键，指示灯不亮为 X、Y 轴，指示灯亮为 U、V 轴
“+Y/V”键 “-Y/V”键 “+X/U”键 “-X/U”键	分别为 Y（V）轴正向、反向，X（U）轴正向、反向移轴键

2. 开机与关机操作

(1) 开机

在控制柜的侧面有如图 2—2—19 所示的绿色“合”字电源按钮，松开控制柜、手控盒上的急停按钮，按下控制柜侧面的绿色按钮进行开机。

红色　　绿色

图 2—2—19　电源按钮

（2）关机

关机操作中，通常为避免切削液进入轴承等运动部件，一般先关闭切削液，再停止储丝筒转动；在确认程序退出、储丝筒停止转动、切削液关闭等关机准备工作的情况下，接着关闭计算机；最后，按图2—2—19所示红色“分”字电源按钮，切断机床总电源。

3．工作台的移动

（1）手柄控制

如图2—2—20所示，通过旋转 X、Y 轴方向手柄移动工作台。手柄内侧的刻度盘上表示移动的距离，一格为0.01 mm，一圈共有400格，即4 mm。

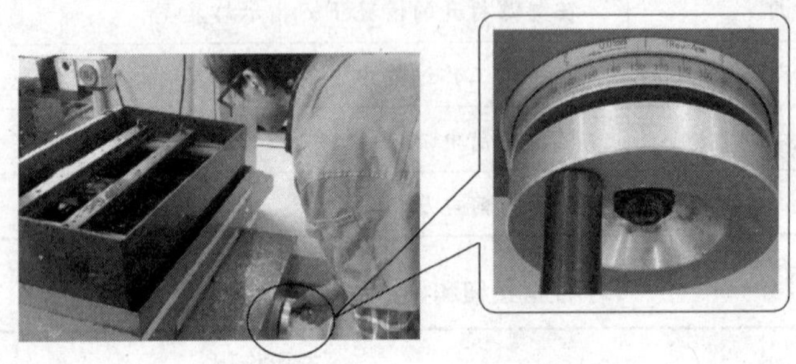

图2—2—20　移动工作台

（2）手控盒控制

选择手控盒中的移轴键（表2—2—5），分别进行 X、Y 轴的移动。

手柄或手控盒均可以控制工作台移动，移动过程中应注意导轨下方标尺不要超过行程极限位置，如图2—2—21所示。

图2—2—21　行程极限位置

二、机床的维护及保养操作

1．切削液的配制及更换

（1）乳化液的配制方法

乳化液一般是以体积比配制的，即以一定比例的乳化油加水配制而成，浓度根据加工要求选择：表面质量和精度要求较高，工件较薄或中厚时，浓度较高些，一般为8%～15%；要求切割速度高或加工大厚度工件时，浓度较低些，一般为5%～8%，以便于排屑。

用蒸馏水配制乳化液可提高加工效率和表面质量。对大厚度切割，可适当加入洗涤剂，以改善排屑性能，提高加工稳定性。

根据使用经验，新配制的工作液使用效果并不是最好，在使用 20 h 左右时，其切割速度、表面质量最好。

（2）切削液流量的确定

快走丝线切割是靠高速运行的电极丝把切削液带入切缝的，因此切削液不需多大压力，只要能充分包住电极丝、浇到切割面上即可。

（3）更换切削液及滤芯

1）打开切削液箱下部的放水塞（图 2—2—22），将废弃的切削液排放干净。用煤油将切削液箱内侧面清洗干净。

2）打开过滤器上顶盖，取出已到使用期限的旧滤芯（图 2—2—23a），换上新滤芯（图 2—2—23b）。

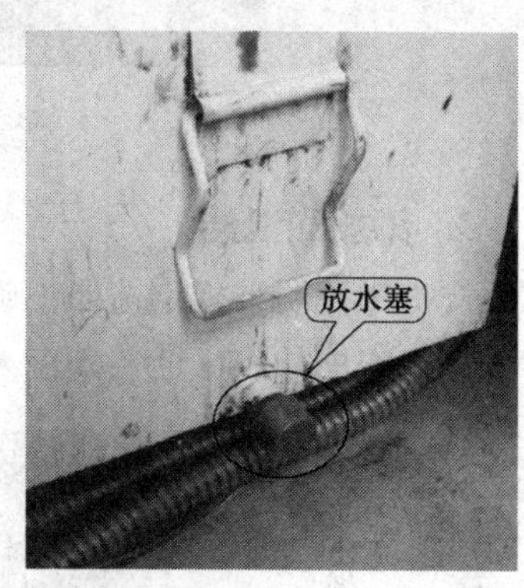

图 2—2—22　切削液箱

a）　　b）

图 2—2—23　更换过滤器的滤芯

a）取出旧滤芯　b）新滤芯

3）按合适的比例配备好切削液，并加入切削液箱。

4）打开切削液运转开关，使切削液循环多次直至均匀为止。

2. 更换导电块

快走丝线切割机床的导电块一般采用硬质合金制作。导电块耐磨性越高越好，表面越光滑，其使用寿命也越长。导电块被钼丝拉出深沟是很正常的事情。这是由于钼丝在工作时高速运动，免不了产生颤动，造成钼丝与导电块接触不良，因而产生放电现象，对导电块产生了切割的现象。另外，钼丝对导电块的摩擦也是造成拉深沟的原因之一。正因为如此，导电块属于易损件、消耗品，应经常更换导电块与钼丝的接触面，磨损严重的情况下则必须更换新的导电块。

在快走丝线切割机床上、下丝架上各安装一个新的导电块，如图 2—2—24 所示。

图 2—2—24　更换导电块

3. 添加润滑油

按机床说明书规定选择正确的机油型号。通过加油口加入合适的机油，并按机床润滑规程定期使用压油手柄压入润滑油，润滑机床运动部件，如图 2—2—25 所示。

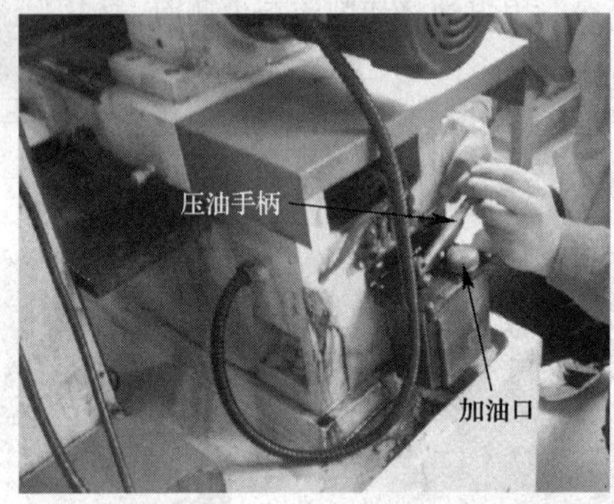

图 2—2—25　添加润滑油

三、快走丝线切割机床上丝

快走丝线切割机床不像其他金属切削机床那样利用刀具切削材料，而是利用电极丝进行放电腐蚀材料。在操作快走丝线切割机床加工工件之前，上丝操作显得非常重要。上丝操作主要包括装丝、穿丝、行程调节、紧丝、钼丝校正等多个环节。

1. 装（绕）丝

装（绕）丝是指将丝盘上的电极丝整齐、有序地绕在储丝筒上，以便对工件进行切割加工。绕丝一般可分为有手动绕丝和自动绕丝两种。

（1）手动绕丝

手动绕丝是指摇动储丝筒摇柄将丝盘上的电极丝有序地绕在储丝筒上。手动绕丝的步骤及操作见表 2—2—6。

（2）自动绕丝

自动绕丝与手动绕丝的方法基本一致，区别是自动绕丝采用丝筒电动机代替摇柄将丝盘上的电极丝有序地绕在储丝筒上，如图 2—2—26 所示。

表 2—2—6　　　　手动绕丝的步骤及操作

步骤	操作	图示
安装丝盘	将丝盘套在上丝螺杆上，并用螺母锁紧丝盘 注意事项：通常让丝盘按“顺时针”方向放丝	螺母 丝盘 上丝螺杆 左上导轮 压紧轮 前导轮 储丝筒
确定电极丝长度及起始位置	将感应限位开关放至两端极限位置，然后确定绕丝长度及电极丝的起始位置	右限位挡铁 右触点 左触点 储丝筒停止触点 左限位挡铁
固定丝头	将储丝筒绕丝的初始位置对准左上导轮，取出电极丝丝头，分别穿过前导轮、压紧轮和左上导轮，将其固定在储丝筒左端螺母上，并剪去多余的丝头。手动盘动储丝筒转过 3 ~ 5 圈，使电极丝整齐、有序地排列在储丝筒上，避免叠丝	螺母　前导轮　压紧轮　左上导轮
手工绕丝	用摇柄顺时针匀速转动储丝筒，将电极丝整齐、有序地绕向储丝筒右端。当所绕电极丝距储丝筒右端极限位置 8 ~ 10 mm 处时，将右端丝头固定在储丝筒右端螺母上，并剪去多余的丝头	摇柄

自动绕丝时应该注意两点：一是应先将左限位挡铁放至左端触点，以免开启储丝筒反转而出现乱丝或断丝现象；二是将手控盒上的丝速调节旋钮调至低速，以免储丝筒旋转过快而导致断丝。

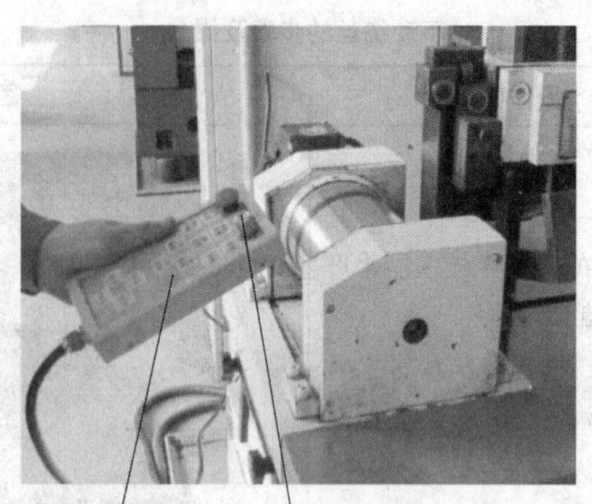

图 2—2—26　自动绕丝

2. 穿丝

如图 2—2—27 所示，穿丝就是将储丝筒上的电极丝依次穿在机床的各个导轮槽中，用以保证电极丝能连续、稳定地对工件进行加工。穿丝方法有两种：一种是将电极丝从储丝筒右端穿入左下导轮，依次经过右下导轮、右上导轮和左上导轮，最后再回到储丝筒上；另一种是将电极丝从储丝筒左端穿入左上导轮，依次经过右上导轮、右下导轮和左下导轮，最后再回到储丝筒上。现以从储丝筒右端穿丝为例介绍穿丝的步骤及操作，见表 2—2—7。

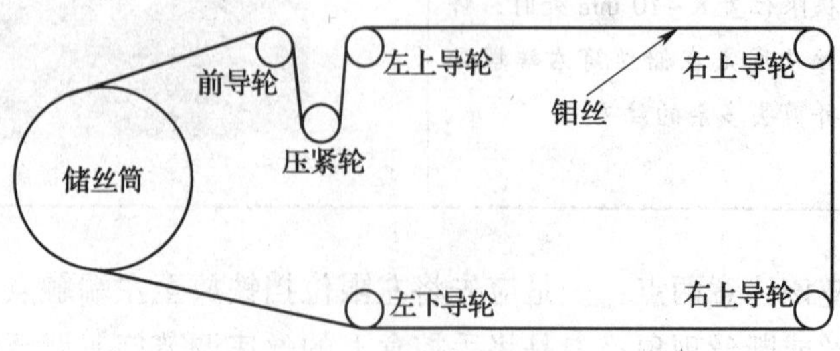

图 2—2—27　穿丝路径

表 2—2—7　　穿丝的步骤及操作

步骤	操作	图示
对齐位置	转动储丝筒，确定电极丝最右端与左上导轮的位置大致对齐	
确定穿丝顺序	取出电极丝右端，根据电极丝拉出方向，确定所穿机床的导轮顺序：左下导轮→右下导轮→右上导轮→左上导轮→压紧轮→前导轮	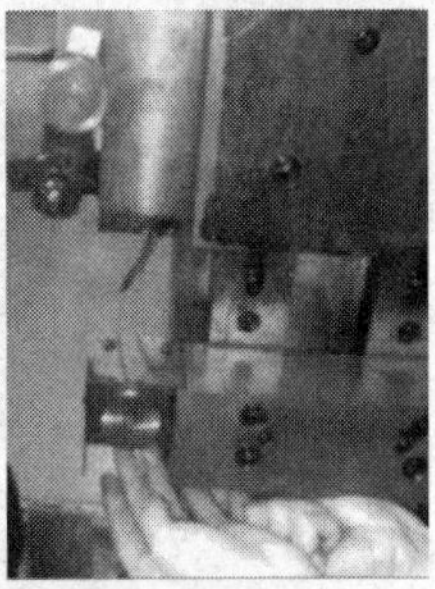
穿丝	将电极丝依次放置在各导轮的轮槽中，并将电极丝的丝头重新固定在储丝筒的右端螺母上	
检查电极丝	检查电极丝是否位于各导轮槽里	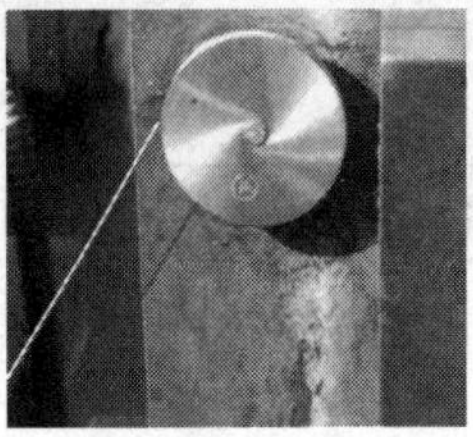
	检查电极丝是否位于导电块上方	 导电块

3. 调节储丝筒行程

在快走丝线切割加工过程中，根据储丝筒上所绕电极丝的多少，确定储丝筒上有效参与加工的电极丝长度，避免加工过程中电极丝运行到一端极限位置时储丝筒不换向，出现断丝和乱丝现象而导致加工无法顺利进行，所以需要通过限位挡铁来调节储丝筒行程。

如图 2—2—28 所示，在调节储丝筒行程前，先将两个行程调节钮松开并放至两端，通过储丝筒相对于左上导轮的位置，确定先调节的是左行程调节钮还是右行程调节钮。下面以先调节右行程调节钮为例介绍储丝筒行程的调节步骤，具体操作见表 2—2—8。

图 2—2—28　调节储丝筒行程

表 2—2—8　　调节储丝筒行程的步骤及操作

步骤	操作	图示
放置右限位挡铁	在储丝筒右端穿丝结束（表 2—2—7）后，随即将右限位挡铁放置在右极限感应触点位置，旋紧螺钉使限位块固定	

续表

步骤	操作	图示
对齐左限位挡铁	开启储丝筒旋转开关，让电极丝自动往储丝筒左端移动，在距左端最后一圈电极丝 3 ~ 5 mm 处停下储丝筒，将左限位挡铁对准左下方感应触点	
调节挡铁位置	开启储丝筒旋转开关，检查储丝筒行程调节是否到位。若限位挡铁调节位置有偏差，应在此基础上微调，直至储丝筒行程合适	

4. 紧丝

在加工过程中，用于加工零件的电极丝张紧应适度，新绕的电极丝或者用过一段时间的电极丝通常会比较松，过松的电极丝在加工过程中会出现抖丝现象，从而影响加工效率和质量。因此，线切割加工前必须进行紧丝。紧丝的步骤及操作见表 2—2—9。

表 2—2—9　　紧丝的步骤及操作

步骤	操作	图示
电极丝到位	开启储丝筒旋转开关，使电极丝运行到储丝筒左端，并在储丝筒运转换向前停止储丝筒运转	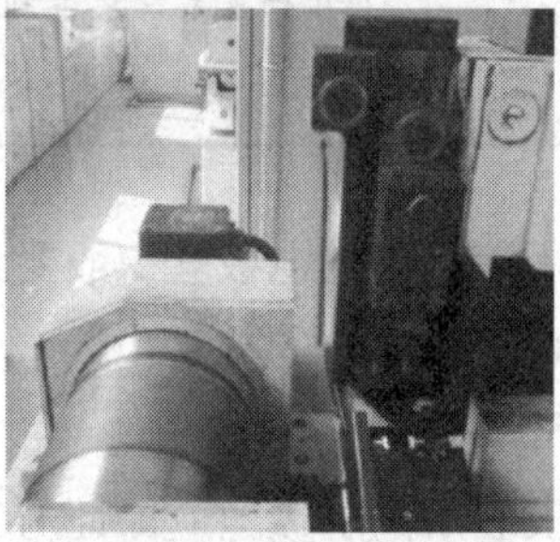
上提紧丝轮	手握紧丝轮手柄，使电极丝位于紧丝轮轮槽中，将紧丝轮端平，手用力向上提紧丝轮	

续表

步骤	操作	图示
提电极丝	左手开启储丝筒运转开关，右手端平的同时用力将电极丝提起，在电极丝运行到储丝筒右端须换向前停下储丝筒	
手动紧丝	右手继续握紧紧丝轮，左手顺时针手动旋转储丝筒，直至电极丝运转到右极限位置，将多余的电极丝剪掉 放下压紧轮，再次检查电极丝是否位于各导轮槽中	
检查 电极丝紧度	开启储丝筒旋转开关，通过观察压紧轮的跳动情况确定紧丝是否到位 或者在停下储丝筒时，用手指在前上导轮与前下导轮中间处推动电极丝，查看电极丝位移的距离是否为 1 ~5 mm，以此确定紧丝是否到位	

新装上去的电极丝一般要经过反复紧丝才能松紧适度。只有保证电极丝运行平稳，才允许进行零件的加工。

5. 校正电极丝

安装后的电极丝应保证与工件上表面垂直，否则会影响工件的形状精度，因此加工前必须校正电极丝的垂直度。如图 2—2—29 所示为利用校正器检测电极丝的垂直度误差。电极丝垂直度有误差时，可以在 *X*、*Y* 两个方向上分别通过小滑板上步进电动机的手动旋钮调节，如图 2—2—30 所示。

（1）校正电极丝的操作

1）保证工作台面和校正器（图 2—2—31）各面干净，无损伤。

2）将校正器底面贴紧工作台面。

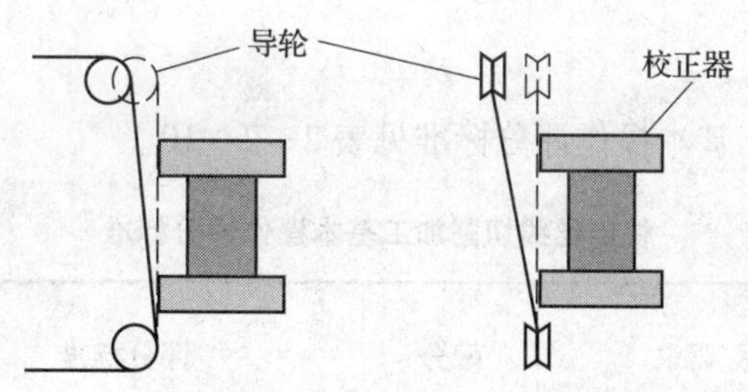

图 2—2—29 利用校正器检测电极丝的垂直度误差

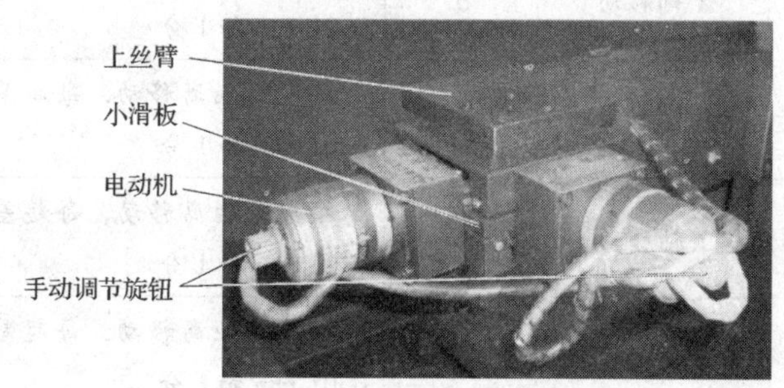

图 2—2—30 调节旋钮

3）调小脉冲电源的电压和电流，使电极丝与工件接近时只产生微弱的放电火花，开启手控盒上“丝筒旋转”和“高频”按钮。

4）利用工作台移动手柄，使工作台在 X、Y 轴方向移动，电极丝慢慢接近校正器，直到有放电火花出现。

5）手动调节上丝臂小滑板上的调节旋钮，移动小滑板，当校正器上下的放电火花均匀一致时，电极丝即校正到位。

6）校正应分别在 X、Y 轴两个方向进行，重复 2 ~ 3 次，以减小电极丝的垂直度误差。

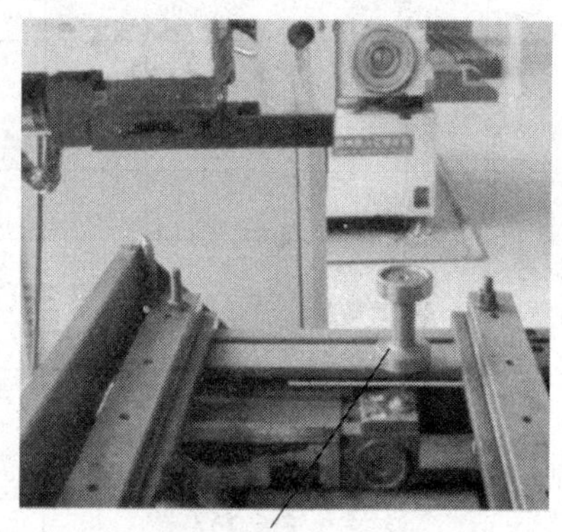

图 2—2—31 校正电极丝

（2）注意事项

1）校正电极丝垂直度前，应给电极丝加上比实际加工时大 30% ~ 50% 的张力，再让电极丝匀速运行（启动走丝）。

2）校正器使用一次后，其表面会留下细小的放电痕迹。下次校正时，要重新更换位置。不允许将带有放电痕迹的位置触碰电极丝产生火花，否则不能正确校正电极丝的垂直度。

3）在精密零件加工前，分别校正 U、V 轴的垂直度后，需要再次检验电极丝垂直度。具体方法如下：重新从 U、V 轴两个方向上碰工件的侧边，观察放电火花是否均匀，从而确定电极丝垂直度校正是否到位。

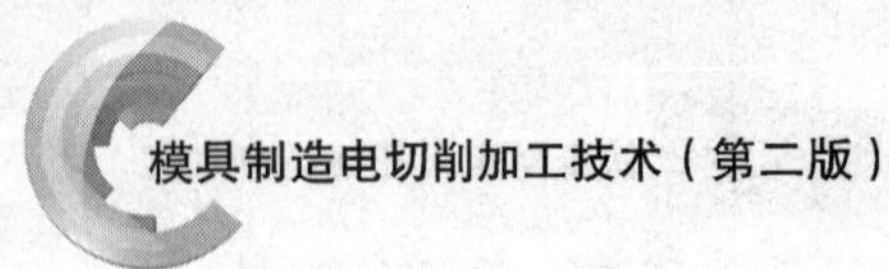

四、评分标准

快走丝线切割加工基本操作评分标准见表 2—2—10。

表 2—2—10　　快走丝线切割加工基本操作评分标准

考核项目	考核内容及要求	配分	评分标准	检测结果	得分
坐标移动	手柄控制进行 X 轴移动	6	按规定距离移动，每超差 0.01 mm 扣 1 分		
	手控盒控制进行 X 轴移动	6	按规定距离移动，每超差 0.01 mm 扣 1 分		
	手柄控制进行 Y 轴移动	6	按规定距离移动，每超差 0.01 mm 扣 1 分		
	手控盒控制进行 Y 轴移动	6	按规定距离移动，每超差 0.01 mm 扣 1 分		
	开机	8	未按规范要求操作一次扣 2 分		
	关机	8	未按规范要求操作一次扣 2 分		
维护	润滑	8	每少一处润滑扣 0.5 分		
	换导电块	8	未按规范要求操作一次扣 2 分		
	换切削液	8	未按规范要求操作一次扣 2 分		
	换滤芯	8	未按规范要求操作一次扣 2 分		
	常用工具的合理使用与保养	6	使用及保养不当每次扣 2 分		
安全文明生产	正确执行安全技术操作规程	6	每违反一项规定扣 2 分		
	正确穿戴劳动保护用品	6	工作服（帽）等穿戴不整齐不得分		
工时定额	180 min	10	每超过 10 min 扣 5 分，超过 30 min 考核不及格		
总分		100			

上丝及校正操作评分标准见表 2—2—11。

表 2—2—11 上丝及校正操作评分标准

考核项目	考核内容及要求	配分	评分标准	检测结果	得分
钼丝安装	绕丝	10	有叠丝现象不得分		
	穿丝	10	能按正确顺序穿丝并使钼丝与导轮、导电块可靠接触。钼丝未在导轮内，未与导电块接触的一处扣 2 分		
	行程调节	8	能调节钼丝在储丝筒中部且使其得到充分利用，钼丝使用部分占储丝筒的 60% 以上，每少 5% 扣 2 分		
	紧丝	10	钼丝垂直方向偏移量控制在 4 mm 以内，每超 1 mm 扣 1 分		
校正	*XZ* 面校正钼丝	10	钼丝垂直度误差小于 0.03 mm，每超差 0.01 mm 扣 2 分		
	YZ 面校正钼丝	10	钼丝垂直度误差小于 0.03 mm，每超差 0.01 mm 扣 2 分		
维护	常用工具的合理使用与保养	8	使用及保养不当每次扣 2 分		
	机床维护	8	机床操作后未按要求保养不得分		
安全文明生产	正确执行安全技术操作规程	8	每违反一项规定扣 2 分		
	正确穿戴劳动保护用品	8	工作服（帽）等穿戴不整齐不得分		
工时定额	80 min	10	每超过 10 min 扣 5 分，超过 30 min 考核不及格		
总分		100			

课题三　模具零件外轮廓加工

手工编程一般用于加工较简单的零件，若需要加工外形较复杂的零件，手工编程就比较困难，必须采用自动编程系统。本教材将介绍以通用的线切割自动编程系统AutoCut 完成零件的编程与加工实例。

一、外轮廓加工工艺

快走丝电火花线切割加工零件类型非常多，按加工轮廓形状分类主要有外轮廓加工、内轮廓加工、锥度轮廓加工等。外轮廓加工工艺较为简单，电极丝无须穿过预钻孔，可以直接从工件毛坯的外部起割。

1. 切入点的确定原则

（1）电极丝从加工起点到切入点的路径距离要短，如图 2—3—1 所示。

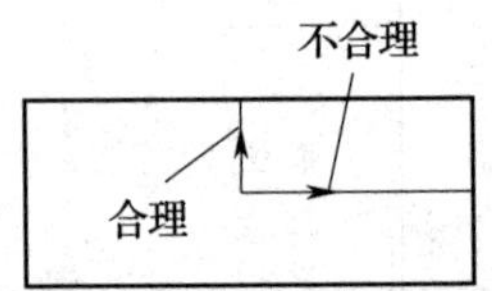

图 2—3—1　电极丝至切入点的路径距离

（2）从工艺角度考虑，电极丝的切入点应放在工件的棱边。

（3）电极丝的切入点应避开零件标注有尺寸精度要求的位置，如图 2—3—2 所示。

（4）电极丝的切入路径应该避免与线切割程序的第一段、最后一段重合或者形成小夹角，如图 2—3—3 所示。

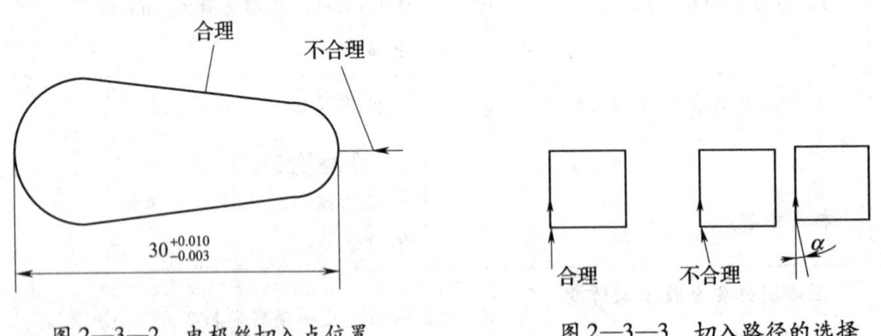

图 2—3—2　电极丝切入点位置　　图 2—3—3　切入路径的选择

2. 穿丝孔的确定原则

穿丝孔既是电极丝相对于零件运动的起点，也是线切割程序执行的起点（或称为程序“零点”），一般应选择在工件的基准点处。

（1）切割凸模类零件时，为避免将工件外形切断而引起变形，一般在毛坯内部接近工件外形附近预制穿丝孔，且切割时运动轨迹与毛坯边缘距离应大于 5 mm。

（2）穿丝孔的大小要适宜。如果穿丝孔的孔径过小，不但钻孔难度增加，而且不利于穿丝；而穿丝孔的孔径过大，则会增加钳工工艺的难度。穿丝孔常用直径为 3 ~ 10 mm。

3. 切割起点及切割路线的选择

（1）切割起点的选择原则

数控线切割加工的零件轮廓多是封闭图形，切割起点一般也是切割终点，但电极丝返回起点时必然存在重复位置误差，形成加工痕迹，影响切割精度和表面质量。因此应合理选择切割起点。

1）应在表面质量要求较低的表面上选择切割起点。

2）应尽量在切割图形的交点上选择切割起点。切割路线应与工件的外边缘（端面或侧面）保持一定的距离，要求不小于 5 mm。

3）对于无切割交点的工件，切割起点应尽量选择在便于钳工修复的部位，如半径大的弧面等。

（2）切割路线的选择原则

在加工中，工件内部残余应力的相对平衡受到破坏，会引起工件的变形，所以在选择切割路线时必须注意以下几个方面。

1）尽量采用穿丝孔，切割路线从毛坯预制的穿丝孔开始。一般情况下，切割路线应从工件装夹位置附近开始，向离开工件装夹位置的方向切割，最后回到工件装夹位置附近。如果工件在开始时就与夹持部分大部分隔离，工件的刚度大大降低，会产生变形而导致加工误差。如图 2—3—4a 所示，采用从工件端面开始由内向外切割的方案，变形最大，不可取；如图 2—3—4b 所示，从工件端面开始切割，然后其加工路线由外向内，比图 2—3—4a 所示的方案安排合理，但是仍有变形；如图 2—3—4c 所示，切割起点取在坯件预制的穿丝孔中，且加工路线由外向内，变形最小，是最合适的加工方案。

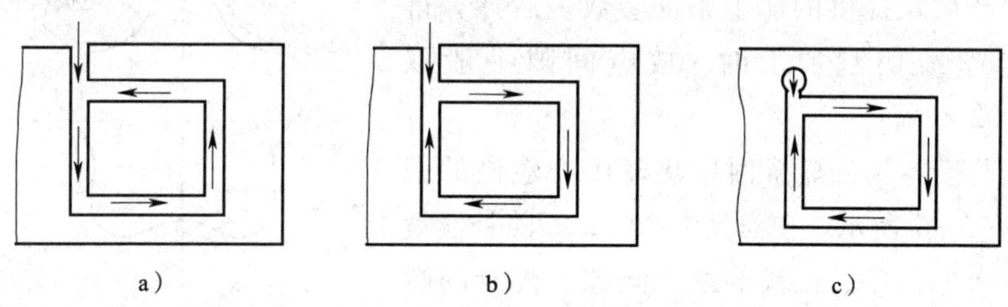

图 2—3—4 切割起点和切割线路选择

a）错误的方案 b）可用的方案 c）最好的方案

2）在一块毛坯上要切出两个以上工件时，不应连续一次切割出来，而应从该毛坯的不同预制穿丝孔开始加工，如图 2—3—5 所示。

（3）凸模零件线切割路线的选择

一般应将切割起点安排在靠近夹具夹持端，然后切割路线转向远离夹具的方向，最后转向夹具的方向，如图 2—3—6 所示。

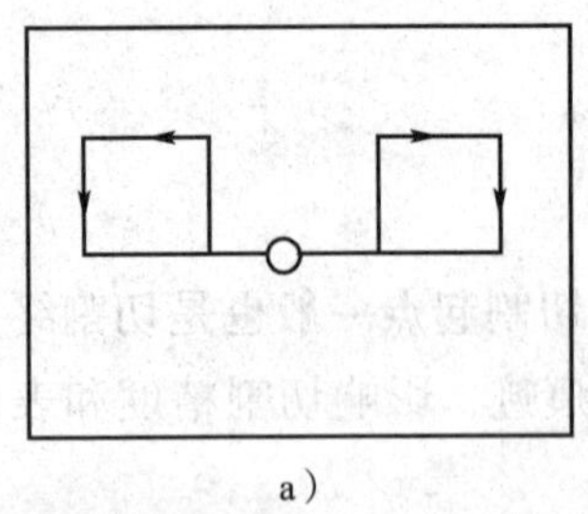

a）

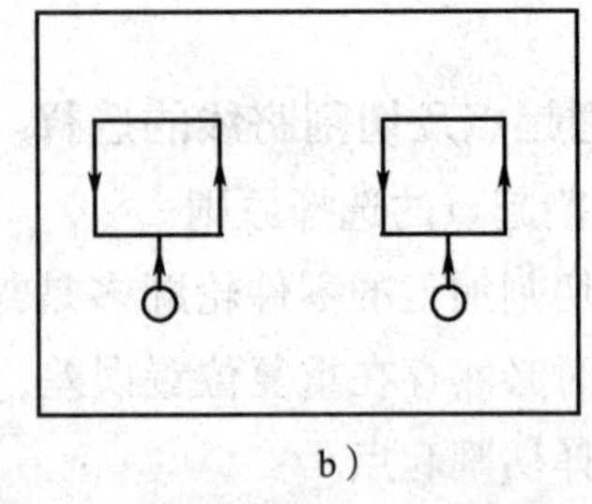

b）

图 2—3—5　在一块毛坯上切出两个工件

a）错误方案（从同一个穿丝孔加工）　b）正确方案（从不同穿丝孔开始加工）

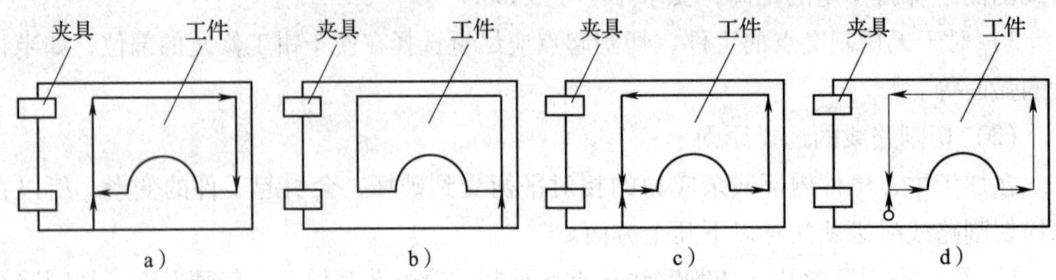

图 2—3—6　凸模线切割路线的选择

a）、b）切割路线不合理　c）切割路线可行　d）切割路线最佳

4. 间隙补偿量的确定

线切割加工时，由于电极丝具有一定的直径，加工时还会产生一定的放电间隙，所以工件加工轮廓与电极丝中心运动轨迹之间存在一定的向材料内的偏移量。为保证加工后零件符合图样要求，电极丝中心轨迹应预先向材料外偏移一定的值，这个偏移值叫作间隙补偿量。放电间隙的数值可以通过查阅机床生产厂家提供的加工条件参数表后计算得到。快走丝线切割加工时，放电间隙一般取 0.01 ~ 0.02 mm。

加工凸模零件外轮廓时电极丝中心轨迹的偏移如图 2—3—7 所示。在模具生产中，间隙补偿量的确定应考虑凸模、凹模的配合间隙（配合间隙根据模具种类和加工材料选取）。采用自动编程加工时，间隙补偿量可以通过机床自动补偿。

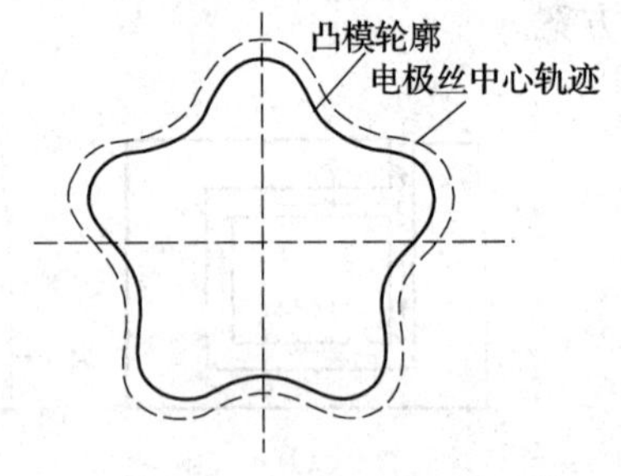

图 2—3—7　加工外轮廓时电极丝中心轨迹与凸模轮廓的偏移

二、工件装夹工艺

1. 工件装夹的一般要求

（1）待装夹的工件基准部位应清洁、无毛刺，符合图样要求。

（2）保证装夹位置在加工中能满足加工行程需要，工作台移动时不得与丝架臂相碰，否则无法进行加工。

(3) 装夹位置应有利于工件的找正。

(4) 夹具对固定工件的作用力应均匀，不得使工件变形或翘起，以免影响加工精度。

(5) 加工成批零件时最好采用专用夹具，以提高工作效率。

(6) 细小、精密、薄壁的工件应先固定在不易变形的辅助小夹具上才能进行装夹，否则无法加工。

2. 装夹方式

快走丝电火花线切割加工的工件装夹方式及使用场合见表2—3—1。

表2—3—1　工件装夹方式及使用场合

装夹方式	使用场合	图示
悬臂支承装夹	悬臂式支承通用性强，装夹方便，但容易出现上仰或倾斜现象，一般只在工件精度要求不高的情况下使用 如果由于加工部位所限只能采用此装夹方式而加工又有垂直度要求时，要用拉表法找正工件上表面	
垂直刃口支承装夹	工件装在具有垂直刃口的夹具上，装夹后工件也能悬伸出一角以便于加工。装夹精度和稳定性比悬臂式好，也便于拉表找正 装夹时注意夹紧点对准刃口	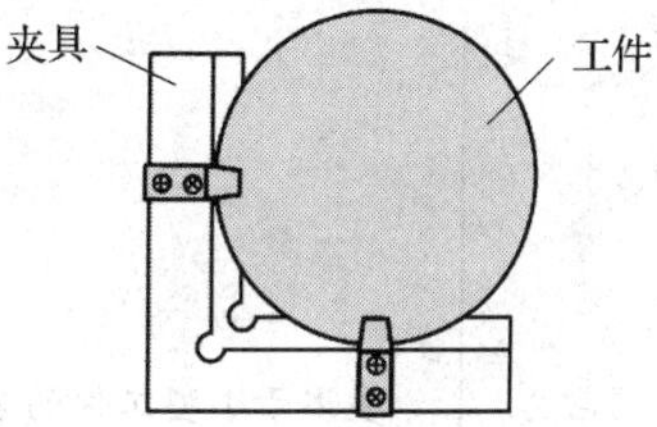
桥式支承装夹	此装夹方式是线切割最常用的装夹方法，适用于装夹各类工件，特别是方形工件，装夹稳定。只要工件上、下表面平行，夹紧力均匀，工件表面即能保证与台面平行。桥的侧面也可作为定位面使用，拉表找正桥的侧面与工作台 X 轴平行	

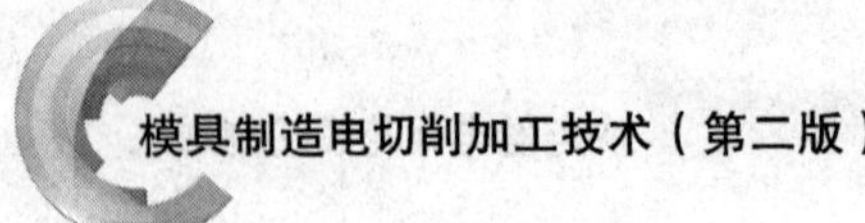

续表

装夹方式	使用场合	图示
板式支承装夹	加工某些外周边已无装夹余量或装夹余量很小、中间有孔的零件时，可在底面加一托板，用胶粘牢或螺栓压紧，使工件与托板连成一体，且保证导电良好，加工时连托板一起切割	
复式支承装夹	待加工的零件切割余量较小，加工精度又较高，不利于装夹时，可采用专用夹具进行装夹	
V形夹具支承装夹	装夹圆柱形工件时，可采用V形夹具支承装夹，以便于圆柱形工件的定位	V形槽 工件
弱磁力夹具装夹	多用于小型工件的装夹。在凸模零件切割过程中，为防止工件因切割掉落而采用	工件 磁靴 永久磁铁 S N S—N 铜焊层 不显示磁性 显示磁性

3. 工件找正的方法

工件装夹好后，为了保证加工精度，还需对工件进行找正。常用的找正方法有靠定法、电极丝法、量块法、划针法和百分表法（拉表法），具体操作见表2—3—2。

表 2—3—2　　工件找正方法

找正方法	操作说明	图示
靠定法	利用已经找正的夹具基准面为参考基准，将工件基准贴紧夹具基准面并固定	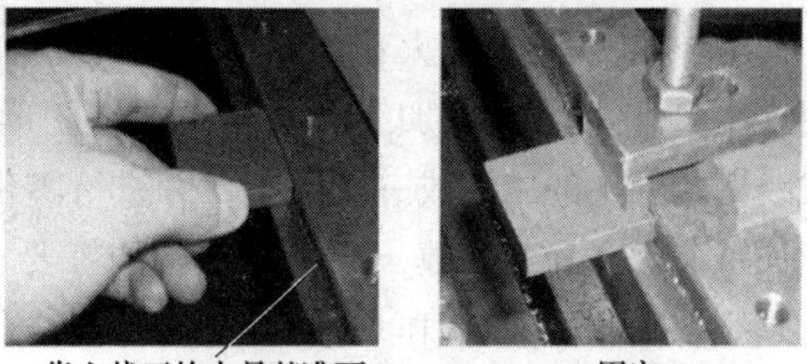 靠上找正的夹具基准面　固定
电极丝法	工件装夹后，将电极丝沿着工件基准面放电，通过观察放电火花是否均匀来找正工件	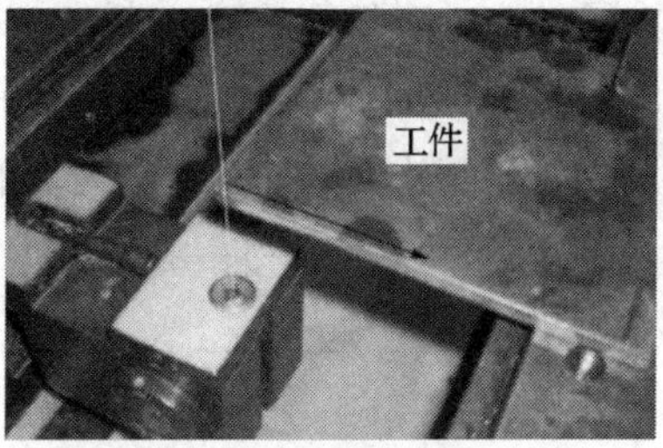 工件
量块法	工件装夹后，用量块靠近工件基准面，通过观察量块与工件的透光度来找正工件	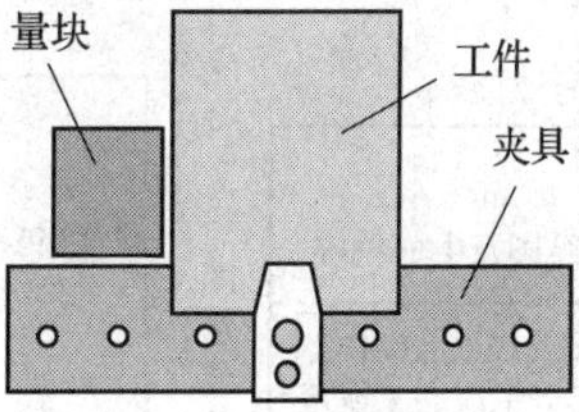 量块　工件　夹具
划针法	用划针沿着工件表面移动，通过观察划针与工件表面的距离来找正工件	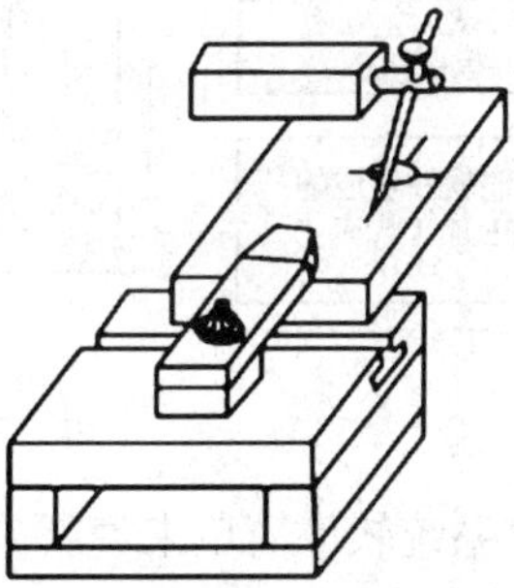
百分表法（拉表法）	将百分表固定在表架上，用百分表的测头触碰工件基准面并沿着工件基准面移动，通过观察百分表的读数变化来调整工件的位置，从而找正工件	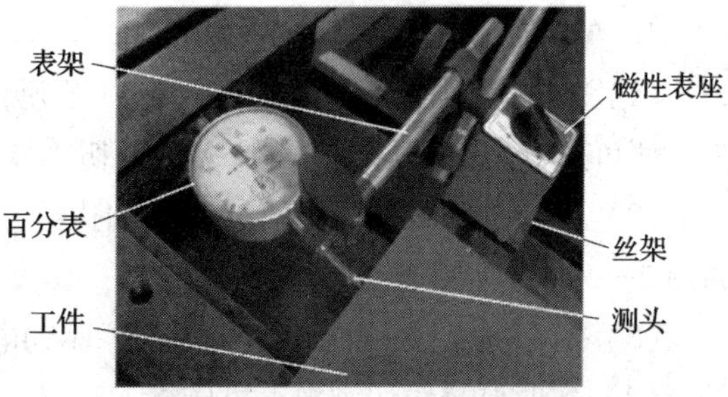 表架　磁性表座　百分表　丝架　工件　测头

三、AutoCut 快走丝电火花线切割机床编程系统

1. AutoCut 编程系统简介

AutoCut 快走丝电火花线切割编程系统是基于 Windows XP 平台的线切割编程系统。用户用 CAD 软件根据加工图样绘制加工图形，对 CAD 图形进行线切割工艺处理，生成线切割加工的二维或三维数据，并进行零件加工。在加工过程中，系统能够智能控制加工速度和加工参数，完成对不同加工要求的控制。这种以图形方式进行加工的方法是线切割领域 CAD 和 CAM 系统的有机结合。

AutoCut 系统具有切割速度自适应控制、切割进程实时显示、加工预览等方便的操作功能。同时，对于各种故障（断电、死机等）提供了完善的保护，防止工件报废。

AutoCut 系统是一套完整的线切割解决方案。该系统由 AutoCut 系统软件、基于 PCI 总线的运动控制卡、高可靠免维护的节能步进电动机驱动主板（可选）、高频振荡信号放大板构成，如图 2—3—8 所示。

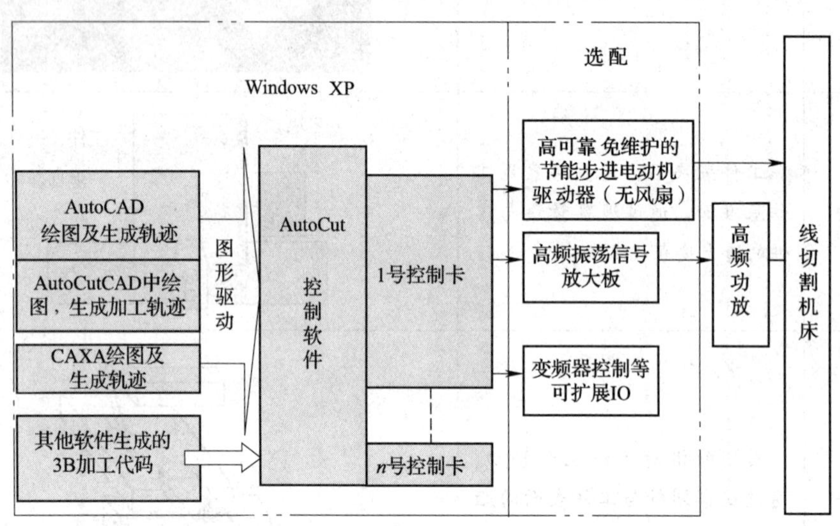

图 2—3—8　AutoCut 系统结构

AutoCut 系统软件简单来说就是 AutoCAD、CAXA 软件的一个线切割编程插件，如图 2—3—9 所示为在 AutoCAD 2004 版本中安装了 AutoCut 插件。

2. AutoCut 编程系统主要功能

（1）支持图形驱动自动编程，用户无须接触代码，只需对加工图形设置加工工艺，便可进行加工；同时，支持多种线切割软件生成的 3B 代码、G 代码等加工代码。

（2）多种加工方式可灵活组合（如连续、单段、正向、逆向、倒退等加工方式），如图 2—3—10 所示。

（3）X、Y、U、V 四轴可设置换向，驱动电动机可设置为五相十拍、三相六拍等。

（4）实时监控线切割加工机床 X、Y、U、V 四轴的加工状态。

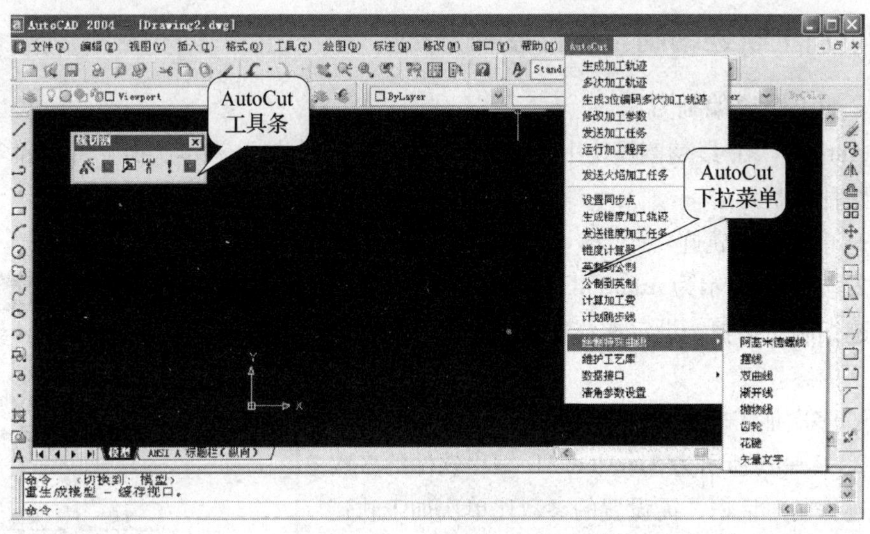

图 2—3—9 AutoCut 软件界面

(5) 加工预览，加工进程实时显示；加工锥度轮廓时可进行三维跟踪显示；可放大、缩小观看图形，可从主视图、左视图、顶视图等多角度观察加工情况。

(6) 可进行多次切割，带有用户可维护的工艺库功能，使多次加工变得简单、可靠。

(7) 可以进行锥度工件的加工，采用四轴联动控制技术；可以方便地进行上下异形面加工，使复杂锥度图形的加工变得简单而精确。

(8) 支持多卡并行工作，一台计算机可以同时控制多台线切割机床。如图 2—3—11 所示为控制六台机床。

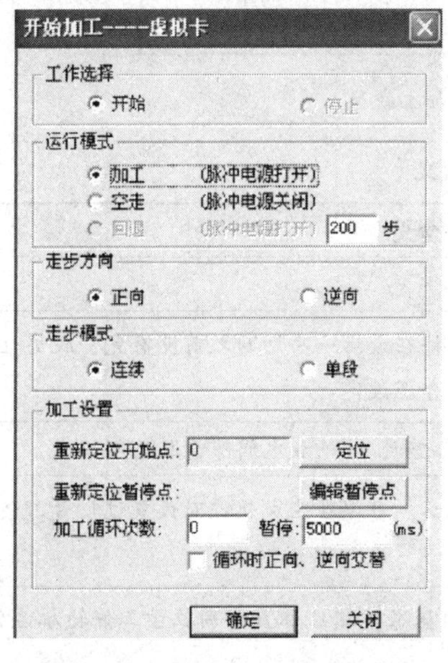

图 2—3—10 多种加工方式

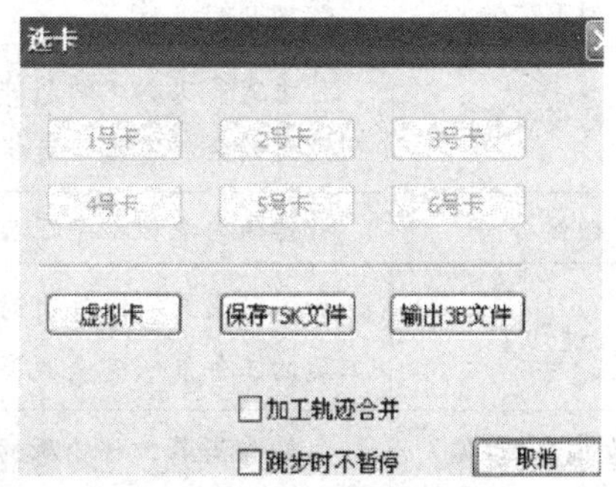

图 2—3—11 控制多台机床

四、加工轨迹编制与运行控制方法

1．加工轨迹编制方法

在 AutoCutCAD 线切割模块中，平面切割轨迹的编制方法有单次加工轨迹和多次加工轨迹两种编制方法。

（1）单次加工轨迹

图2—3—12 所示为 AutoCutCAD 编程软件的单次加工轨迹编制对话框，设定参数主要有补偿值和偏移方向两项内容。

（2）多次加工轨迹

图2—3—13 所示为 AutoCutCAD 编程软件的多次加工轨迹编制对话框，需设置的参数比单次加工轨迹编制多。加工轨迹编制所涉及参数的具体含义见表2—3—3。

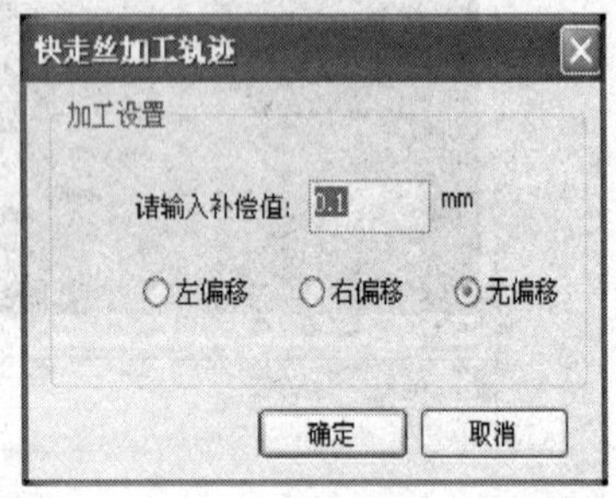

图 2—3—12　生成加工轨迹

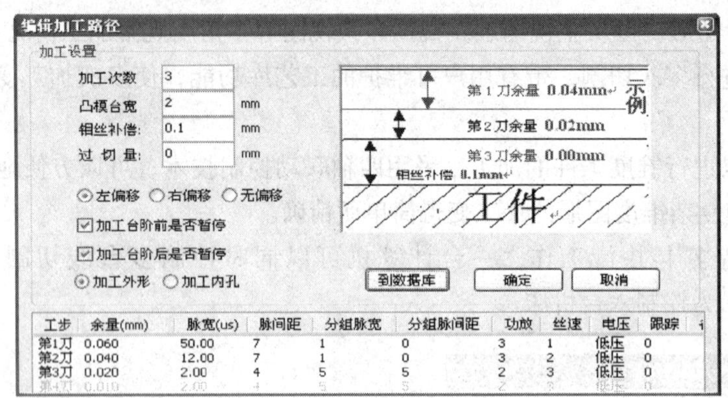

图 2—3—13　生成多次加工轨迹

表 2—3—3　　加工轨迹参数的含义

参数	含义
加工次数	线切割的次数
凸模台宽	对于需多次加工的凸件，为保证工件在最后一次切割之前没有完全脱离坯料而设定的余料宽度。可根据材料自重合理设定
钼丝补偿	补偿值为电极丝半径与放电间隙值之和，此处放电间隙常取 0.01 mm
过切量	加工结束后，工件有时不能完全脱离。可以在生成轨迹时设置过切量，使加工后的工件能够完全脱离
左偏移/右偏移/无偏移	以钼丝沿着工件轮廓的前进方向为基准，钼丝位置分别位于工件轮廓左侧/右侧/重合

续表

参数	含义
加工台阶前是否暂停	如选中会在加工台阶前暂停，等待人工干预后继续加工；否则不暂停
加工外形/加工内孔	加工的是外部图形/内部图形

2. 加工轨迹运行控制方法

在编制好加工轨迹后，即可将加工轨迹发送至机床控制卡准备加工，AutoCutCAD加工控制界面如图 2—3—14 所示。

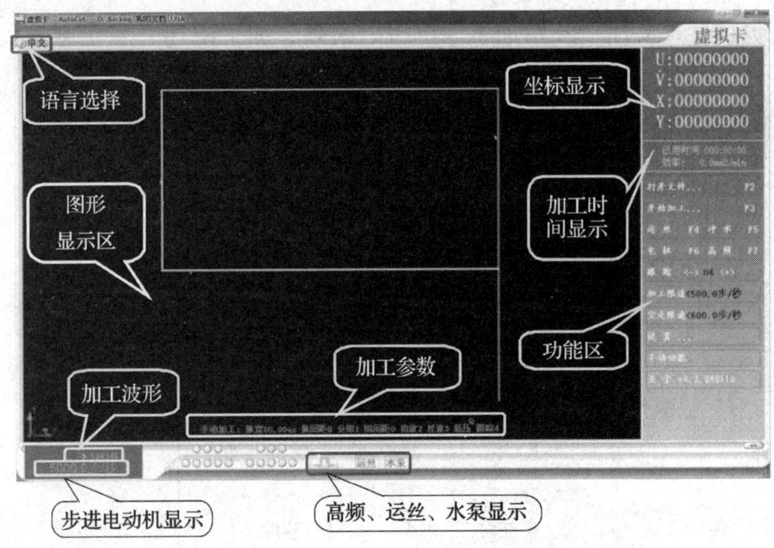

图 2—3—14　AutoCutCAD 加工控制界面

(1) 功能显示区域

功能显示区域主要有各种加工信息的实时反馈，具体含义见表 2—3—4。

表 2—3—4　功能显示信息

项目	说明
语言选择	鼠标左键单击，会提示中、英文可切换的界面。只要用鼠标左键进行选择，就可以完成即时切换
坐标显示	实际加工或者空走加工时，在位置显示区会实时看到 *X*、*Y*、*U*、*V* 四轴实际加工的位置
时间显示	在加工时，“已用时间”表示该工件加工已经使用的时间，“剩余时间”表示至该工件加工完毕还需要的时间

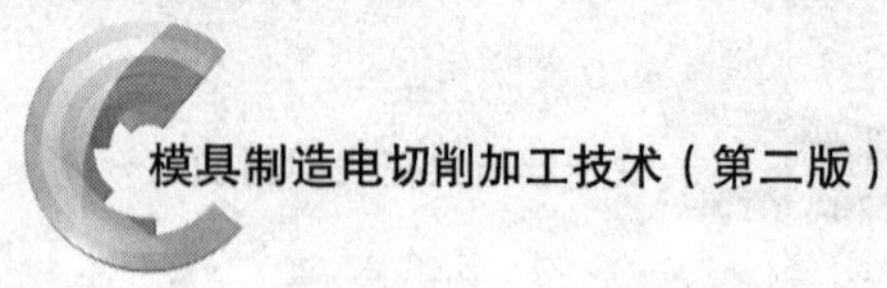

续表

项目	说明
图形显示区	在实际加工、空走加工时，图形显示区会实时显示当前加工的位置
加工波形	实时显示加工的快慢及稳定性
加工参数	实时显示当前加工参数：脉宽、脉间距、分组脉宽、分组脉间距、运丝速度等
步进电动机显示	此命令用来完成电动机的锁定或解锁。点中时，被锁定的电动机会在界面中以绿灯显示出来；否则会变灰
高频、运丝、水泵显示	实时显示高频、运丝、水泵的开关状态

（2）功能区

功能区包含打开文件、开始加工、电机、高频、加工限速、空走限速、设置等功能。

1）开始加工。单击“开始加工”会弹出对话框，如图2—3—15所示。对话框的具体含义见表2—3—5。

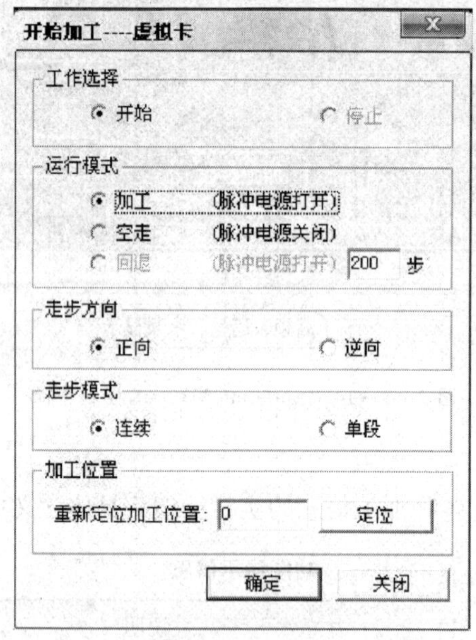

图2—3—15 “开始加工”对话框

表2—3—5 “开始加工”对话框的含义

栏目	选项说明	备注
工作选择	开始：开始进行加工 停止：停止目前的加工工作	在进行加工时不能退出程序，必须先停止加工，然后才能退出

续表

栏目	选项说明	备注
运行模式	加工：打开高频脉冲电源，实际加工 空走：不开高频脉冲电源，机床按照加工文件空走 回退：打开高频脉冲电源，回退指定步数	回退的指定步数可以在设置界面中进行设置，并会一直保存直到下一次设置被更改
走步方向	正向：实际加工方向与加工轨迹方向相同 逆向：实际加工方向与加工轨迹方向相反	—
走步模式	连续：加工时，只有一条加工轨迹加工完才停止 单段：加工时，一条线段或圆弧加工完毕，会进入暂停状态，等待操作者处理	—

2）加工限速。限制加工的最大速度，单位为步/s（Hz）。

3）空走限速。限制机床在空走时的最大速度，单位为步/s（Hz）。

4）设置。单击“加工参数显示”，弹出“工艺参数”对话框，如图2—3—16所示。在该界面中，可以对任意一个工艺参数进行修改。

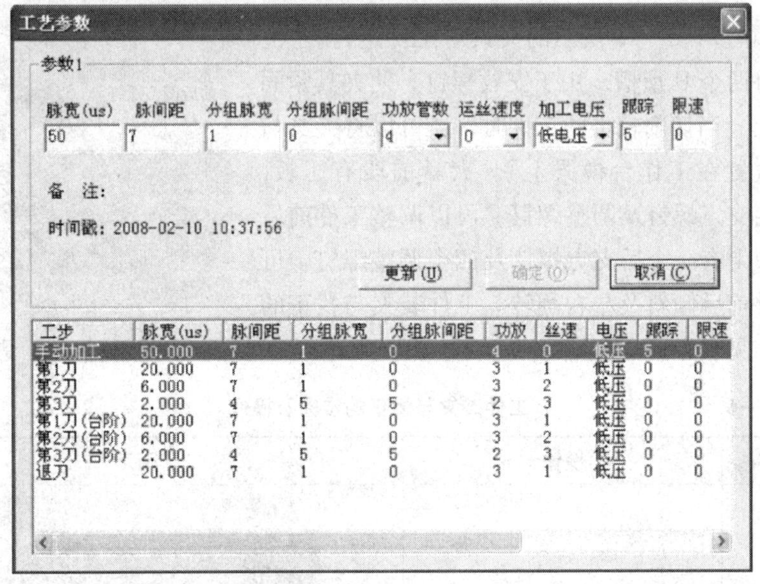

图2—3—16 “工艺参数”对话框

操作方法：选中列表中任一条需要进行修改的参数项进行修改；修改完毕单击“更新”按钮，即将修改后的参数更新到工艺参数中；再单击“确定”按钮，工艺参数设置完成。

技能训练

在快走丝电火花线切割机床上加工如图 2—3—17 所示的零件。外形的表面粗糙度要求为 *Ra*3. 2 μm。毛坯为 160 mm × 80 mm × 18 mm 的长方体，六面均为磨削表面，外形尺寸按 js8 公差等级加工，材料为 Cr12 钢。

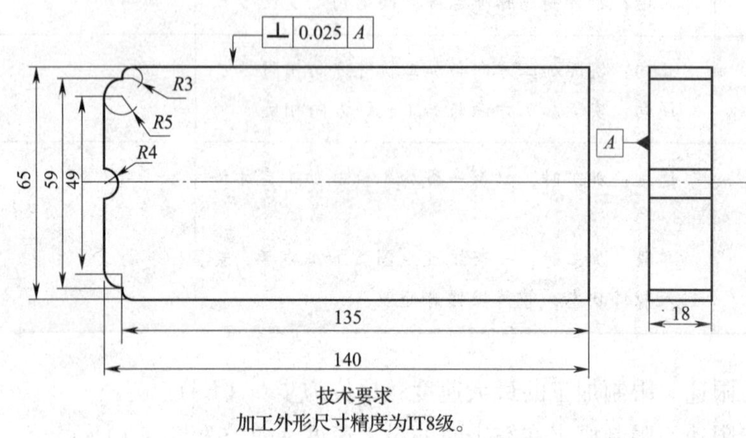

图 2—3—17　零件图

一、工件的装夹与找正

采用如图 2—3—18 所示的夹具对工件进行装夹。该夹具具有两个 U 形槽，用于安放螺钉，使夹具紧固在工作台上（当切削较小的工件时，还可以将夹具与工件直接放置在工作台横梁上）。夹具前段有压板，压板上有前支点螺钉及调整螺钉，可以调整工件前后倾斜；托板上有一个后支点螺钉及四个调整螺钉，可以调整工件前后倾斜及左右翻转。工件装夹与找正的步骤及操作见表 2—3—6。

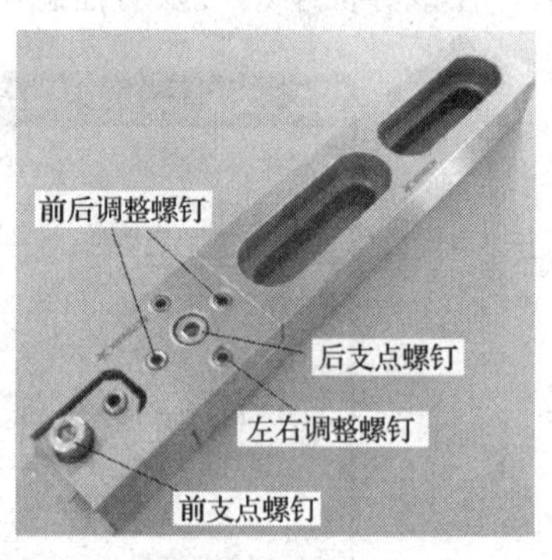

图 2—3—18　夹具

表 2—3—6　　工件装夹与找正的步骤及操作

步骤	操作	图示
工件的装夹	采用专用夹具装夹工件	专用夹具

续表

步骤	操作	图示
工件的找正	水平面找正：将百分表测头压在工件上表面，使工作台在 X、Y 轴两个方向移动；根据百分表读数，通过前后调整螺钉和左右调整螺钉进行调整。百分表读数偏差越接近零，找正精度越高	
	Y 向侧面找正：沿 Y 轴方向上找正工件，使工件长边与工作台 Y 轴平行	

二、加工步骤及操作

钼丝安装完毕，依次进行钼丝校正、工件找正、编写程序、工件加工。工件加工的具体操作步骤如下：

1. 绘制零件图

接通控制柜上的电源，开启计算机，双击 AutoCutCAD 软件图标，进入绘图界面，按图样要求绘制外形，如图2—3—19所示。

2. 进入编程界面

要用绘制好的图形进行切割轨迹编程，在工具栏“AutoCut”的下拉菜单选项中选择“生成 3 位编码多次加工轨迹”命令（图 2—3—20），进入编程界面。

3. “多次加工轨迹”设置

在加工设置中，将“加工次数”设为 1，“凸模台宽”设为 0，“钼丝补偿”量通常为 0. 1 mm，“过切量”通常为 0，“跟踪”预设为 50，“限速”设为 200，如图 2—3—21所示。参数设置完成后单击“确定”按钮。

4. 确定穿丝坐标

如图 2—3—22a 所示，根据命令行提示“请输入穿丝点坐标”，在距离工件左下角外轮廓大约 5 mm 处单击，以此确定“穿丝点”坐标。命令行再次提示“请输入切入点坐标”，选择工件左下角作为加工的“切入点”，如图 2—3—22b 所示。

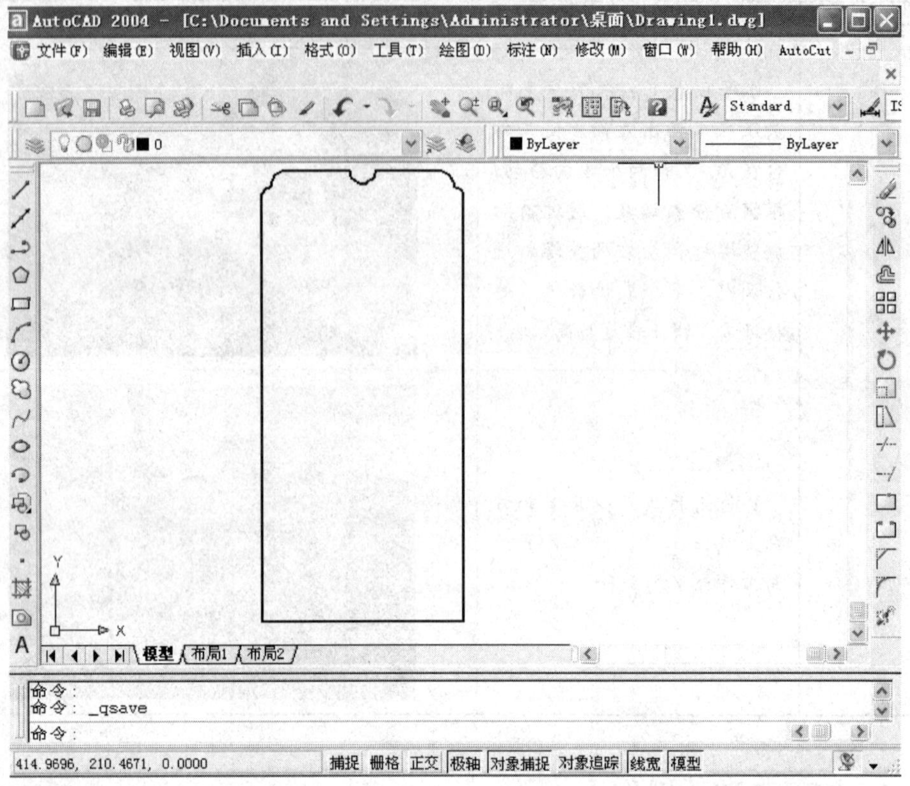

图 2—3—19　用 AutoCutCAD 软件绘制零件图

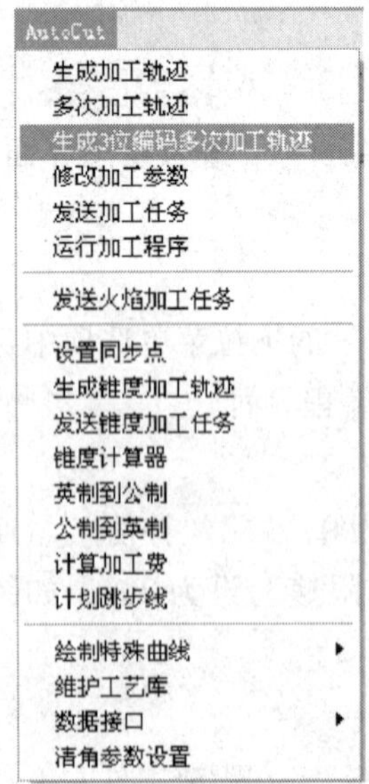

图 2—3—20　工具栏下拉菜单

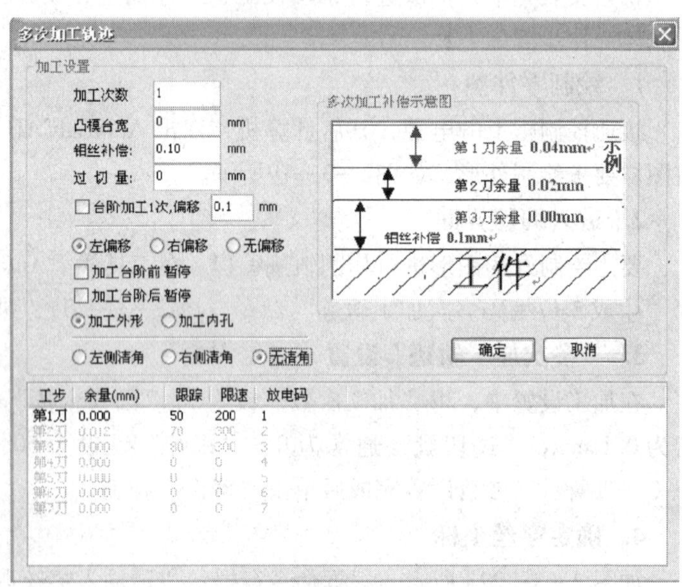

图 2—3—21　“多次加工轨迹”设置

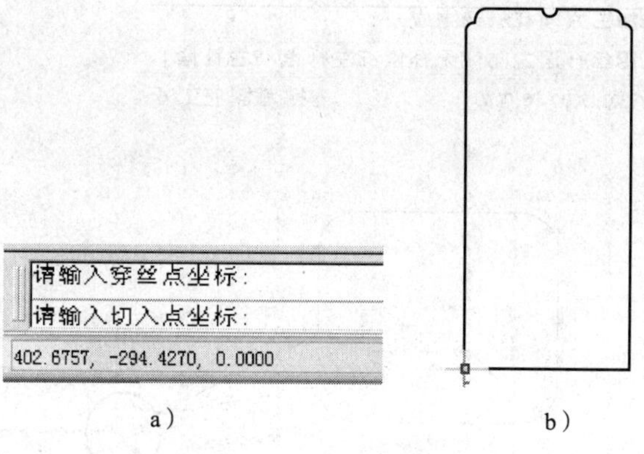

图 2—3—22 确定穿丝坐标

5. 选择加工方向

如图 2—3—23a 所示，根据命令栏提示输入切入点坐标。单击图形左下方的交点处，命令栏提示“请选择加工方向”，如图 2—3—23b 所示。如果要顺时针加工，应单击红色箭头；如果要逆时针加工，单击绿色箭头。根据毛坯装夹位置及加工轨迹，应选择红色箭头方向。

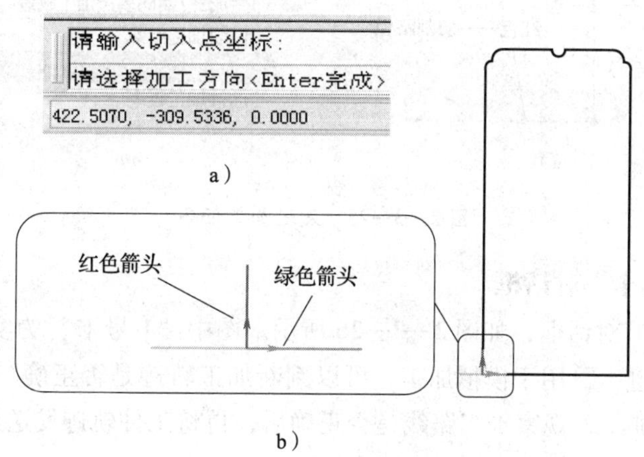

图 2—3—23 选择加工方向

6. 选择钼丝补偿方向

如图 2—3—24a 所示，根据命令栏提示选择电极丝的补偿方向。如果加工凸模零件，即电极丝切割在所绘制图形外侧（图上箭头方向向外），如图 2—3—24b 所示。

7. 发送加工任务

如图 2—3—25a 所示，红色线框表示钼丝所切割的路径，绿色线框表示工件外形。放大图形后，发现红色路径位于工件外侧。如图 2—3—25b 所示，在“AutoCut”的下拉菜单选项中单击“发送加工任务”命令。

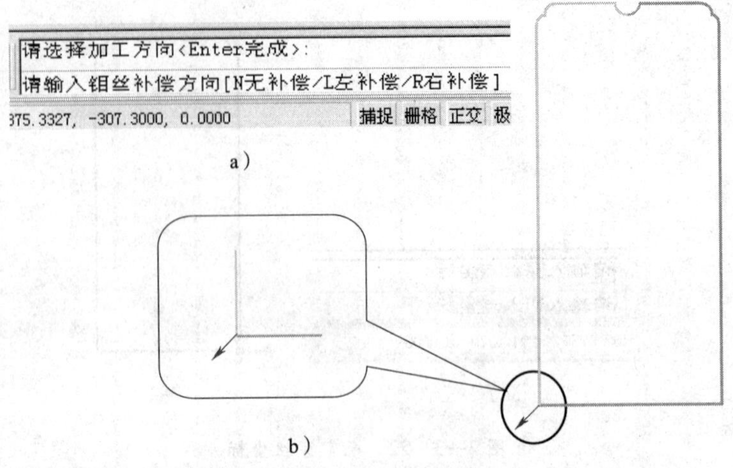

图 2—3—24　选择钼丝补偿方向

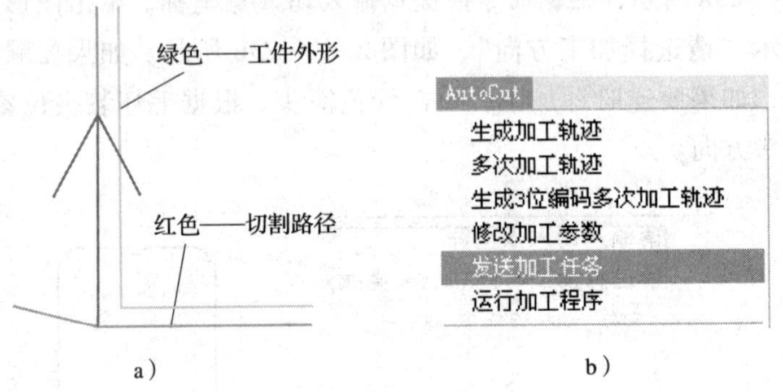

图 2—3—25　发送加工任务

8. 打开“选卡”对话框

弹出“选卡”对话框，如图 2—3—26 所示。图中“1 号卡”为实际加工卡；“虚拟卡”为模拟轨迹卡，用于模拟加工，可以判断加工轨迹是否正确。加工前一般应先送至虚拟卡模拟加工，观察加工路线是否正确后，再将工件轨迹发送至 1 号卡加工。

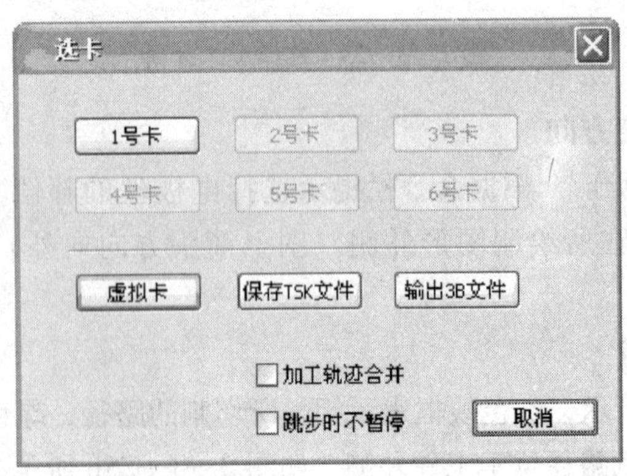

图 2—3—26　“选卡”对话框

9. 选择对象

如图 2—3—27a 所示，根据命令栏提示“选择对象”，单击编好的轨迹（轨迹线在零件轮廓上显示圆点线），如图 2—3—27b 所示。

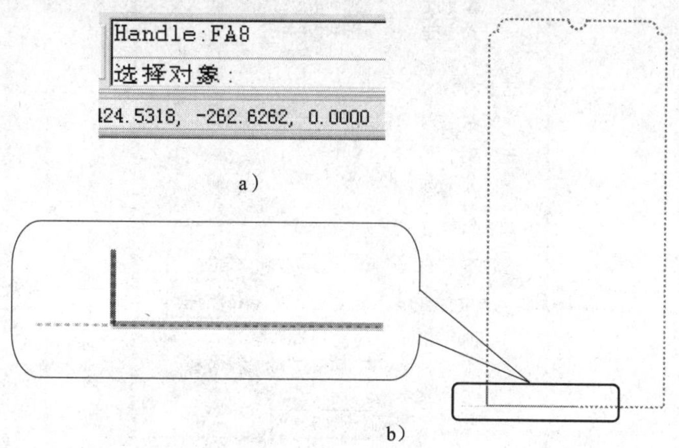

图 2—3—27 选择对象

10. 发送至虚拟卡

当图形变为虚线后，说明该图形已被选中，单击鼠标右键，将工件加工轨迹发送至虚拟卡，如图 2—3—28 所示。

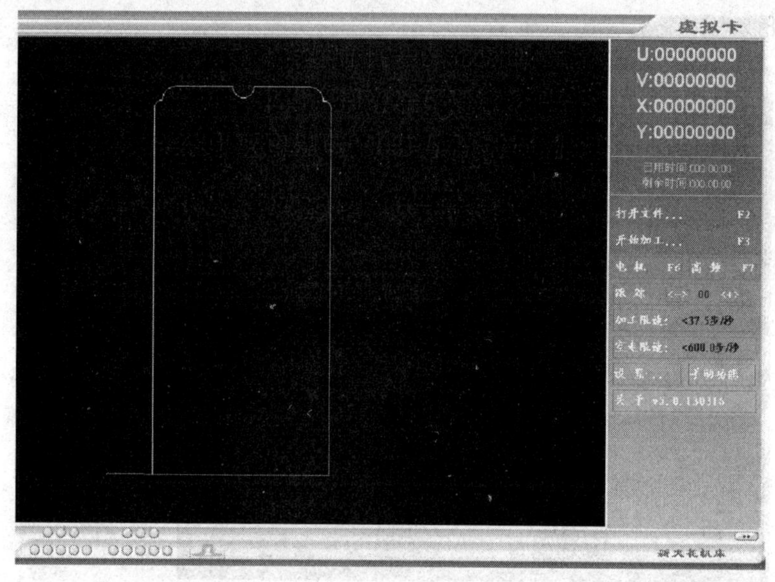

图 2—3—28 将加工轨迹发送至虚拟卡

11. 开始加工

如图 2—3—28 所示，单击窗口右侧“开始加工”，弹出“开始加工——虚拟卡”对话框，如图 2—3—29 所示。

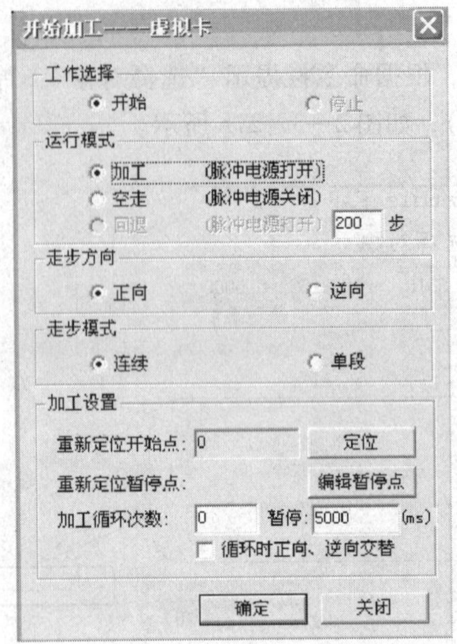

图 2—3—29 “开始加工——虚拟卡”对话框

12. 模拟加工

单击“确定”按钮后，电动机开启指示灯变为绿色，脉冲电源指示灯变为红色，开始对工件进行模拟加工，如图 2—3—30 所示。通过模拟加工路线观察钼丝的切割路径是否正确。

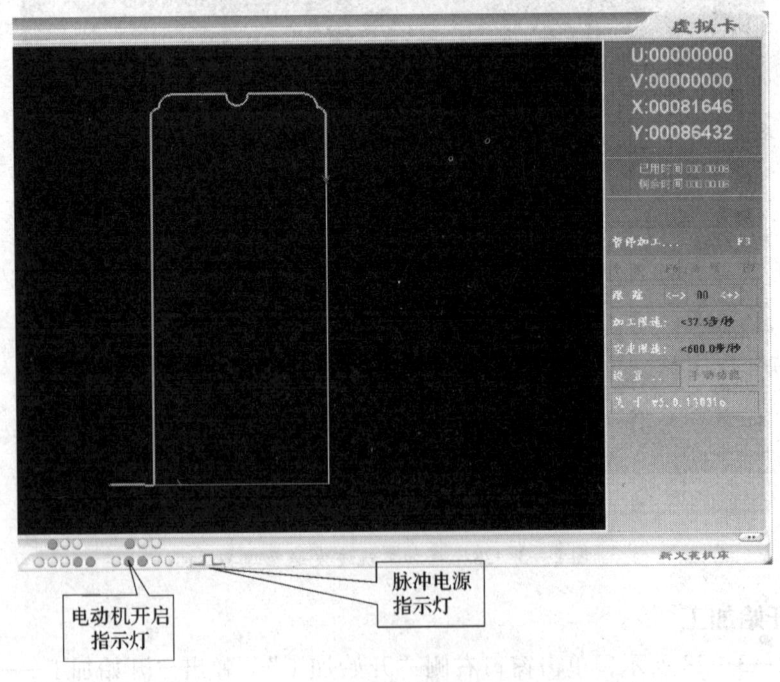

图 2—3—30 模拟加工

13. 模拟加工结束

如图 2—3—31 所示，模拟加工结束后，脉冲电源指示灯变暗，并跳出“当前任务加工完毕!”对话框，单击“确定”按钮。

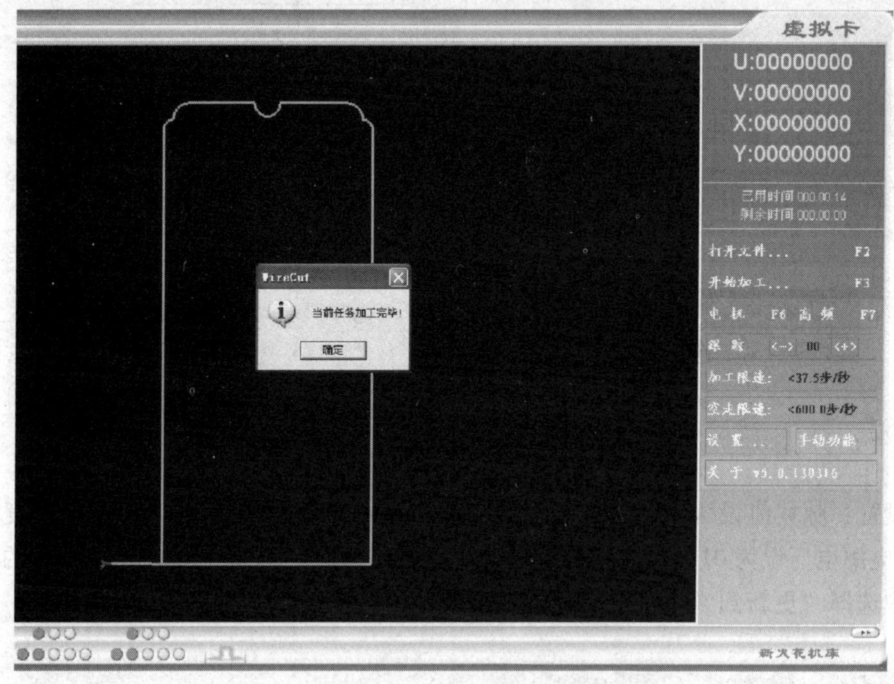

图 2—3—31 模拟加工结束

14. 发送加工任务至 “1 号卡”

模拟加工结束后，关闭模拟卡，回到“AutoCAD”绘图界面，在“AutoCut”的下拉菜单选项中重复上述“步骤 8”，通过“发送加工任务”命令将工件加工轨迹发送至“1 号卡”。如果计算机只连接一台快走丝线切割机床，就只有“1 号卡”按钮显亮，如图 2—3—32 所示。

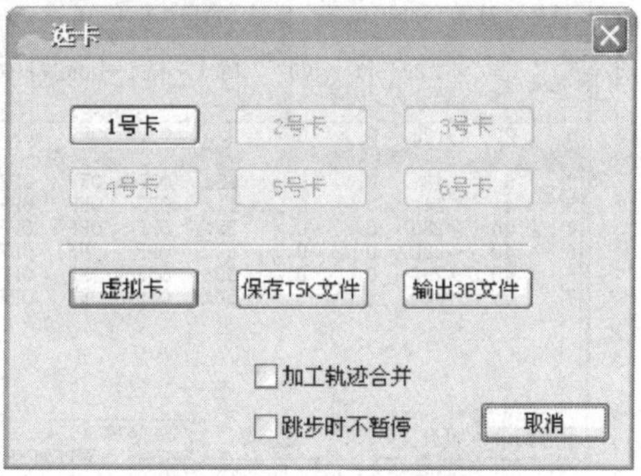

图 2—3—32 发送加工任务至“1 号卡”

15. 高频设置

进入“1 号卡”加工界面后，如图 2—3—33a所示，将鼠标移至“手动加工：P (0) 跟踪 40”栏上，右击弹出“高频设置”按钮，单击此按钮弹出“高频组号”对话框，如图 2—3—33b 所示。

16. 设置新火花高频参数

单击“参数传送([新火花] 类参数)”按钮，弹出“送 [新火花] 高频参数”窗口，在该窗口中有 0 ~ 7 组参数，可对这八组参数进行编辑修改。这里以 1 组为例进行

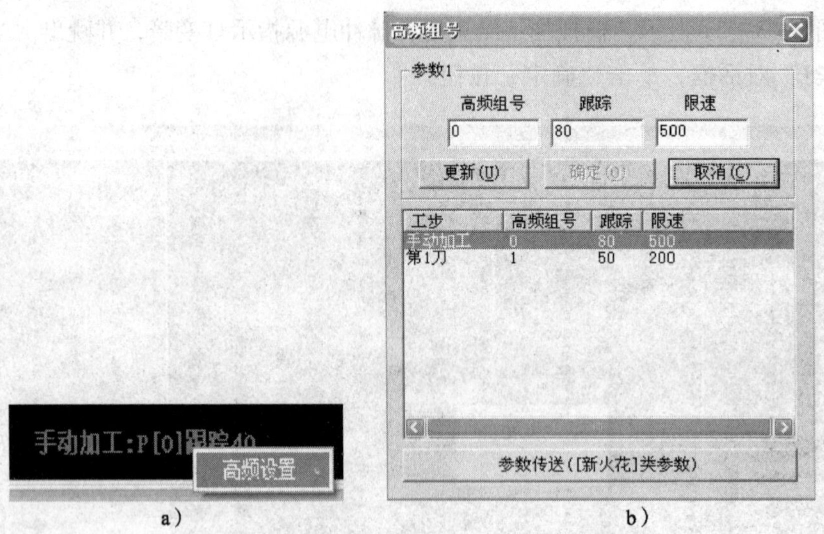

图 2—3—33　高频设置

参数设置：脉宽值设为 30，脉间值设为 180，短路电流值设为 30 A，走丝速度设为 7 H，电源电压设为 01 H，其他参数值为默认值。单击“更新”按钮，在弹出的下拉菜单中选择“更新到 组号 1”，如图 2—3—34 所示。

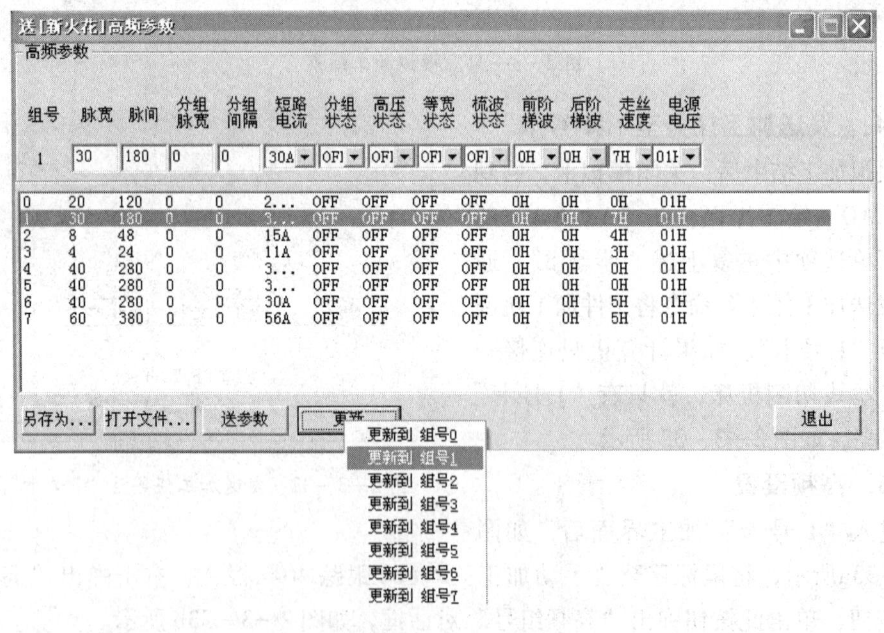

图 2—3—34　设置［新火花］高频参数

17．发送参数

选择组号 1 的参数选项，用鼠标左键单击“送参数”按钮，即成功发送参数，如

图 2—3—35 所示。此时，电气柜门上警报指示灯 应亮几秒后灭掉。然后单击“退出”按钮，回到加工界面，此时便可对零件进行切割加工。

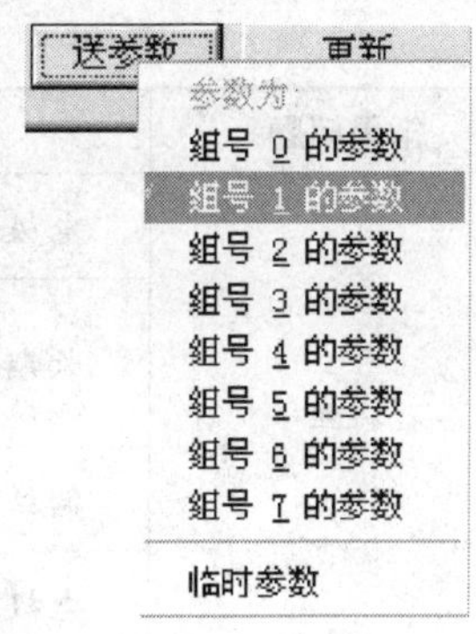

图 2—3—35 送参数

18. 加工前准备

单击“开始加工”之前，再次检查工件是否装夹到位，并摇动工作台上 *X*、*Y* 轴方向的手柄，将钼丝移到靠近工件约 5 mm 处，装上机床上的切削液挡板，打开控制面板上的“丝筒开”“水泵开”按钮（图 2—3—36），此时，储丝筒旋转，切削液泵开始工作。

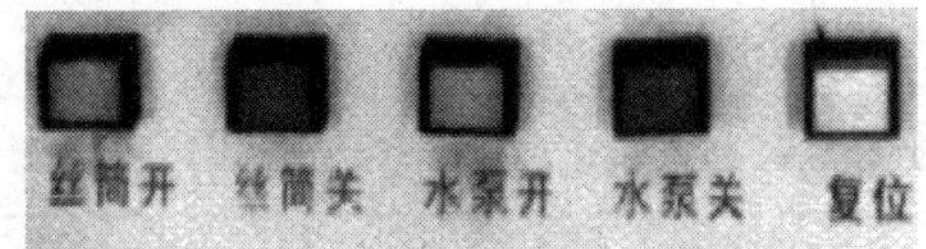

图 2—3—36 控制面板上的按钮

19. 零件加工

如图 2—3—37a 所示，单击“电机”“高频”（或在键盘上按【F6】【F7】）按钮，启动电动机和高频脉冲。如图 2—3—27b 所示，电动机开启指示灯变为绿色，高频指示标志变成红色后，单击“开始加工”选项。屏幕弹出“开始加工——1 号卡”对话框时，单击“确定”按钮，机床上的钼丝开始对零件进行放电加工。

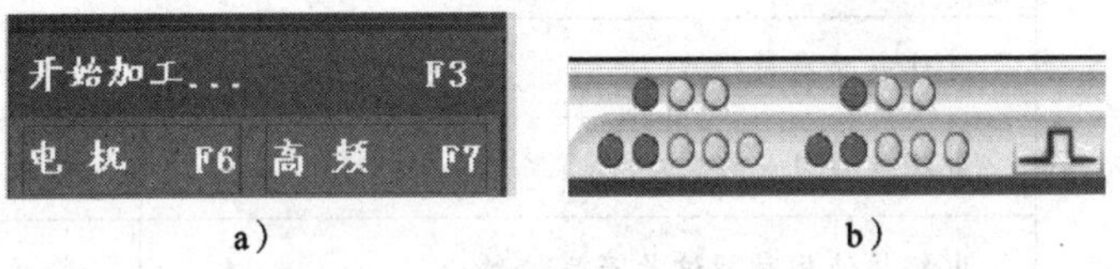

a）　　b）

图 2—3—37 开始加工前的准备显示

三、快走丝线切割加工中常见问题分析及处理

快走丝线切割加工中常见问题的产生原因及处理措施见表 2—3—7。

表 2—3—7　　快走丝线切割加工中常见问题的产生原因及处理措施

常见问题	产生原因	处理措施
工件表面有明显的丝痕	电极丝松动或抖动	按紧丝方法排除
	工作台纵横运动不平衡，储丝筒横向运动时振动大，上线架未夹紧或燕尾间隙过大	检查调整工作台、储丝筒及上线架
	跟踪不稳定	调节电参数

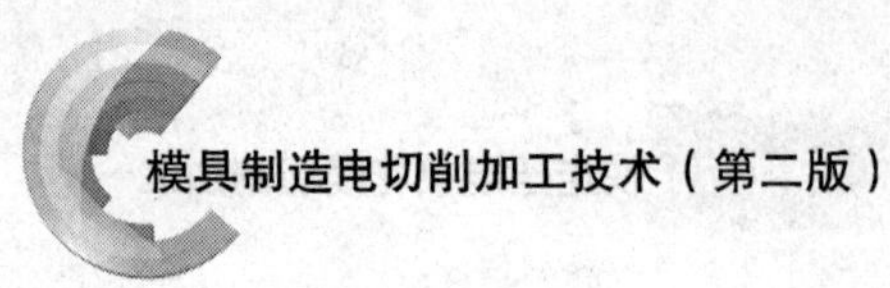

续表

常见问题	产生原因	处理措施
抖丝	电极丝松动	将电极丝收紧
	长期使用致轴承、导轮、排丝轮磨损	更换轴承、导轮、排丝轮
	储丝筒换向时冲击及储丝筒跳动增大	调整储丝筒
	电极丝弯曲不直	更换电极丝
导轮跳动有啸叫声，转动不灵活	导轮轴向间隙大	调整导轮轴向间隙
	切削液进入轴承	用煤油清洗轴承
	长期使用致轴承精度降低、导轮磨损	更换轴承及导轮
断丝	电极丝因长期使用而老化、发脆	更换电极丝
	严重抖丝	检查导轮及排丝轮
	切削液供应不足，电蚀物排不出	调节切削液流量
	工件厚度和电参数选择配合不当	正确选择电参数
	拖板换向间隙大	调整拖板换向间隙
	开关失灵，拖板超出行程位置	检查限位开关
	工件表面有氧化皮	手动切入或去氧化皮
松丝	电极丝安装太松	重新紧丝
	电极丝使用时间过长产生松丝	紧丝或更换电极丝
烧伤	脉冲电源电参数选择不当	正确调整电参数
	切削液太脏而导致供应不足	更换切削液
	自动调频不灵敏	检查控制器
工作精度不符合要求	传动丝杠间隙过大	调整丝杠、螺母间隙
	传动齿轮间隙过大	调整齿轮间隙
	数控装置失灵	检查数控装置

四、评分标准

快走丝线切割机床加工模具零件外轮廓评分标准见表 2—3—8。

表 2—3—8 快走丝线切割机床加工模具零件外轮廓评分标准

考核项目	考核内容及要求	配分	评分标准	检测结果	得分
加工精度	尺寸 65js8	6	尺寸超差 0.01 mm 扣 2 分		
	尺寸 59js8	6	尺寸超差 0.01 mm 扣 2 分		
	尺寸 140js8	6	尺寸超差 0.01 mm 扣 2 分		
	垂直度 0.025 mm	8	垂直度每超 0.01 mm 扣 2 分		
	表面粗糙度 *Ra*3.2 μm	8	每不达标 1 面扣 2 分		
工件装夹与校正	工件装夹	6	按教师示范选择合适的装夹方法进行装夹，操作不规范不得分		
	工件上表面 *X* 方向找正	6	找正工件误差控制在 0.02 mm 以内，每超差 0.01 mm 扣 2 分		
	工件上表面 *Y* 方向找正	6	找正工件误差控制在 0.02 mm 以内，每超差 0.01 mm扣 2 分		
	工件侧面找正	6	找正工件误差控制在 0.02 mm 以内，每超差 0.01 mm扣 2 分		
维护	常用工具的合理使用与保养	8	使用不当每次扣 2 分		
	机床维护	8	机床操作后未按要求保养不得分		
安全文明生产	正确执行安全技术操作规程	8	每违反 1 项规定扣 2 分		
	正确穿戴劳保用品	8	工作服（帽）等穿戴不整齐不得分		
工时定额	120 min	10	每超 10 min 扣 5 分，超 30 min考核不及格		
总分		100			

课题四　模具零件内轮廓加工

一、内轮廓加工工艺

1. 穿丝孔与切割路线的选择

凹模的加工重点在于孔、型腔等内轮廓。线切割凹模时采用穿丝孔作为起割位置，可以保证毛坯件的完整性，刚性好，并且工件不易变形。因此，凹模的切割路线没有严格要求，但是对加工起始点和穿丝孔的位置有要求。

加工起始点应选择平坦、容易加工、拐角处或对工件性能影响不大的以及精度要求不高、容易修整的表面处。

当切割带有封闭型孔的凹模工件时，穿丝孔应设在型孔的中心，这样既可准确地加工穿丝孔，又较方便地控制坐标轨迹的计算，但无用的切入行程较长。对于大的型孔切割，穿丝孔可设在靠近加工轨迹的边角处，以缩短无用行程。

2. 内轮廓加工的间隙补偿

凹模零件内轮廓加工时，电极丝中心轨迹的偏移如图 2—4—1 所示。

3. 带内轮廓零件的加工方案

线切割加工带内轮廓的零件时，要选择合理的加工方案。例如，加工图 2—4—2 所示外圆内方零件时，如果先进行外圆加工，外圆工件从母料上落下，需再次装夹才可以进行四边形的加工，由于存在二次装夹的定位误差，工件的外圆和内方的位置度不易保证。所以在加工该零件时，应先加工内方，内方加工完成后，取下钼丝，机床按照程序空运行至指定的穿丝孔处，再对工件外圆进行切割。

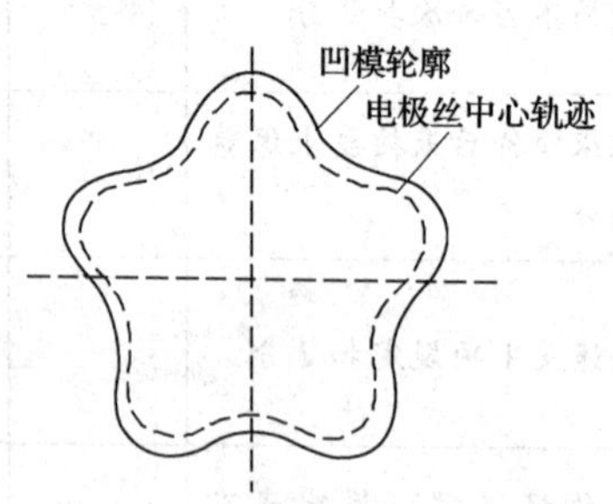

图 2—4—1　内轮廓加工时电极丝中心轨迹的偏移

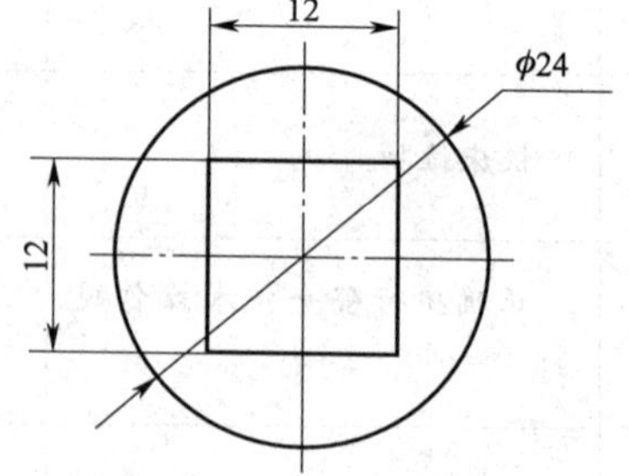

图 2—4—2　外圆内方零件

二、多加工轨迹自动编程及加工要点

1. 自动编程与模拟加工要点

在快走丝电火花线切割加工中，经常需要加工带有多孔或多型腔的零件。快走丝电火花线切割加工机床需要在加工中多次移动电极丝，完成多个加工轨迹。当同一个零件存在多个加工轨迹时，为了保证各轨迹间的相对位置，需要把各个加工轨迹连接成一个轨迹，从而实现一次切割就能完成整个零件的加工。AutoCut 快走丝线切割编程系统就可实现多个加工轨迹的自动编程，即编写线切割跳步程序。

为了保证线切割加工正确，AutoCut 编程软件系统提供模拟加工功能。即在编程结束后选择发送加工任务对象时，可以先选择“虚拟卡”（为模拟轨迹卡），此时只能看到加工轨迹运行，而线切割机床不运动，以判断加工轨迹是否正确；模拟加工无误后，再选择“1 号卡”（为实际加工卡），开始实际加工。

这里以图 2—4—2 所示单孔零件（外圆内方零件）为例，介绍两个加工轨迹快走丝线切割加工的自动编程及模拟加工。外圆内方零件的跳步编程与模拟加工见表 2—4—1。

表 2—4—1　　外圆内方零件自动编程与模拟加工

步骤	操作	应用图例
绘图	接通电控柜上的电源，开启计算机后，进入“AutoCAD”界面，按图 2—4—2 所示尺寸绘制孔	
内轮廓（正方形）编程	在 AutoCut 工具栏选项的下拉菜单中选择并单击“生成 3 位编码多次加工轨迹” 在弹出的“多次加工轨迹”对话框中，选择“右偏移”“加工内孔”选项，单击“确定”按钮 这是因为加工内轮廓时，线切割轨迹应向轮廓内侧补偿，所以在系统中选择“右偏移”	
	根据提示应输入“穿丝点坐标”，点击选择正四边形的中心作为穿丝孔位，选择正方形孔右上角作为起割点	穿丝孔 起割点

续表

步骤	操作	应用图例
内轮廓（正方形）编程	根据提示，选择正方形孔的加工方向，确定加工路径 因需保证正方形孔的尺寸，电极丝应切割在所绘制图形的内侧，选择绿色箭头。正方形孔变色，表示被选中	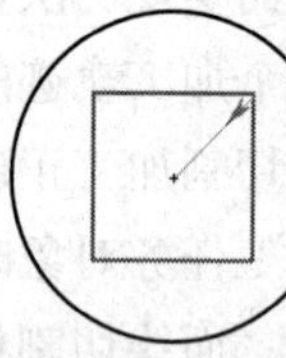
外轮廓（外圆）编程	正方形孔的加工轨迹生成后，再次单击 AutoCut 工具栏选项的下拉菜单，点选“生成 3 位编码多次加工轨迹”	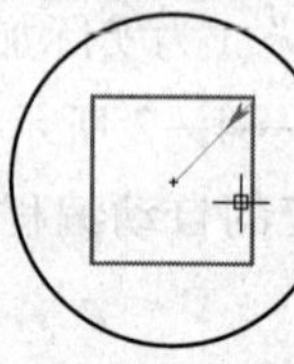
	为保证正方形孔的加工尺寸，在“多次加工轨迹”对话框中选择“左偏移”“加工外形”，并单击“确定”按钮	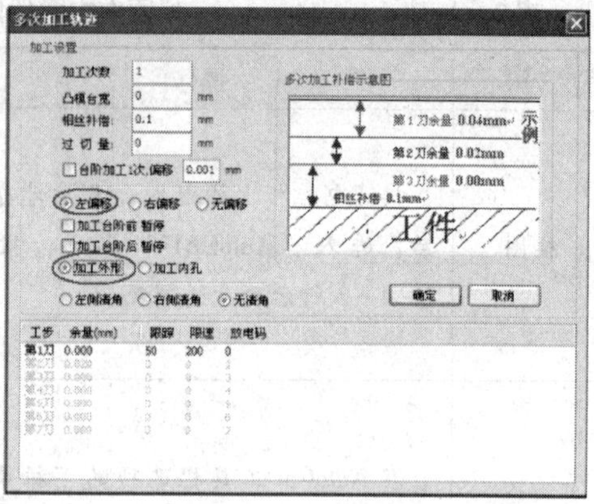
	设置外圆的“穿丝孔”（红色）、“起割点”（绿色）。为便于穿丝，外圆穿丝孔的位置应结合毛坯选定，使所选穿丝孔位于工件毛坯外侧	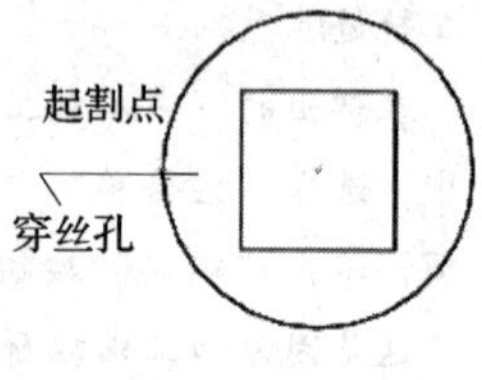
	设置外圆的加工路径，方法同正方形孔	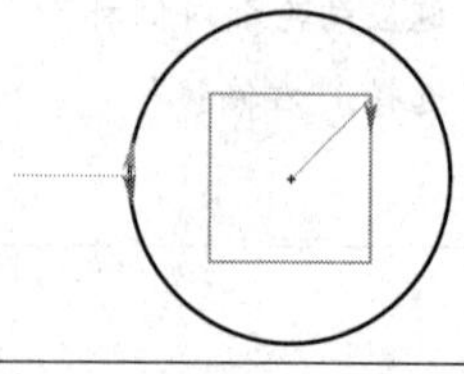
	设置外圆的加工方向，方法同正方形孔	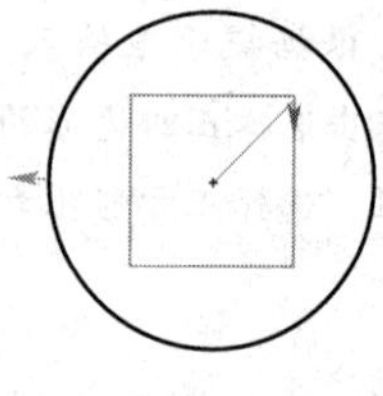

续表

步骤	操作	应用图例
外轮廓（外圆）编程	生成零件的加工轨迹，方法同正方形孔	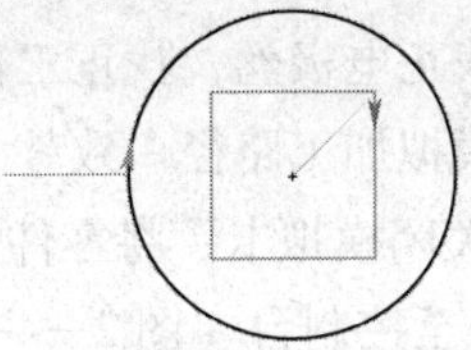
模拟加工	按住【Ctrl】键，按加工顺序，先点击四方形孔，再点击外圆，然后发送加工任务至虚拟卡	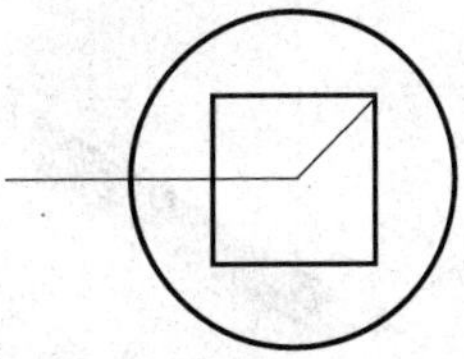
	单击“开始加工”选项，进行正四方形孔的模拟加工（图a） 当模拟加工完毕，跳出“当前工段加工完成”提示（图b）。此时，电极丝切入路线及正方形孔变色，表示已经加工。单击“确定”按钮	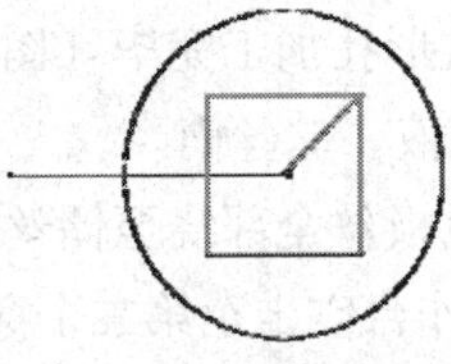 a） 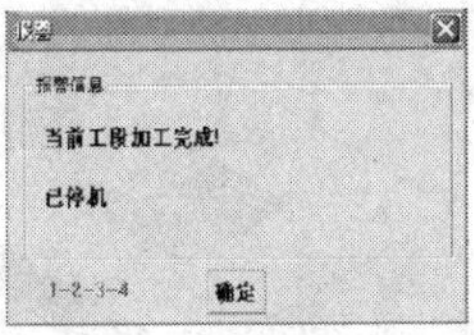 b）
	模拟路径从四边形的穿丝孔位运行到外圆的穿丝孔位 跳出“当前工段加工完成”提示，单击“确定”按钮。单击“开始加工”，进行外圆的模拟加工	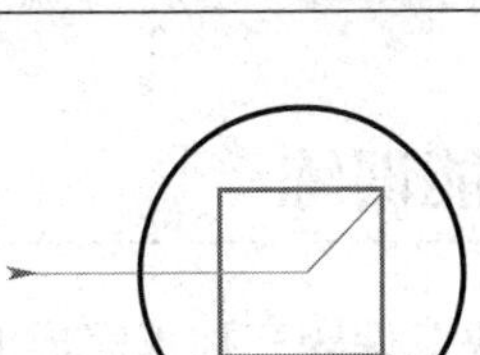
	当模拟加工完毕，跳出“当前工段加工完成”提示，单击“确定”按钮，零件模拟加工完毕	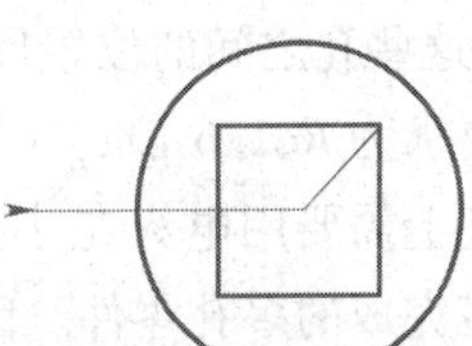

2. 实际线切割加工要点

仍以图2—4—2所示零件为例，介绍多轨迹的线切割加工。

（1）装夹工件（图2—4—3），安装电极丝（钼丝），将电极丝穿到正方形孔的穿丝孔中，找正电极丝，找正工件。检查确定工件装夹、电极丝安装无误后，加工路径将与工件模拟加工路径一致。

（2）关闭模拟卡，将零件加工轨迹重新发送至1号卡，进行参数设置，选择组号1的参数送至控制台（图2—4—4），开始正方形孔的加工。

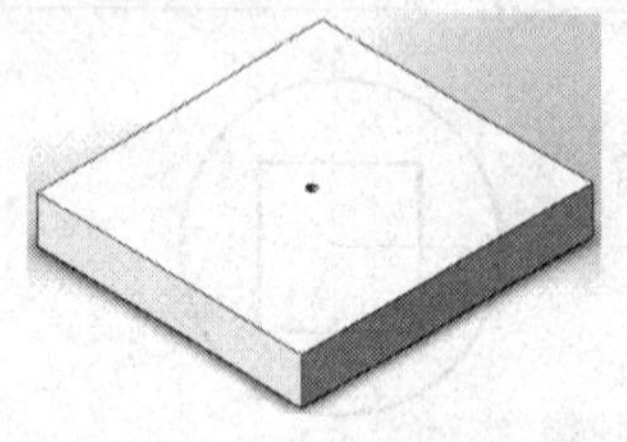

图2—4—3　外圆内方零件毛坯

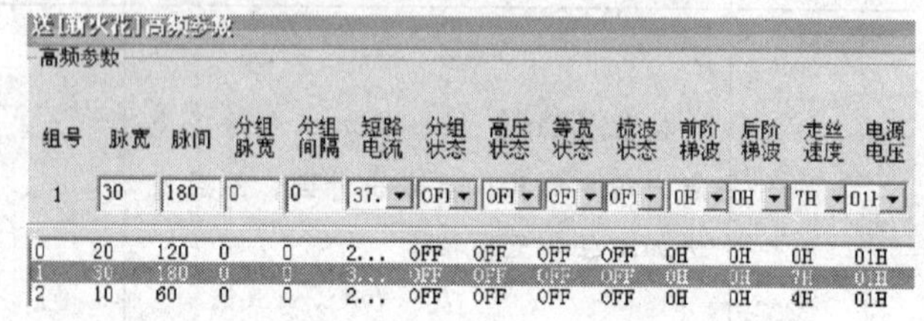

图2—4—4　发送加工参数

（3）正方形孔加工完毕（图2—4—5），电极丝回到起割点，此时关闭脉冲电源、电动机、切削液、储丝筒。

（4）将电极丝全部绕至储丝筒上，打开储丝筒、电动机、脉冲电源，单击“开始加工”，让工作台空走至第二个穿丝孔位（即工件外侧），穿好电极丝后，完成外圆的加工，如图2—4—6所示。至此，外圆内方零件加工完毕。

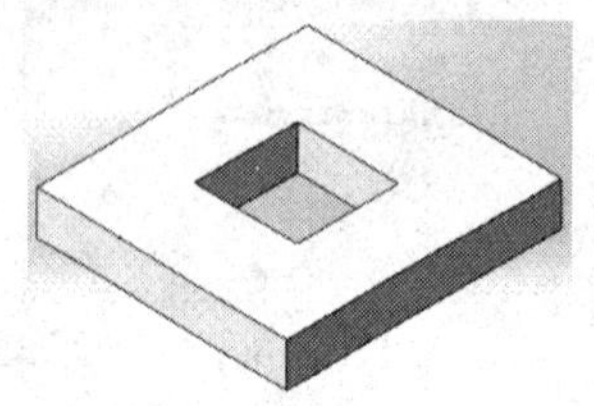

图2—4—5　正方形孔加工完毕

图2—4—6　外圆加工完毕

技能训练

以模块二课题三加工完成的零件（图2—3—17）为毛坯，在快走丝线切割机床上加工多孔，如图2—4—7所示。要加工32×ϕ3 mm孔（用于放置塑料模中的顶杆，相互间的位置精度要求较高）、2×ϕ16 mm孔（用于安装导套）、3×ϕ6 mm孔、4×ϕ8 mm孔。这些孔之间的位置度要求较高，需要一次装夹定位后加工完成。孔壁的表面粗糙度要求为Ra1.6 μm。

在毛坯上需要用电火花小孔机加工出穿丝孔，如图2—4—8a所示。图2—4—8b所示为加工完成的多孔零件。因为工件外形切割余量较少，为避免对孔进行加工时由于多次装夹而产生误差，保证零件的加工精度，现选择专用夹具进行装夹，用百分表

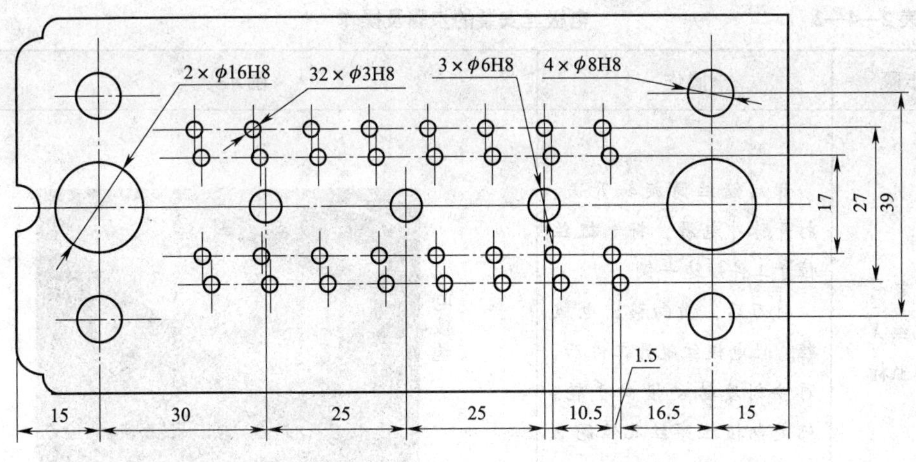

图 2—4—7 多孔零件

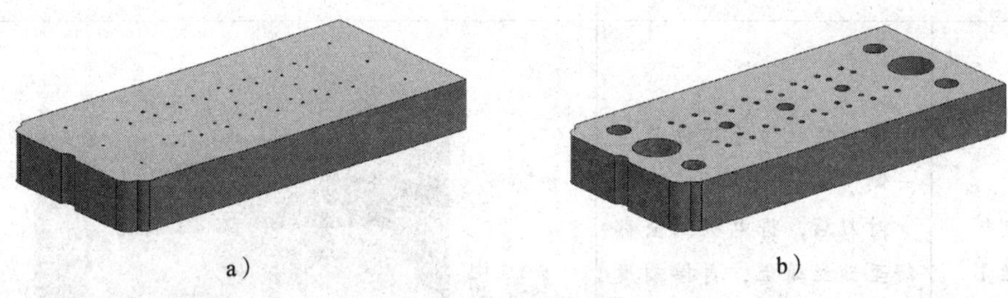
a）
b）

图 2—4—8 加工前后效果图

找正法进行校正。该零件加工上需要加工多孔，因此在 AutoCut 软件系统中要完成多加工轨迹的跳步程序自动编程。

一、安装电极丝

根据零件图中孔的加工精度不同，确定孔的加工顺序，选择合适的加工路径，找到第一个孔位的圆心位置后进行穿丝，加工顺序如图 2—4—9 所示，具体步骤及操作见表 2—4—2。

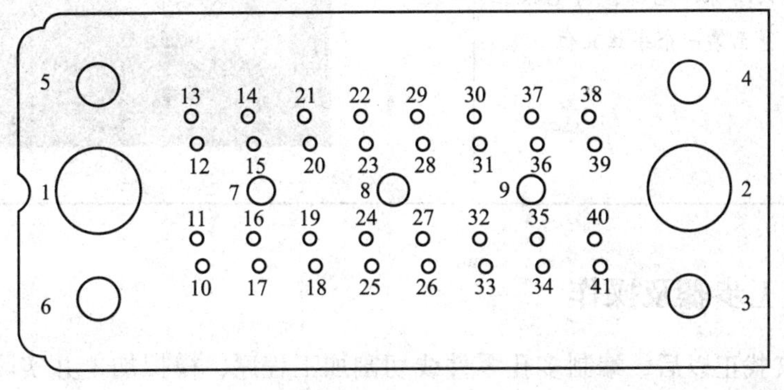

图 2—4—9 孔加工的顺序

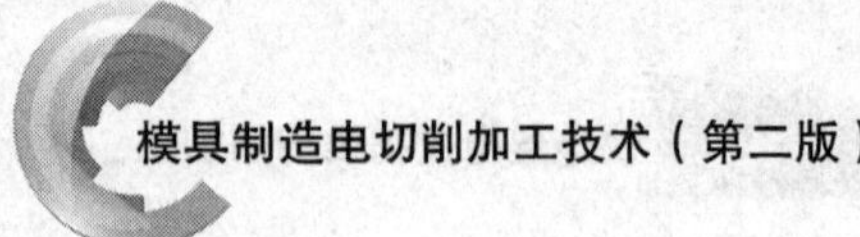

表 2—4—2　　电极丝安装的步骤及操作

步骤	操作	图示
确定电极丝 X 轴坐标	开启储丝筒旋转开关，打开脉冲电源，将电极丝位于工件短边一侧 对刀后，横向移出电极丝，让电极丝脱开工件后，再按刻度转动横向手轮，确定电极丝穿丝孔位的 X 轴坐标位置	电极丝
确定电极丝 Y 轴坐标	使电极丝位于工件长边一侧 对刀后，将电极丝全部绕至储丝筒上，再按刻度转动纵向手轮，确定电极丝穿丝孔位的 Y 轴坐标位置	电极丝
第一孔穿丝	关闭储丝筒旋转开关，切断脉冲电源，将电极丝穿至第一个穿丝孔位	电极丝

二、加工步骤及操作

工件装夹找正以后，编制多孔零件线切割加工程序，模拟加工并实际切割，具体步骤及操作见表 2—4—3。

表 2—4—3　　模具零件孔加工的步骤及操作

步骤	操作	图示
多孔加工轨迹自动编程	在 AutoCAD 软件界面中，按 2—4—17 所示零件图的尺寸绘制孔，在“AutoCut”工具栏选项的下拉菜单中点击“生成 3 位编码多次加工轨迹”命令	
	在弹出的“多次加工轨迹”对话框中，点选“右偏移”“加工内孔”选项，然后单击“确定”按钮	
	根据提示，选择孔 1 的“穿丝孔”“起割点”	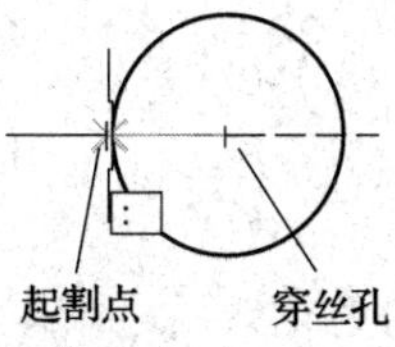 起割点　穿丝孔

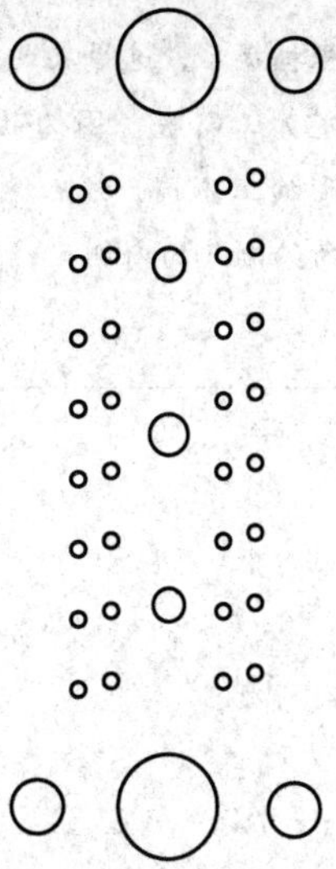

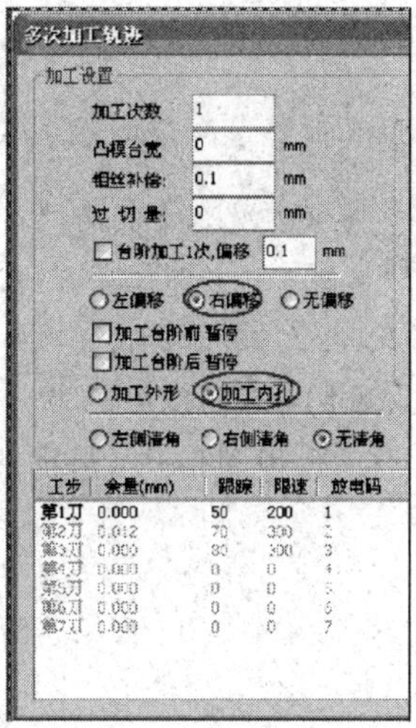

续表

步骤	操作	图示
	根据提示，选择孔的加工方向，确定加工路径。因为孔的加工和外形加工不同，所以电极丝应割在所绘制孔的内侧	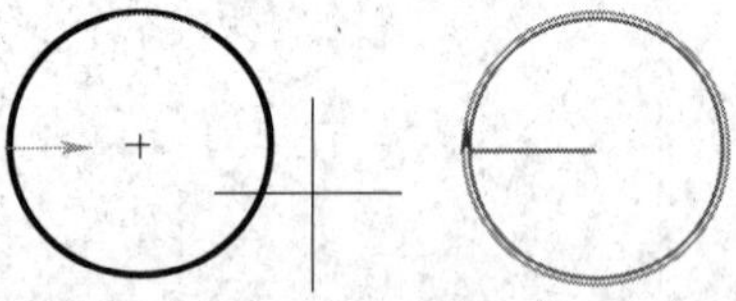
多孔加工轨迹自动编程	依次设置各个孔的“穿丝孔”“起割点”和加工路径：设置孔1、孔2（图a）；设置孔3到孔6（图b）；设置孔7到孔9（图c）；设置孔10到孔41（图d）	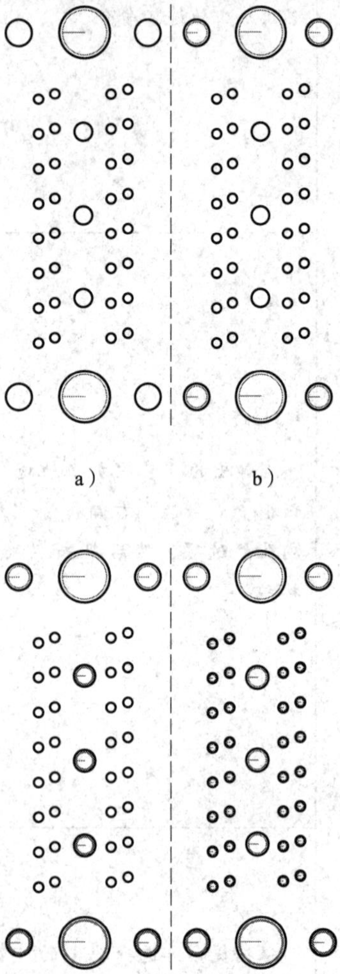 a）　b） c）　d）

续表

步骤	操作	图示
模拟加工	按【Ctrl】键，按图 2—4—9 所示顺序依次选择各个孔，发送加工任务至虚拟卡，进行模拟加工，并观察加工路线是否正确	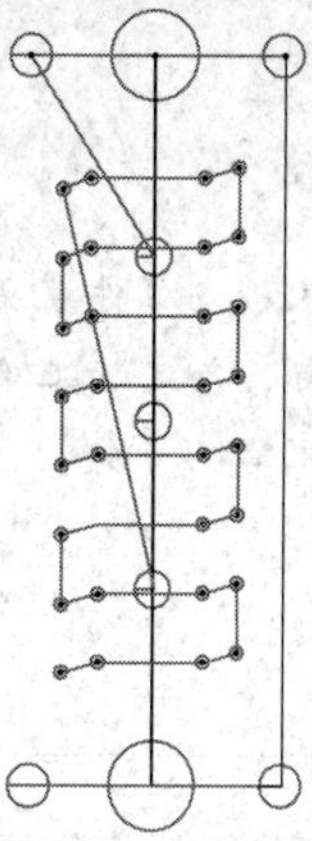
	进行孔 1 的模拟加工。模拟加工完毕，弹出“当前工段加工完成”提示对话框，单击“确定”按钮	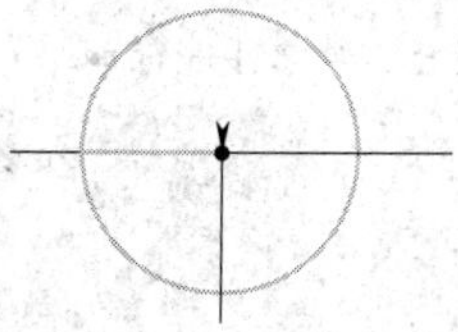
	模拟路径从孔 1 的穿丝点运行到孔 2 的穿丝点 弹出“当前工段加工完成”提示，单击“确定”按钮，进行孔 2 的模拟加工	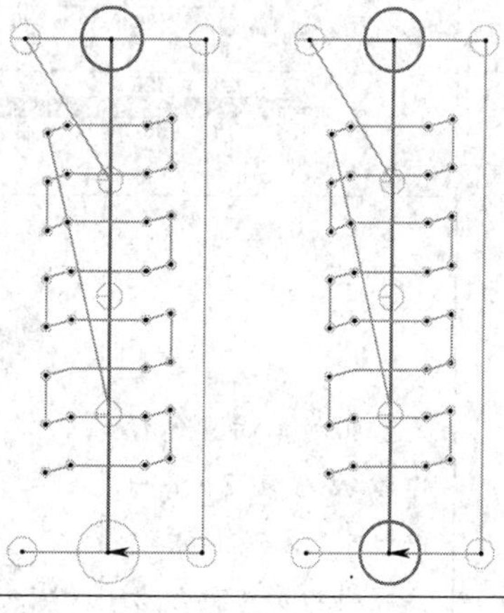
	按照预定顺序分别进行剩余各个孔的模拟加工，直至零件模拟加工完毕	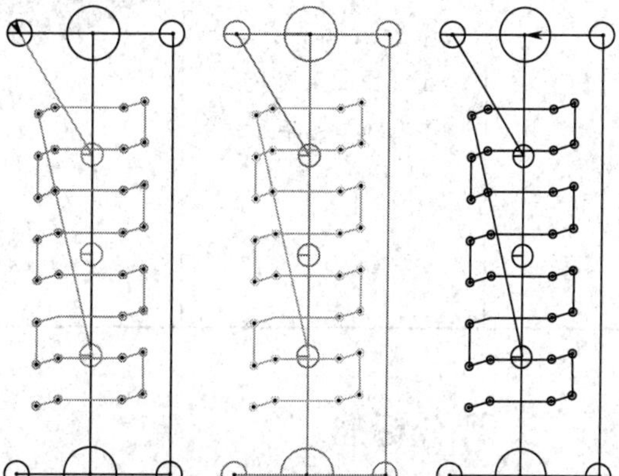

续表

<table>
<tr><th>步骤</th><th>操作</th><th>图示</th></tr>
<tr><td rowspan="3">零件加工</td><td>再次检查工件装夹与电极丝安装情况，确定加工路径与工件模拟加工路径一致</td><td>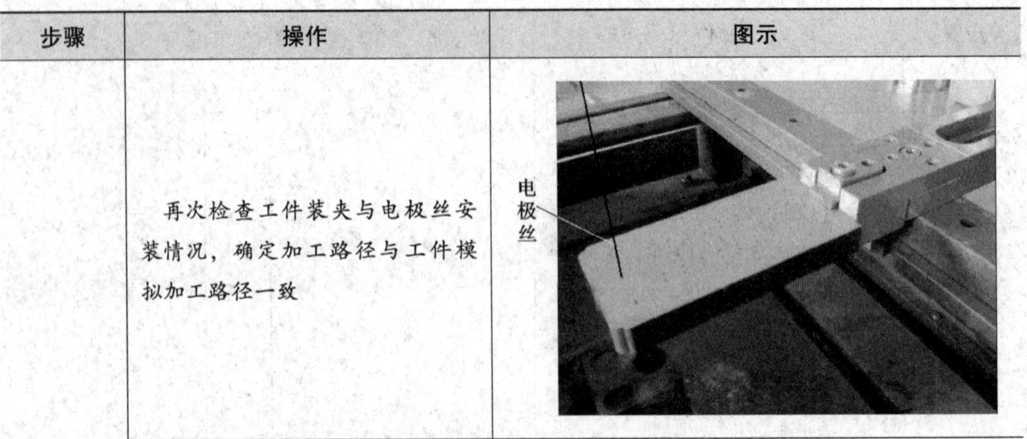</td></tr>
<tr><td colspan="2">关闭模拟卡，将加工任务发送至 1 号卡，进行参数设置，选择组号 1 的参数送至控制台，对零件进行加工
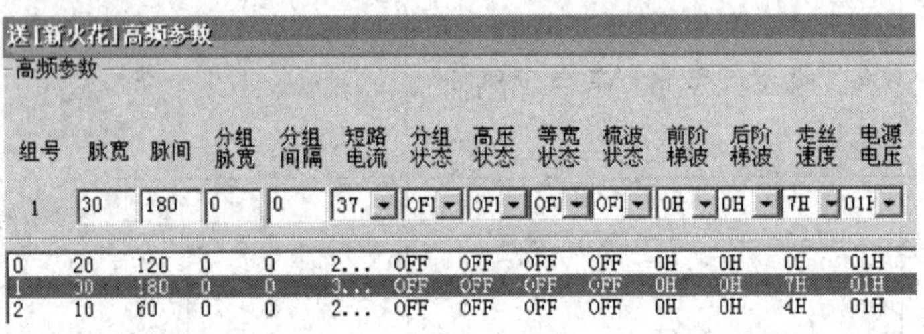</td></tr>
<tr><td>多孔加工的具体操作步骤与表 2—4—1 中加工正方形孔相同。按照模拟加工的线切割路径，顺序穿丝加工孔（图 a 至图 e）
多孔加工完毕</td><td>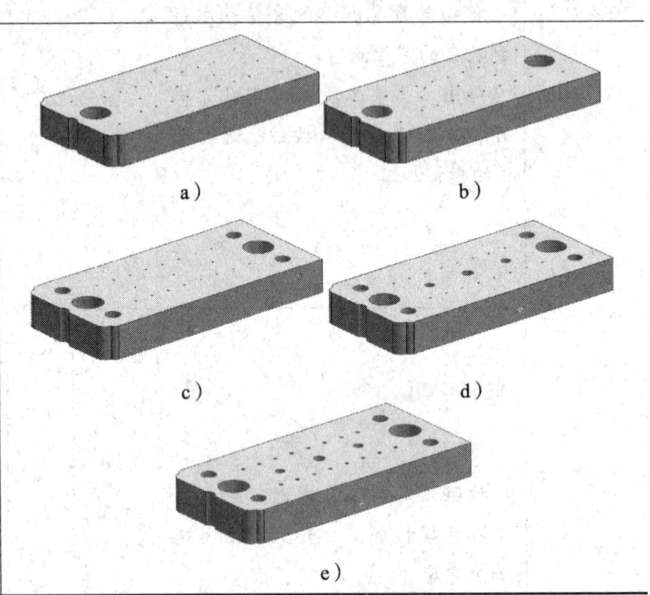
a） b）
c） d）
e）</td></tr>
</table>

三、评分标准

快走丝线切割机床加工模具零件内轮廓的评分标准见表 2—4—4。

表 2—4—4　　快走丝线切割机床加工模具零件内轮廓评分标准

考核项目	考核内容及要求	配分	评分标准	检测结果	得分
加工精度	孔径 2 × ϕ16H8	1 × 2	ϕ16H8 止通规检验不合格不得分，每孔 1 分		
	孔径 4 × ϕ8H8	1 × 4	ϕ8H8 止通规检验不合格不得分，每孔 1 分		
	孔径 3 × ϕ6H8	1 × 3	ϕ6H8 止通规检验不合格不得分，每孔 1 分		
	孔径 32 × ϕ3H8	0.5 × 32	ϕ3H8 止通规检验不合格不得分，每孔 0.5 分		
	孔距 17JS8	1 × 8	超差一处扣 1 分		
	孔距 27JS8	1 × 8	超差一处扣 1 分		
	孔距 39JS8	1 × 2	超差一处扣 1 分		
	孔距 25JS8	1 × 2	超差一处扣 1 分		
	孔距 10.5JS8	0.5 × 32	超差一处扣 0.5 分		
维护	常用工具的合理使用与保养	7	使用不当每次扣 2 分		
	机床维护	7	机床操作后未按要求保养的不得分		
安全文明生产	正确执行安全技术操作规程	7	每违反一项规定扣 1 分		
	正确穿戴劳动保护用品	8	工作服（帽）等穿戴不整齐不得分		
工时定额	180 min	10	每超 10 min 扣 5 分，超 30 min 考核不及格		
总分		100			

知识拓展

工件的一次成形加工

快走丝线切割加工零件分为外轮廓加工和内轮廓加工，确定初始加工孔的位置至关重要。第一个孔的位置精度直接影响零件其他孔的位置。为了减小零件的加工误差，应尽量减少加工次数，实现一次装夹完成零件加工。因此，在加工过程中，可以采用一次成形加工，先按顺序加工孔，然后再加工零件外形。以单次切割加工为例，多孔零件的一次成形跳步加工见表 2—4—5。

表 2—4—5　　多孔零件的一次成形跳步加工

步骤	操作	图示
绘制零件图	在 AutoCAD 软件界面中，按图 2—4—7 所示绘制完整零件图，在“AutoCut”工具栏选项的下拉菜单中点击“生成 3 位编码多次加工轨迹”命令	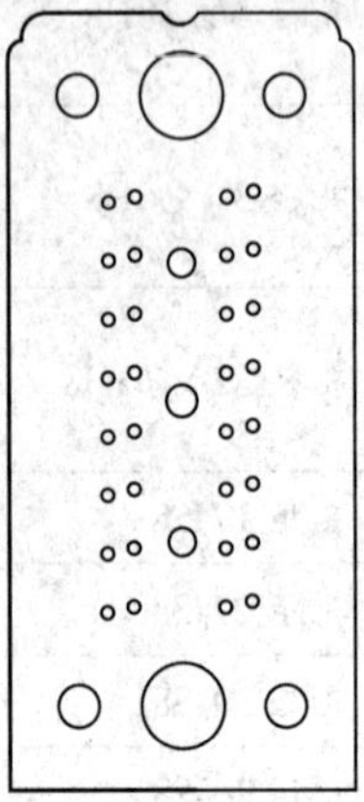
自动编程（先内孔后外形）	按孔的加工顺序分别设置各个孔的“穿丝孔”“起割点”和加工路径 切割路径应位于孔轮廓的内侧，在弹出的“多次加工轨迹”对话框中点选“右偏移”“加工内孔”	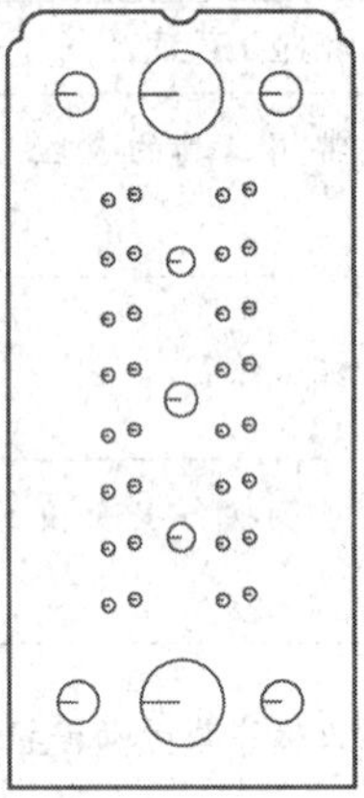
	设置零件外形的“穿丝孔”“起割点”和加工路径 切割路径应位于外形轮廓外侧，在弹出的界面“多次加工轨迹”对话框中点选“左偏移”“加工外形”	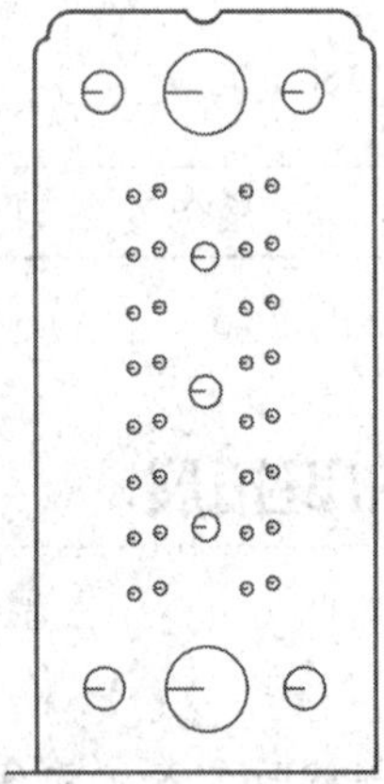

续表

步骤	操作	图示
模拟加工	按加工顺序选择加工轨迹（图 a），然后将加工轨迹送至“虚拟卡”，进行零件的模拟加工（图 b）	a）　b）
实际加工	模拟加工结束后，将加工轨迹发送至“1 号卡”，进行先内孔后外形的线切割加工	

课题五　模具零件锥度加工

在模具制造（如五金冲孔、落料模具）中，为了减小冲裁力，凹模通常需加工成带锥度通孔。要在快走丝线切割加工中实现锥度切割，电极丝就不能垂直穿过工件，而是要相对于工件面倾斜。实际上，电极丝与工件面间不是保持某一固定的倾斜状态。如果电极丝与工件面间保持固定倾斜状态，只能在某个方向上切割出锥度，一旦改变加工方向就可能得不到锥度，或所得到的锥度达不到要求。

一、锥度加工的实现原理

如图 2—5—1 所示圆锥台零件和棱锥台零件，在不同的方位上电极丝产生相对应的倾斜，但电极丝和垂直面的倾斜角度基本上是保持恒定的。所以，锥度轮廓的线切割是电极丝能自动地根据所加工的方向随时改变其倾斜方向，以保证所加工出的锥度零件在锥度范围内的每一个横截面的形状都应是按一定比例缩放得到的。

锥度的线切割加工可通过控制上、下丝架导向器按一定程序轨迹移动来实现。上、下丝架导向器沿 X、Y 轴的运动一般称为快走丝线切割机床的 U、V 轴方向运动。根据机床的结构布局安排，有三种实现方式：上丝架可动，下丝架不动，如图 2—5—2a 所示；下丝架可动，上丝架不动，如图 2—5—2b 所示；上、下丝架都可动，如图

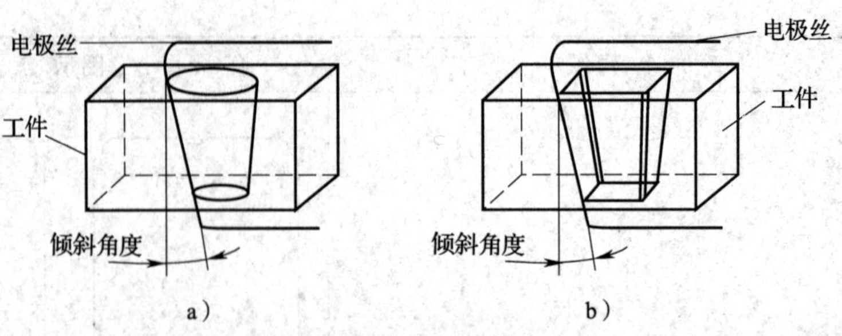

图 2—5—1　锥度零件加工

a）圆锥面加工　b）四棱柱面加工

2—5—2c 所示。其中，第三种方式的丝架导向器结构较复杂，因此很少采用，只有当加工特别大的锥度时才设计制造。第一、第二种方式的丝架导向器结构复杂程度相当，主要根据使用环境的需要而设计制造。锥度加工控制范围主要受到可动丝架导向器移动行程的限制。

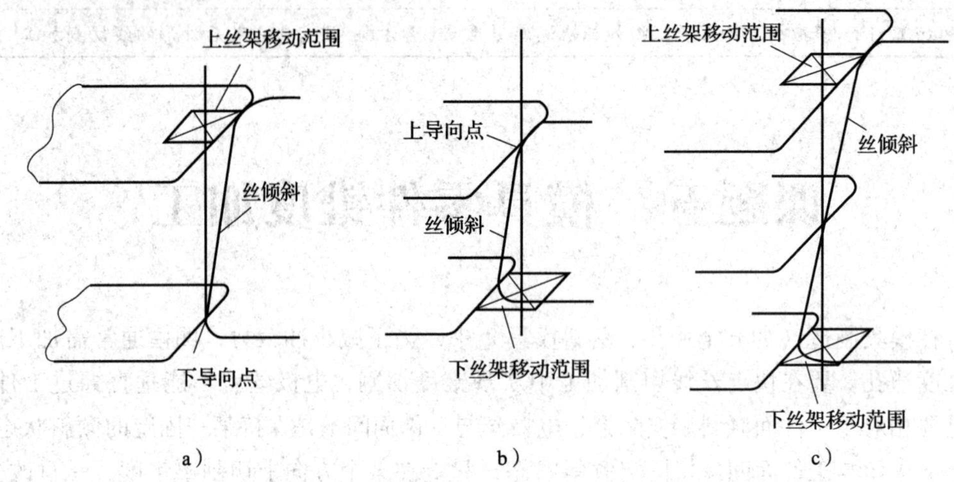

图 2—5—2　锥度切割的三种实现方式

a）上丝架可动　b）下丝架可动　c）上、下丝架均可动

二、加工轨迹编制

锥度的加工轨迹有两种生成方法：一种是上下异形面锥度，一种是指定锥度角的锥度。在上下异形面锥度生成轨迹前，先用“生成加工轨迹”生成上下表面的两个加工轨迹。在上下形状一致的锥度角加工时，只需要根据实际加工条件编制上面加工轨迹或下面加工轨迹。

AutoCut 编程系统中的锥度加工轨迹编制需要在“锥度加工参数设置”窗口（图 2—5—3）中完成参数设置。“加工设置”栏中参数含义与表 2—3—3 相同，“锥度设置”栏参数含义见表 2—5—1。

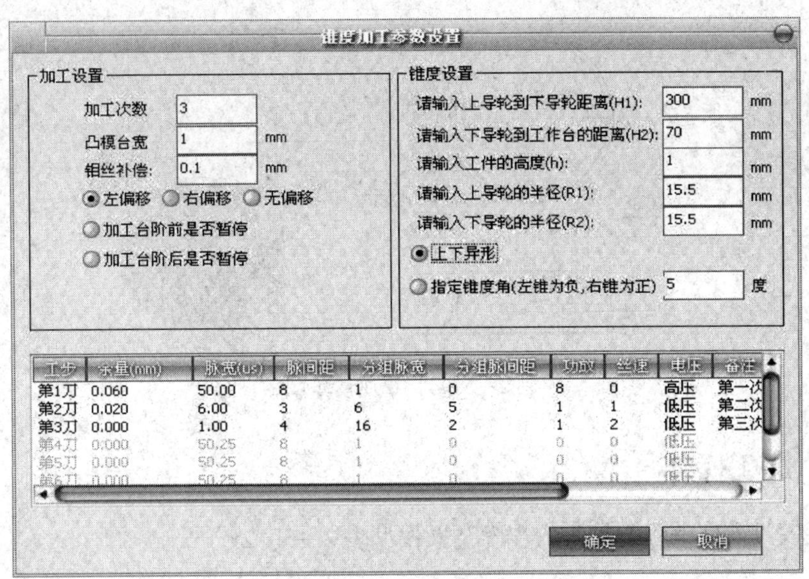

图 2—5—3 生成锥度加工轨迹

表 2—5—1 锥度参数

参数名称	说明
上导轮到下导轮的距离	上导轮圆心到下导轮圆心的距离，mm
下导轮到工作台的距离	下导轮圆心到工作台面（工件下表面）的距离，mm
工件的高度	工件上表面到工件下表面的距离，即上下编程面的距离，mm
上导轮半径	机床上导轮半径，mm
下导轮半径	机床下导轮半径，mm
上下异形	需要选择上下两个加工轨迹
锥度角	锥度角（由于在线切割中按单边计算，锥度角是锥度的 1/2）用于生成锥度图形 指定锥度角后，只要选择工件下底面加工轨迹图，系统自动生成相应的锥度图形。按照逆时针方向切割时：取正角度，工件上小下大（即正锥）；取负角度，工件上大下小（即倒锥）。顺时针方向切割时则相反

技能训练

加工如图 2—5—4 所示零件，锥度角为 3°，高度为 8 mm，下底面直径为 ϕ20 mm。

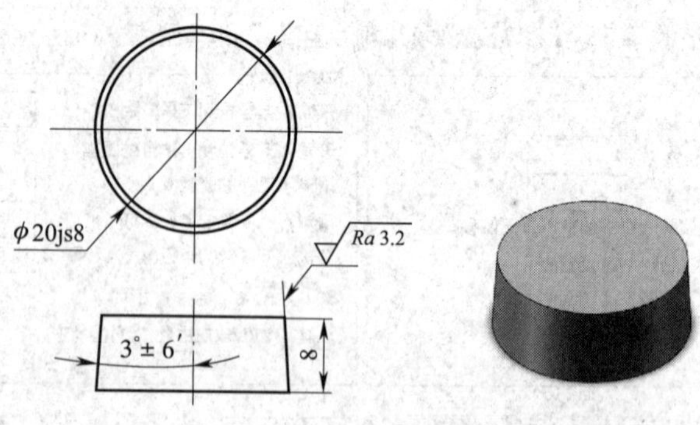

图 2—5—4　锥度模具零件

一、加工操作

锥度模具零件编程与加工的步骤及操作见表 2—5—2。

表 2—5—2　　锥度模具零件编程与加工的步骤及操作

步骤	操作	图示
绘制底圆	在 AutoCAD 软件界面中，按图 2—5—4 所示尺寸绘制 ϕ20 mm 底圆	
自动编程	在“AutoCut”工具栏选项的下拉菜单中单击“生成加工轨迹”命令（图 a） 在弹出的“一次加工轨迹”对话框（图 b）中，根据加工零件的材料、厚度及精度进行参数设置，然后单击“确定”按钮	AutoCut 生成加工轨迹 多次加工轨迹 生成3位编码多次加工轨迹 修改加工参数 发送加工任务 运行加工程序 a） 一次加工轨迹 加工设置 请输入补偿值: 0.1 mm 左偏移　右偏移　无偏移 加工参数 脉宽(us)　脉冲间距　功放管数　跟踪　加工限速　加工电压 30　32　3　30　200　高电压 确定　取消 b）

续表

步骤	操作	图示
	在“AutoCut”工具栏选项的下拉菜单中，单击“生成锥度加工轨迹”命令	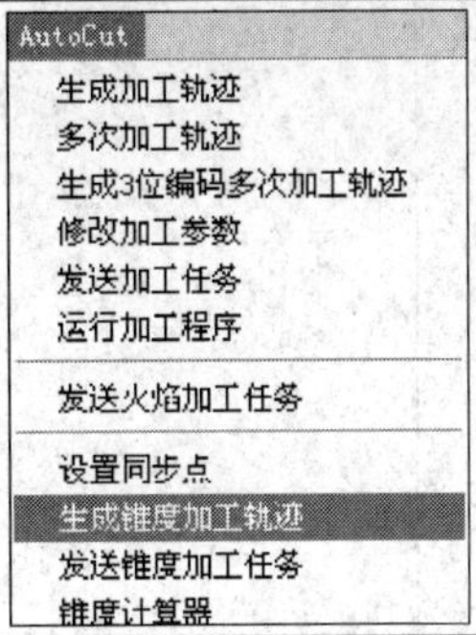 AutoCut 生成加工轨迹 多次加工轨迹 生成3位编码多次加工轨迹 修改加工参数 发送加工任务 运行加工程序 发送火焰加工任务 设置同步点 生成锥度加工轨迹 发送锥度加工任务 锥度计算器
	根据提示选择零件的“穿丝孔”“起割点”，并确定零件的加工方向，设置结果如右图所示	
自动编程	在“锥度加工参数设置”对话框的“加工设置”选项下，点选“左偏移”“加工外形” 在“锥度加工参数设置”对话框的“锥度设置”选项下，点选“指定锥度角”，并在其后文本框中输入“-3”。在锥度设置中应该注意的是“锥度角”须在±3°以内，其余参数按照机床、导轮、工件的实际参数选定	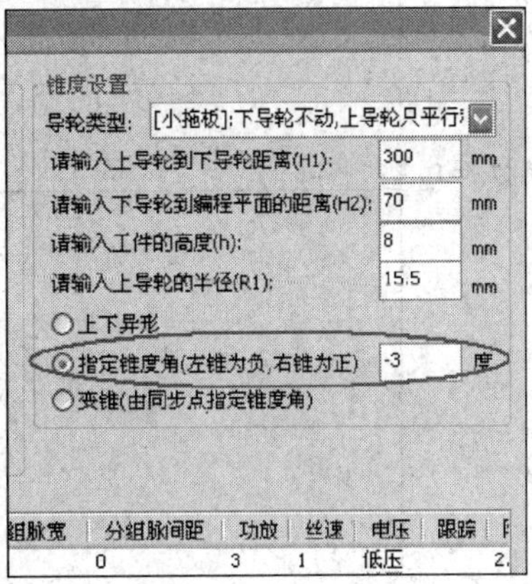 锥度设置 导轮类型：[小拖板]:下导轮不动,上导轮只平行 请输入上导轮到下导轮距离(H1): 300 mm 请输入下导轮到编程平面的距离(H2): 70 mm 请输入工件的高度(h): 8 mm 请输入上导轮的半径(R1): 15.5 mm 上下异形 指定锥度角(左锥为负,右锥为正) -3 度 变锥(由同步点指定锥度角) 组脉宽 分组脉间距 功放 丝速 电压 跟踪 0 3 1 低压 2.
	根据提示“选择对象”为圆，“新的穿丝点”为端点（图a），设置结果如图b所示	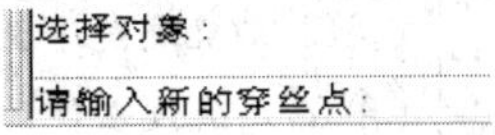 选择对象： 请输入新的穿丝点： a） 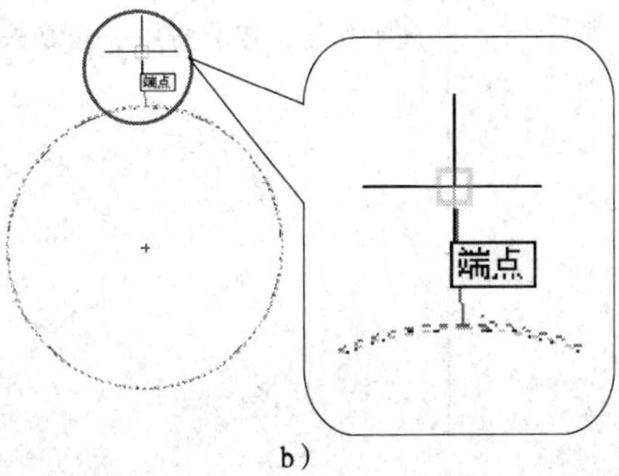 端点 端点 b）

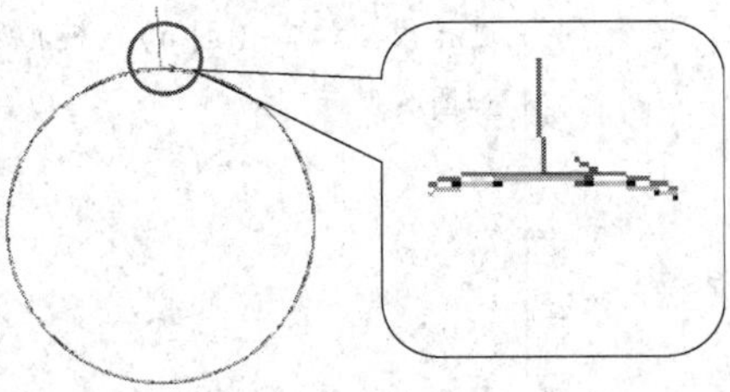

续表

步骤	操作	图示
模拟加工	将生成的锥度加工轨迹发送至控制台，进行模拟加工（图 a）。模拟加工显示结果如图 b 所示	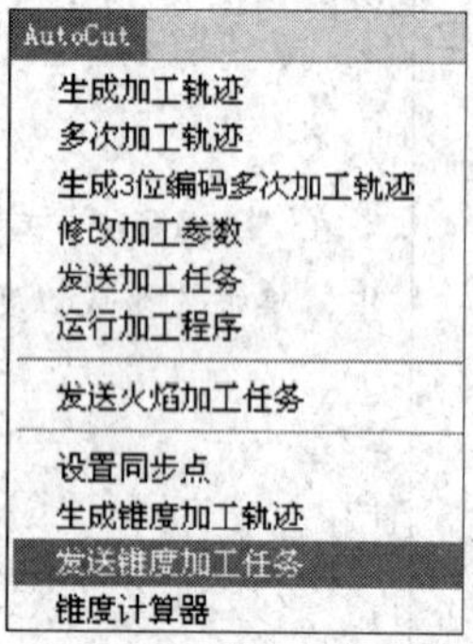 a）  b）
	将加工轨迹发送至虚拟卡进行模拟加工（图 a）。通过零件的模拟加工过程，观察加工路径选择是否正确。图 b 所示为模拟加工开始，图 c 所示为模拟加工结束	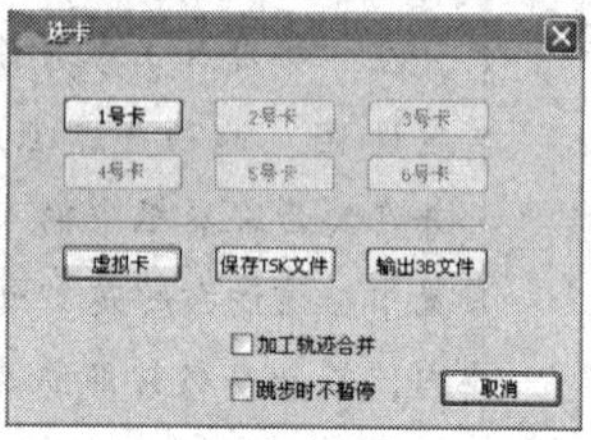 a） 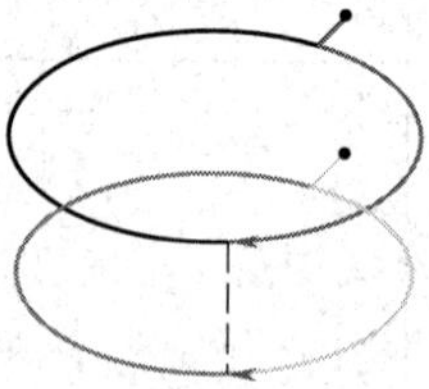 b） 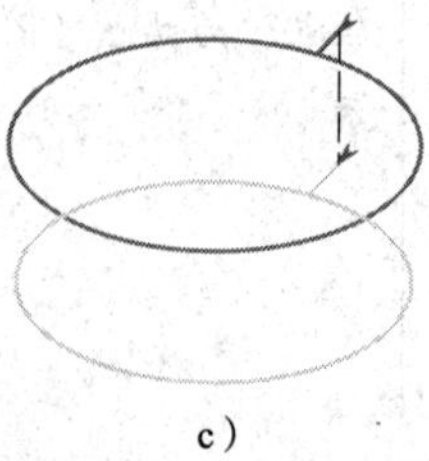 c）

续表

步骤	操作	图示
零件加工	关闭虚拟卡，将工件加工轨迹发送至1号卡，并在“送［新火花］高频参数”窗口中设置高频参数，将1号参数送至控制台 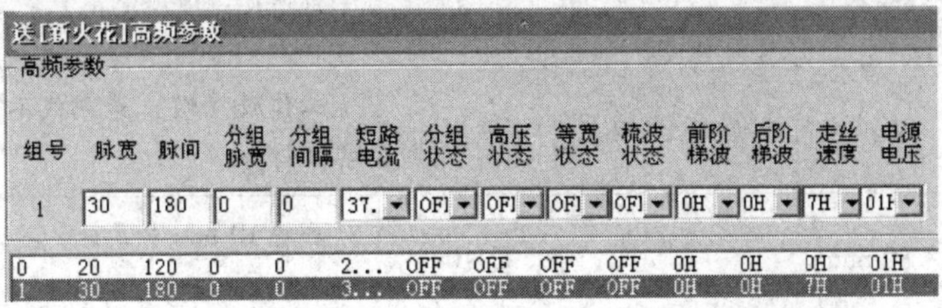	

送［新火花］高频参数

高频参数

组号	脉宽	脉间	分组脉宽	分组间隔	短路电流	分组状态	高压状态	等宽状态	梳波状态	前阶梯波	后阶梯波	走丝速度	电源电压
1	30	180	0	0	37.	OFI	OFI	OFI	OFI	0H	0H	7H	01H
0	20	120	0	0	2...	OFF	OFF	OFF	OFF	0H	0H	0H	01H
1	30	180	0	0	3...	OFF	OFF	OFF	OFF	0H	0H	7H	01H

步骤	操作	图示
零件加工	检查电极丝安装及零件的装夹是否正常；单击“开始加工”命令，完成锥度模具零件的加工	

二、评分标准

快走丝线切割机床加工锥度模具零件评分标准见表2—5—3。

表2—5—3　　　快走丝线切割机床加工锥度模具零件评分标准

考核项目	考核内容及要求	配分	评分标准	检测结果	得分
测量	上下导轮中心距离测量	12	操作不规范、测量不准确不得分		
	下导轮中心到工件表面距离测量	14	操作不规范、测量不准确不得分		
加工精度	表面粗糙度 *Ra*3.2 μm	12	超差不得分		
	下底面 ϕ20js8	12	超差0.01 mm扣2分		
	角度3°±6′	13	超差1′扣1分		
维护	常用工具的合理使用与保养	6	使用不当每次扣2分		
	机床维护	6	机床操作后未按要求保养的不得分		

续表

考核项目	考核内容及要求	配分	评分标准	检测结果	得分
安全文明生产	正确执行安全技术操作规程	7	每违反一项规定扣 1 分		
	正确穿戴劳动保护用品	8	工作服（帽）等穿戴不整齐不得分		
工时定额	80 min	10	每超 10 min 扣 5 分，超 30 min 考核不及格		
总分		100			

知识拓展

上下异形零件加工

上下异形零件即上、下表面为不同几何形状，而侧面则依照上、下两表面之轮廓光滑过渡而成的零件，在不同高度处，其横截面轮廓均不一样，如图 2—5—5 所示。对于这类零件的加工，采用一般的数控机床（如数控铣床）很难达到其要求，且其加工工艺相当复杂；而采用具有锥度切割功能的线切割机床，则能较好地解决此类零件的加工，且加工工艺也较简单。上下异形零件自动编程与加工的步骤及操作见表 2—5—4。

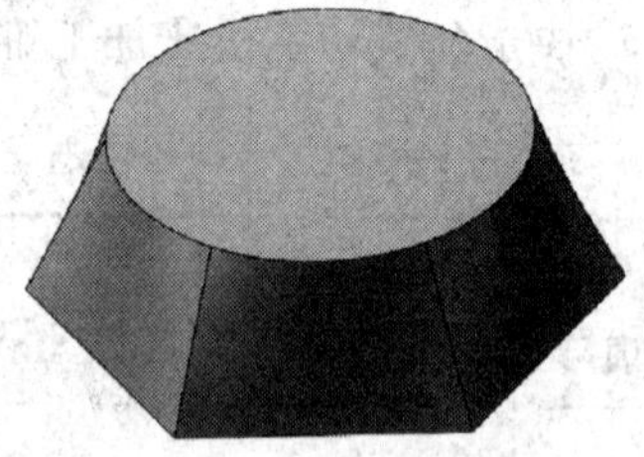

图 2—5—5　上下异形零件

表 2—5—4　　上下异形零件编程与加工的步骤及操作

步骤	操作	图示
绘图	在 AutoCAD 中绘制如右图所示图形	
自动编程	在“AutoCut”工具栏选项的下拉菜单中单击“生成加工轨迹”命令。在“一次加工轨迹”对话框中，根据加工零件的材料、厚度及电极丝直径等进行参数设置，然后单击“确定”按钮	

续表

步骤	操作	图示
自动编程	根据提示选择圆的“穿丝孔”“起割点”，并确定零件的加工方向	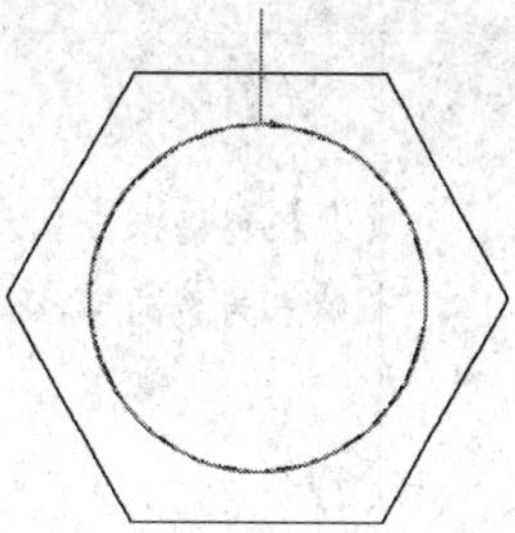
	在“AutoCut”工具栏选项的下拉菜单中再次单击“生成加工轨迹”命令	
	根据提示选择六边形的“穿丝孔”“起割点”（图 a），并确定零件的加工方向（图 b）	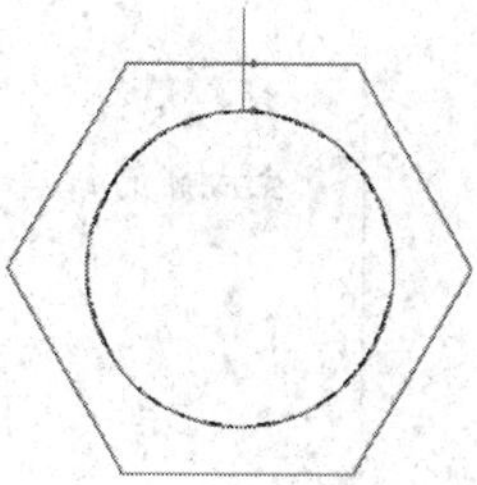 a） 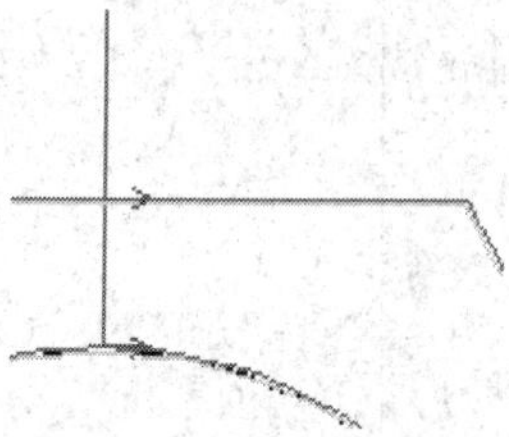 b）
	在“AutoCut”工具栏下拉菜单中单击“生成锥度加工轨迹”命令	
	在“锥度加工参数设置”窗口中，左侧“加工设置”下点选“左偏移”“加工外形”；右侧“锥度设置”下设置相关加工参数，点选“上下异形”	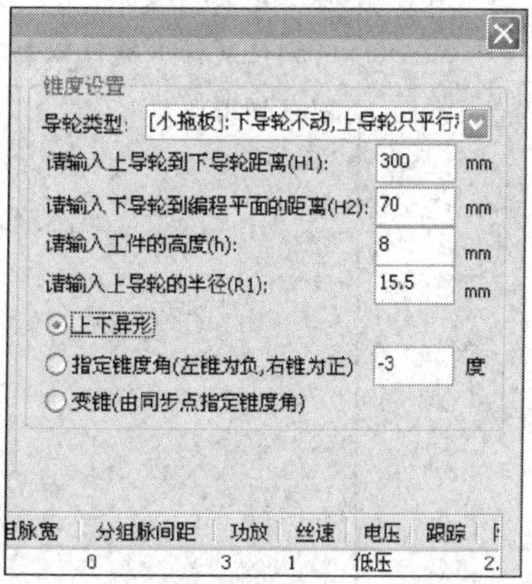

续表

步骤	操作	图示
	根据提示，选择圆为上表面，六边形为下表面，端点为新的穿丝点	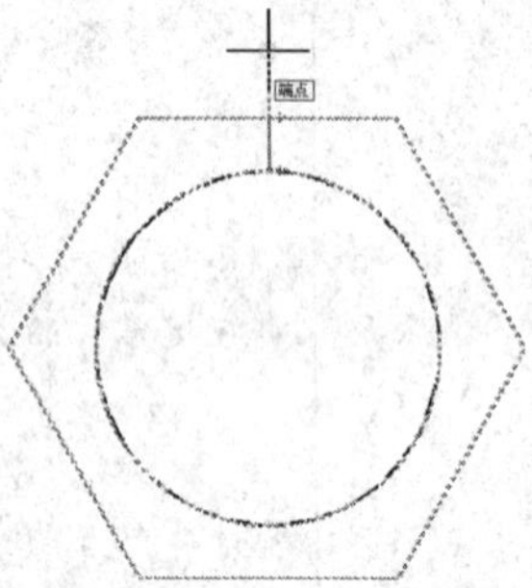
	生成新的锥度轨迹	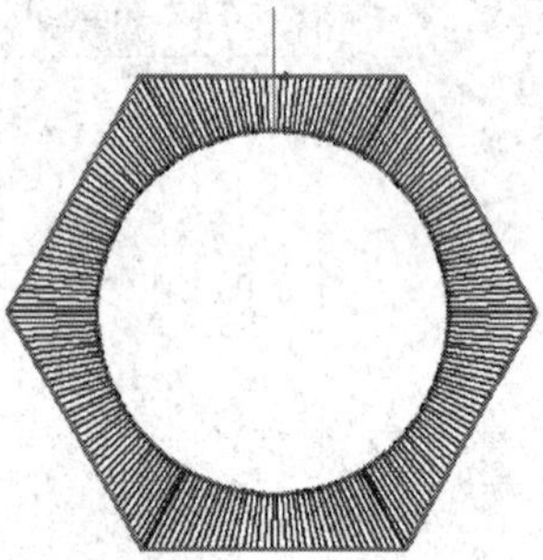
自动编程	在“视图”工具栏中单击“三维动态观察器”命令（图 a） 按住鼠标中键可以转动图像，查看零件的三维视图（图 b）	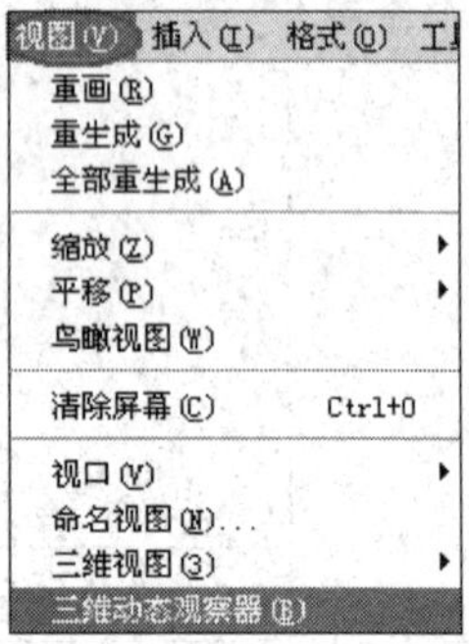 a） 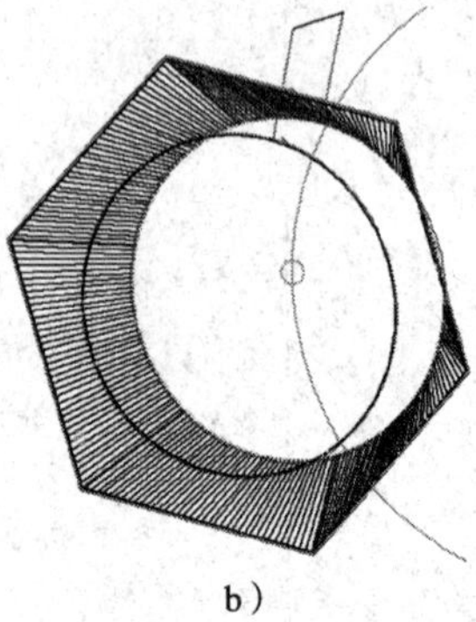 b）

续表

步骤	操作	图示
模拟加工	在“AutoCut”工具栏下拉菜单中单击“发送锥度加工任务”命令，将生成的锥度加工轨迹发送至控制台，进行模拟加工	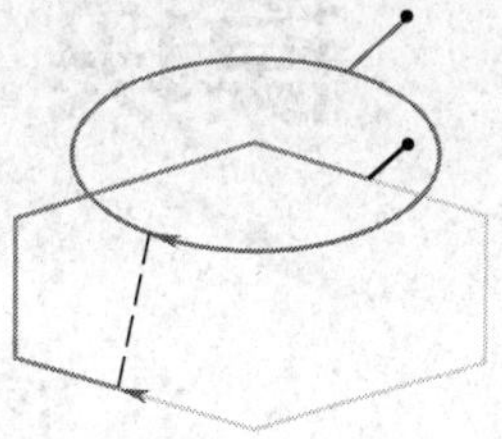
零件加工	将工件加工轨迹发送至1号卡，设置高频参数	
	检查电极丝安装及工件装夹，单击“开始加工”命令，完成零件加工	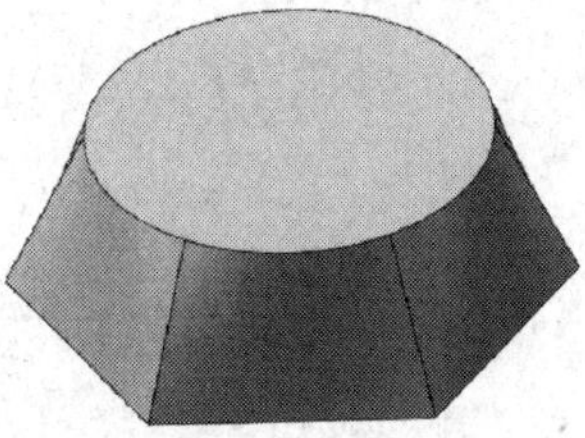

慢走丝电火花线切割加工

课题一　慢走丝电火花线切割加工基本操作

慢走丝电火花线切割加工机床作为电火花线切割加工机床的一种类型，有其自身的结构特征，与快速走丝电火花线切割机床还是有区别的。

一、慢走丝电火花线切割加工机床的组成

慢走丝电火花线切割加工机床主要由机床主体、工作液系统和控制柜三大部分组成。

1. 机床主体

机床主体由立柱、主轴、*X* 护罩、*Y* 护罩、工作液槽、机身导轨、床身、各类电气开关、走丝机构等组成，如图 3—1—1 所示。

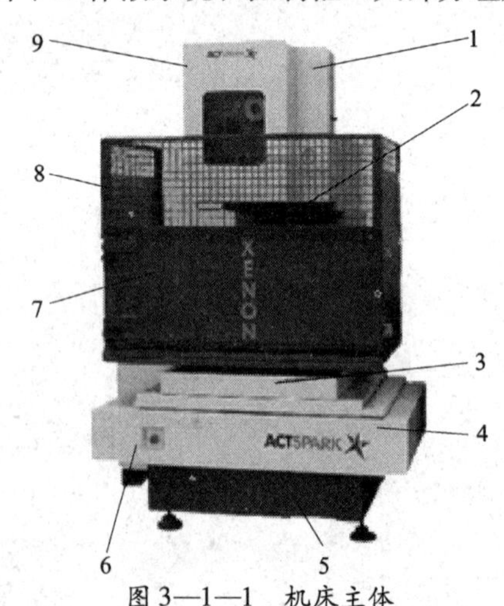

图 3—1—1　机床主体

1—立柱 *U*/*V* 轴　2—*Z* 轴　3—*Y* 护罩　4—*X* 护罩　5—床身　6—急停电气开关　7—工作液槽　8—防护网　9—走丝系统

（1）机身导轨

采用高硬度耐磨材质，附加手动液压润滑油注入，通过各油管分流到各导轨以达到润滑、减小摩擦因数的效果，每轴两条。

（2）丝杠

采用螺旋式位移，由伺服电动机转角来决定丝杠的位移量，目前手动单步最小移动量为 1 μm。丝杠长度决定机床的可移动范围。丝杠间隙可测量后利用系统参数补正加以修正，每个丝杠形成一个轴。图 3—1—2

所示为慢走丝机床丝杠实物图。

（3）伺服电动机

如图3—1—3所示，伺服电动机转速由伺服电箱内主板选取的电压挡级来决定。伺服电动机所能控制丝杠轴的最小位移当量为0.1 μm，各轴均有。

图3—1—2 慢走丝机床丝杠

图3—1—3 伺服电动机

（4）主要电气开关

1）极限开关。如图3—1—4所示，极限开关设置在丝杠位移范围的左右端。当机床移动至极限开关闭合时，电信号输入主板，主板输出电信号停止伺服电动机运转。极限开关各轴均有两个。

2）减速开关。如图3—1—5所示，减速开关设置在极限开关内，当丝杠位移至减速开关闭合处，电信号输入主板，主板输出电信号降低伺服电动机转速。减速开关各轴均有两个。

图3—1—4 极限开关

图3—1—5 减速开关

（5）走丝机构

走丝机构主要包括供丝绕线轴、伺服电动机恒张力控制装置、电极丝导向器和电极丝自动卷绕机构，如图3—1—6所示。电极丝预装在供丝绕线轴上，为防止电极丝散乱，轴上装有力矩很小的预张力电动机。在运行过程中，电极丝由丝架支撑，通过电极丝自动卷绕机构中两个卷筒的夹送作用，确保电极丝以一定的速度运行，并依靠伺服电动机恒张力控制装置在一定范围内调整张力，使电极丝保持一定的直线度稳定地运行。电极丝放电后就成为废弃物，不再使用，被送到专门的收集器中或卷绕至收丝卷筒上回收。

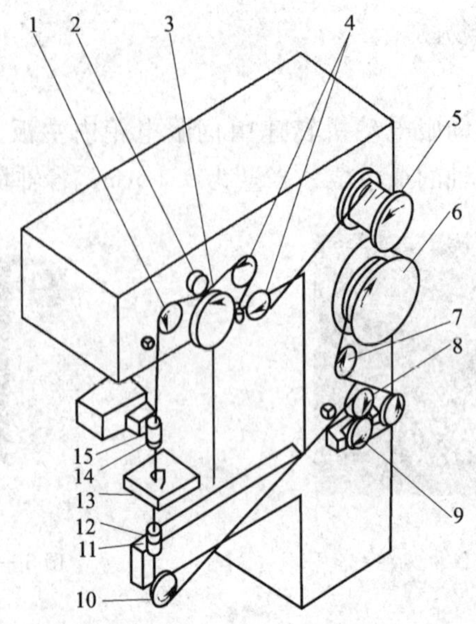

图 3—1—6 慢走丝电火花线切割机床的走丝机构

1、4、10—滑轮 2、9—压紧轮 3—制动轮 5—供丝筒 6—卷丝筒 7—导向轮 8—卷丝滚轮 11、15—导电器 12、14—金刚石导向器 13—工件

2. 工作液系统

工作液系统由高压泵、过滤器、离子交换器及各盖板等部分组成，如图 3—1—7 所示。工作液系统可进行冲、抽、喷液及过滤工作。对慢走丝线切割机床，工作液循环系统除了采用浇注式供液方式，有些也采用浸泡式供液方式。

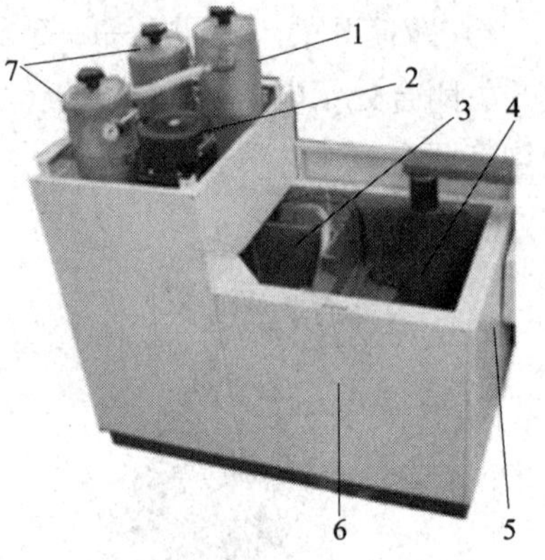

图 3—1—7 工作液系统

1—离子交换器 2—高压泵 3—洁水 4—污水 5—前盖 6—左侧盖 7—过滤器及压力表

3. 控制柜

控制柜主要包括显示器、工控机、输入/输出设备、手控盒等，如图 3—1—8 所示。控制柜主要有两大功用：

(1) 控制柜内部工控机上安装有相应的数控系统，控制机床工作台沿各坐标轴移动、切削液流动、运丝系统动作等各项动作，以此完成切割加工工作。

(2) 控制柜里安装脉冲电源，为慢走丝电火花线切割加工提供必备的高频脉冲电源，从而不断放电腐蚀材料，完成切割加工工作。

二、慢走丝电火花线切割加工的工艺参数

1. 加工模式（MODE）

0 表示主切，2 表示修切。

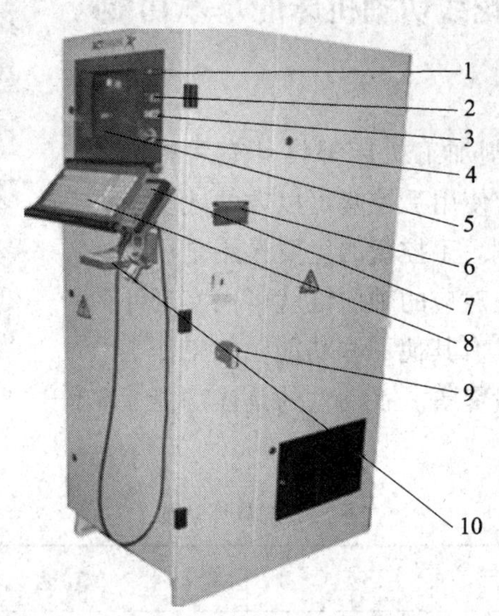

图 3—1—8 控制柜

1—UPS 电源指示灯 2—启动开关 3—关机开关 4—急停钮 5—阴极射线管显示器 6—软驱 7—手控盒 8—键盘 9—主开关 10—鼠标

2. 加工电流 （I）

其值的范围为 0～22。加工时该值取决于所选择的工艺和工件厚度。

3. 加工功率 （P）

其值的范围为 0～34。该参数决定加工电流继而影响切割速度，其值越高加工速度越快，但同时出现断丝和形位误差的可能性越大。

4. 空载脉冲百分率 （TD）

其值范围为 0～63。该参数值越低切割速度越快，但加工也越不稳定（断丝可能性增加）；在修切中，高 TD 值产生凹面，低 TD 值产生凸面。

5. 恒定速度 （VS）

其值范围为 0～63。该参数影响加工时间，与 REG8/9 连用。参数 VS 值的变化影响切割面形状，高 VS 值产生凸面，低 VS 值产生凹面。

6. 脉冲宽度 （ON）

其值范围为 0～15。该参数一旦选定通常不要中途改变，除非特殊情况，如修切中为降低表面粗糙度值而减小该参数值。

7. 空载电压 （UHP）

其值范围为 0～7。该参数是由工件材料和电极丝决定的，一旦选定通常不要中途改变，除非特殊情况，如为了降低表面粗糙度值。

8. 伺服调节类型 （REG）

其值范围为 0～23 和 100～123。其中 100～123 是在对应的 0～23 上增加滤波器。

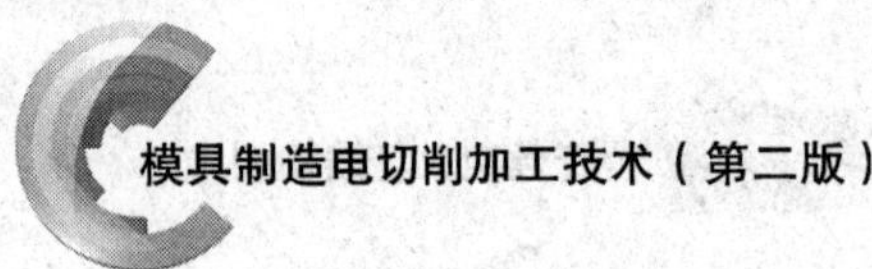

三、慢走丝电火花线切割机床的基本功能

1. 手控盒功能

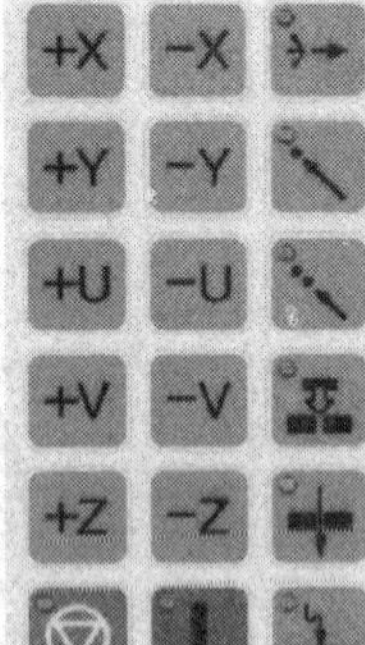

图 3—1—9　慢速走丝电火花线切割加工机床手控盒

慢走丝电火花线切割加工机床都设计有手控盒，如图 3—1—9 所示。使用手控盒可以方便地实现对机床的一些常规控制。手控盒的主要作用是用来实现轴移动功能，按住对应的轴向键就可以实现移动。另外，手控盒还具有其他一些功能，如工作液的开启与关闭、坐标设零等。手动盒的具体功能见表 3—1—1。

表 3—1—1　　手控盒的具体功能

名称	图示	功能
轴向键	+X	用户根据需要选择坐标轴及移动方向，包括 + X、 - X、 + Y、 - Y、 + Z、 - Z、 + U、 - U、 + V、 - V 键（图 3—1—9）
点动速动键		按键可选择单步、低速、中速、高速
回机械原点键		用于执行回机械原点功能
回零键		用于执行回零功能
喷流键		用于打开/关闭冲液系统
运丝键		用于打开/关闭运丝系统
穿丝键		用于打开/关闭穿丝阀
启动键		用于启动加工
暂停键		用于暂停当前的动作

2. 控制系统界面

以常用的 XENON 慢走丝线切割机床的控制系统为例介绍。控制系统界面主要由七个区域组成（坐标显示区、任务显示区、当前任务对话框、加工状态显示区、错误信息显示区、CNC 状态显示区、任务窗口选择区）。以如图 3—1—10 所示“手动准备”窗口为例，具体功能见表 3—1—2。

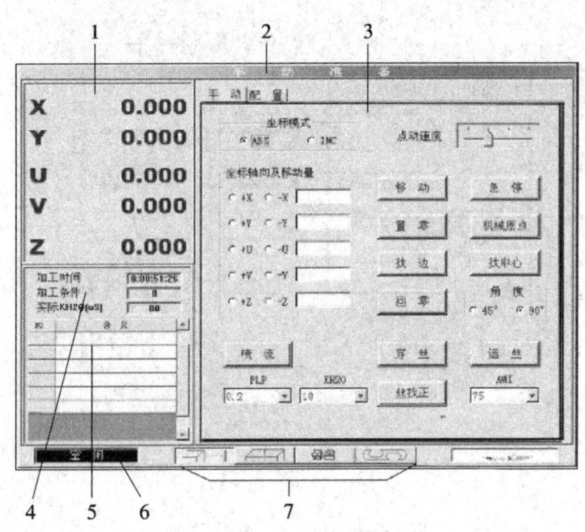

图 3—1—10 慢走丝线切割机床数控系统界面（“手动准备”窗口）

1—坐标显示区 2—任务显示区 3—当前任务对话框 4—加工状态显示区 5—错误信息显示区 6—CNC 状态显示区 7—任务窗口选择区

表 3—1—2 数控系统界面各个区域的功能

名称	功能
坐标显示区	显示当前坐标。当光标位于该区时双击鼠标左键可进行机械坐标和用户坐标切换
任务显示区	显示当前任务名称
当前任务对话框	显示当前任务的相关信息
加工状态显示区	显示本次加工时间、当前加工条件号和实际导电率
错误信息显示区	显示错误和提示信息
CNC 状态显示区	显示 CNC 加工的当前状态
任务窗口选择区	供选择任务项目使用。从左至右，分别是“手动准备”“放电加工”“文件管理”“图形检查”四个选项键

3. 手动准备功能

慢走丝线切割机床数控系统提供手动准备操作，用于加工前的准备。单击【任务窗口选择区】的“手动准备任务”键进入“手动准备”窗口。“手动准备”窗口包含

“手动”和“配置”页，如图3—1—11所示。在进行手动准备窗口的一系列功能操作时，不允许启动加工任务（如找边、找中心、丝找正、移动、回机械零点、回零等），以免发生意外。

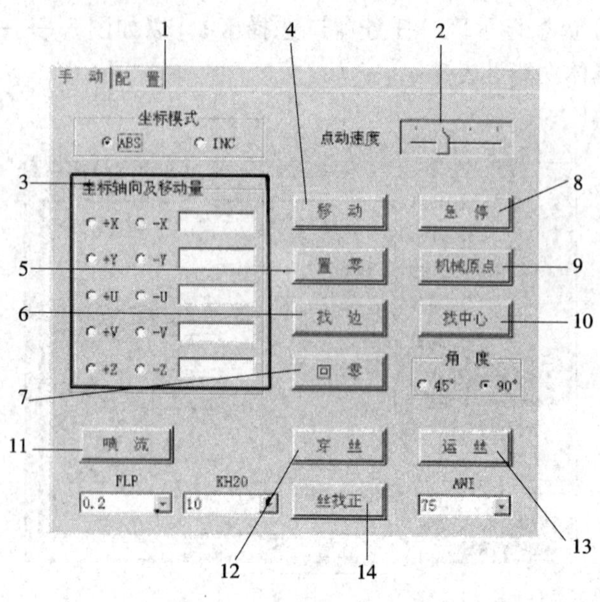

图3—1—11 “手动”页

（1）“手动”页组成及其功能

“手动”页如图3—1—11所示，具体功能见表3—1—3。

表3—1—3 “手动”页组成及其功能

序号	名称	功能
1	坐标模式	选择坐标模式：ABS——绝对坐标模式，INC——增量坐标模式
2	点动速度	调节点动速度，分四挡，从左至右依次为：单步、低速、中速、高速（通过手控盒上的速度键同样可选择点动速度）
3	坐标轴向及移动量	选择轴移动方向和输入移动量。在执行过程中，可通过以下任一方式停止当前动作：按“停止”键，按手控盒上的“暂停”键，或再按该功能键
4	移动	先选择“坐标模式”，再选择“坐标轴向及移动量”（输入坐标值，单轴或多轴），最后按“移动”键，执行移动命令
5	置零	当光标位于标题行时，双击鼠标左键删除显示区内所有的错误信息；当光标位于该区内某一行时，双击鼠标左键仅删除本条信息
6	找边	选择坐标轴向，无方向区别，单轴或多轴，如+X/－X，按“置零”键执行
7	回零	选择坐标轴，无方向区别，单轴或多轴

续表

序号	名称	功能
8	急停	在任何时候都可以停止工作
9	机械原点	选择 Z 轴，按机械原点执行，Z 轴坐标自动设为最大行程
10	找中心	穿丝后，将丝大致移到孔的中心位置，选择角度。如果选择 45°，丝移动路径为“X”形；如果选择 90°，则丝移动路径为“+”形，按“找中心”键执行
11	喷流	FLP 为水压选择栏，取值范围为 0.1 ~ 12 bar
12	穿丝	打开和关闭穿丝阀门，仅适用于已配备穿丝气泵的情况
13	运丝	AWI 为丝速选择栏，取值范围为 30 ~ 200 mm/s
14	丝找正	执行电极丝找正命令

（2）“配置”页

“配置”页如图 3—1—12 所示，可在其中选择屏幕显示语言、尺寸单位、设置时间，并可观察加工时间。“配置”页具体功能见表 3—1—4。

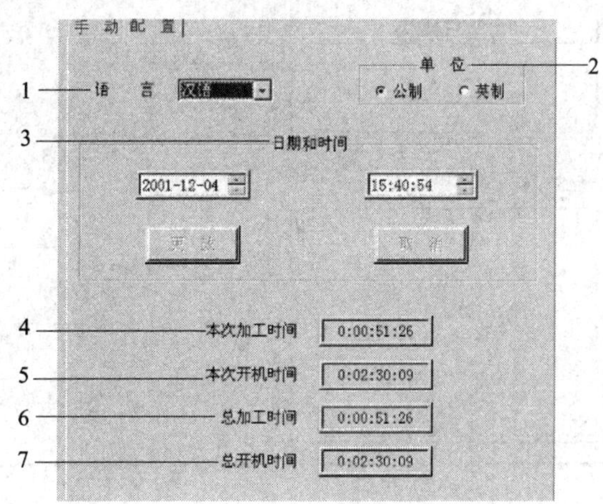

图 3—1—12 “配置”页

表 3—1—4　　“配置”页组成及其功能

序号	名称	功能说明
1	语言	方便操作者选择自己使用的语言种类。选择后需重新启动线切割机床，所选语言才能生效
2	单位	允许操作者选择公制或英制单位
3	日期和时间	操作者可以设置数控系统当前的日期和时间
4	本次加工时间	用于显示本次加工的加工时间

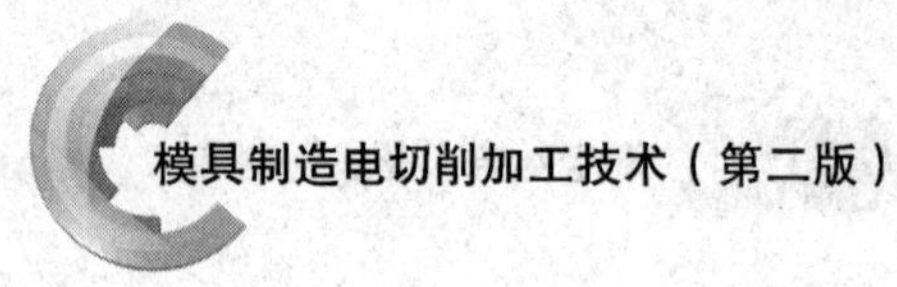

续表

序号	名称	功能说明
5	本次开机时间	用于显示本次开机的时间
6	总加工时间	用于显示本机床的累积加工时间
7	总开机时间	用于显示本机床的累积开机时间

4. 文件管理窗口

单击【任务窗口选择区】的“文件管理”键进入“文件管理”窗口，如图3—1—13所示。该窗口包含“文件”“NC编辑”“TEC编辑”和“通讯”页，分别用于NC文件和目录的新建、拷贝、移动、删除、改名，NC文件的编辑，TEC文件的编辑，文件输入/输出。

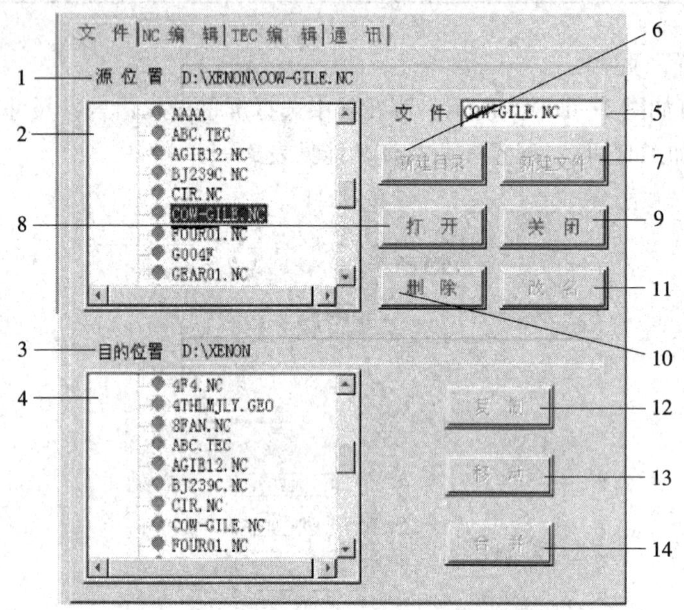

图3—1—13 “文件管理”窗口

1—源位置 2—源文件选择框 3—目的位置 4—目的文件选择框 5—文件名 6—新建目录 7—新建文件 8—打开 9—关闭 10—删除 11—改名 12—复制 13—移动 14—合并

四、慢走丝线切割加工要点

1. 小余料的处理方法

如果小余料掉入下喷嘴，继续加工可能会损坏喷嘴和导丝嘴，因此切割凹模时要将小余料在切断前固定住。例如，用吸磁吸住，根据需要适当抬高 Z 轴。又如，在编程时保留0.03 mm宽度不切，并在程序中加一个暂停语句，当实际加工到此处时，移开下臂，操作者可在凹模下垫一个支撑物，用铜棒小心地敲下脱落件，然后从暂停语句后继续加工。再如，还可以在工件快切断时抬高上喷嘴，减小上喷嘴压力，让下喷嘴的高压水把余料冲出，然后暂停慢走丝线切割机床检查并确定余料已冲出，才可以继续加工。

2. 防锈方法

走丝用的工作液是蒸馏水，因此对切割完成的零件，最好能抹上防锈油加以保护。如果一块毛坯在工作台上装夹时间长、隔天使用时，下班前应用压缩空气吹干工件上的水。切割完成后先擦干工件上的水，然后喷上防锈油。如果有喷砂机，可喷砂处理表面。另外，现在还有一种防锈液，添加在水中，可抑制工件的锈蚀。

3. 断丝后的处理

断丝后，如果上下喷嘴都贴于工件表面，一般能原地穿上丝；如果不能原地穿上丝，则要把下臂移到空的地方去。重新上丝加工前为了防止再断，可先把放电参数调小，等放电正常后改回正常参数。

4. 防水溅射的方法

慢走丝加工要用高压水，水压力会很大，可能雾化，如果上或下喷嘴不能贴在工件的表面，水溅射很大，这时要注意用塑料布挡水，以防止水溅射到人身上或控制柜上。另外注意当水的流量较大时，要检查水的回流处是否畅通，以防水从下臂处溢出。

5. 空运行检查

对于存在与工件和夹具有碰撞可能的零件，加工前从加工起点开始抬高 Z 轴空走，到存在碰撞可能的地方暂停，落下 Z 轴，看是否干涉。如果下喷嘴存在碰撞的可能，则估算出工件的极限位置，用手控盒开过去检查。

五、高、低压冲水的应用

快走丝线切割机床加工中，只要工作液在工件的切割部位流动，就可以满足其加工要求。但是，慢走丝线切割机床对冲水条件要求很高，要求用高压水把切缝内的废屑冲掉，保证切缝干净，否则加工效率会降低很多；而且，如果放电参数调节不好，还很容易断丝。

慢走丝线切割加工一般要进行多次切割。就冲水条件而言，由于第一次线切割要去掉绝大部分材料，要用较强的放电参数，因此对第一次线切割的冲水要求压力要高；第二次以后的线切割均为修切，材料去除量很小，所以不用高压水，用低压水就能满足要求。

为了保证第一次线切割时高压水能有效地冲入切缝，上下喷嘴要贴于工件表面。当沿边缘切割或引入切割或喷嘴不能贴于工件表面时，均应降低放电参数以防断丝。有效冲水时喷嘴距工件表面的距离应控制在0.1 mm左右。

由于慢走丝线切割对高压冲水有很高的要求，因此切割前的坯料要尽量加工成有利于冲水要求的形状。例如，坯料做成板料，多个零件排料在一个板料上，有利于相互借用余料装夹；凸、凹模都应尽量从小的穿丝孔开始切割；如果毛坯需要先加工并留余量再进行慢走丝切割，余量要尽量小；切割时要使电极丝能露在外面切割。

对于加工表面不平的零件，如圆柱表面、台阶表面，要降低放电参数中的能量幅值（一般调整电流和功率）以避免断丝。另外，如果喷嘴是贴在工件表面上切割的，但切割路径上存在型腔（如孔）造成断续切割或边缘切割，当切割到此处时也要适当降低电流和功率，以防止断丝。

六、慢走丝线切割机床的维护保养

1. 机床的日常润滑

按机床操作说明书所规定的润滑部位及润滑要求，定时注入规定的滑润油或润滑脂，以保证机构运转灵活。慢走丝线切割机床的润滑见表 3—1—5。

表 3—1—5　　慢走丝线切割机床的润滑

润滑部位	润滑时间	润滑方法	润滑剂
横进给滚动丝杠	每月一次	油壶	20 号机油
纵进给滚动丝杠	每月一次	油壶	20 号机油
横向进给齿轮箱	每班一次	油枪	30 号机油
纵向进给齿轮箱	每班一次	油枪	30 号机油
储丝筒各传动轴	每班一次	油枪	30 号机油
储丝筒丝杠螺母	每班一次	油枪	30 号机油
储丝筒滑板导轨	每班一次	油枪	30 号机油

注：1. 线架导轮的滚动轴承用高速润滑油脂润滑，每两周更换一次。
2. 其他滚动轴承用润滑油脂润滑，每半年更换一次。
3. 电动机滚动轴承按照一般电动机润滑规定润滑。

2. 机床的保养周期

为使慢走丝电火花线切割机床能正常运转，保证加工精度，延长机床使用寿命，应严格按照保养周期进行定期保养。慢走丝线切割机床保养周期一般分为每周、每月、每季节、每年、临时需要等多种情况，保养内容及周期安排见表 3—1—6。

表 3—1—6　　慢走丝线切割机床的保养周期

序号	内容	临时需要	每周	每月	每季	每年
1	滤芯的更换	√				
2	离子交换树脂的更换	√				
3	检查和清洗驱动轮与导轮		√			
4	检查和清洗上、下导丝嘴、导向器		√			

续表

序号	内容	临时需要	每周	每月	每季	每年
5	检查和清洗吹丝管		√			
6	倒空储丝筒		√			
7	全程移动各轴		√			
8	清洗控制柜空气过滤网		√			
9	导电块的清洗、重新安置			√		
10	清洗导电检测头				√	
11	润滑各运动轴丝杠、导轨					√
12	换水并清洗水箱					√
13	清扫控制柜					√
14	检查运丝、收丝和 Z 轴三处同步齿形带					√
15	润滑 U、V、Z 各轴丝杠、导轨		每三年一次			

注：保养周期时间按每天 8 h，每周 5 天计算。

3. 机床的维护保养提示信息及处理

慢走丝线切割机床在进行维护保养时，数控系统会显示有关提示信息。常见的维护保养提示信息代码、含义及处理措施见表 3—1—7。

表 3—1—7　　常见的维护保养提示信息代码、含义及处理措施

代码	含义	处理措施
10000	UoK 电源异常	GL1、GL2、GL3、GL4，检查 TP6 – TP5（12V）和 TP7 – TP5（10.25V）；更换 SUS – B02 板
10001	控制柜温度报警	柜内温度大于 30°C
10002	控制柜温度过高，自动关机	柜内温度大于 52°C，检查控制柜内的通风
10003	HPS 板上的 GOK2 异常	电压电流过载。请关机后再开机，如果仍存在请更换
10004	上次异常关机	非正常关机。加工之前回 Z、X、Y、U、V 机械原点
10005	上次正常关机	正常关机
10006	上次外网掉电关机	
10007	UPS 电池电压过低	开机给 UPS 充电
10008	清水槽水位过低	加水或检查循环泵
10009	污水槽水位过低	加水或检查循环泵

续表

代码	含义	处理措施
10010	储丝筒盖子未装上	检查储丝筒盖子是否装上或检查开关 SW2
10011	Z+到限位	沿 Z-方向从限位开关处移开
10012	Z-到限位	沿 Z+方向从限位开关处移开
10013	液槽门已打开	检查液槽门开关 SW1
10014	检测到 WI1	垂直找正信息
10015	检测到 WI2	垂直找正信息
10016	穿丝失败	运丝系统信息
10017	电导率大于设置值	检查导电探头和去离子树脂
10018	SBC-B15 诊断异常	重新开机；检查通信部分；更换 SBC-15 板
10020	断丝或无丝	检查运丝系统

技能训练

一、开机与关机

1. 开机

（1）在加电以前，检查并确保所有急停开关处在断开状态。

（2）将控制柜主开关（图 3—1—14 中旋钮 1）旋转到 ON 位置。

（3）按下控制柜控制面板启动按钮（图 3—1—14 中绿色方形按钮 3），控制柜开始通电；等待几十秒，显示器出现手动准备界面（图 3—1—10）后，线切割机床完成启动。

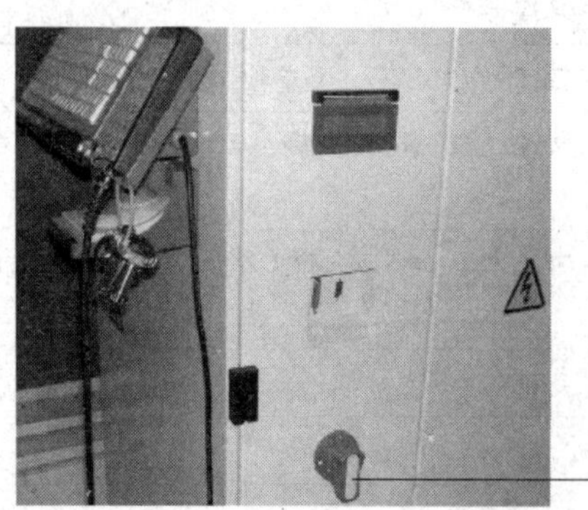

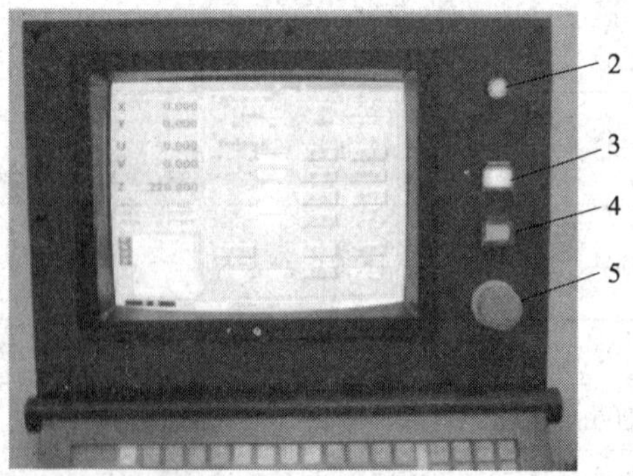

图 3—1—14　开机与关机按钮

1—控制柜主开关　2—指示灯（红色）　3—启动按钮（绿色）
4—关闭按钮（白色）　5—急停开关（红色）

2. 关机

在确保机床所有动作停止的情况下，按如下顺序正常关机：

（1）按下控制柜控制面板关闭按钮（图 3—1—14 中白色方形按钮 4）。

（2）将所有急停开关（图 3—1—14 中圆形按钮 5）按下，红色指示灯 2 熄灭。

（3）将控制柜主开关旋转到 OFF 位置，线切割机关机完毕。

二、移动坐标轴

在坐标轴移动之前，应确认工作台未安装工件且丝架上未安装电极丝，避免电极丝与工作台上的工件碰撞。

1. 使用手控盒移动坐标轴

利用手控盒中的移动方向和移动速度按钮，按下界面中的移动按钮，操作机床在 $+X$、$-X$、$+Y$、$-Y$、$+Z$、$-Z$ 六个轴方向上按不同移动速度移动。在机床运动的过程中辨析牢记这六个轴的运动方向，并感受点动、低速、中速、高速的运动情况。

2. 使用控制系统移动坐标轴

在控制系统手动准备界面（图 3—1—10）中输入相应轴的移动距离和移动速度，按下界面中的移动按钮，操作机床在 $+X$、$-X$、$+Y$、$-Y$、$+Z$、$-Z$ 六个轴方向上按不同移动速度移动。

三、换水与清洗水箱

换水与清洗水箱操作有下述两个步骤。

1. 排空及清洗水箱

将水箱贴有排污口标签的左后侧板打开，拉出过滤器出口的排水球阀。打开球阀，将水放至事先准备好的容器内。开动循环泵将污水箱的沉积物搅起来，并从过滤器排出。清出的污水需排入专门的废水处理系统，不宜排入下水道；若排入下水道，应找窨井盖上标记“污”字的下水道口排放。

2. 装入新水

清洗水箱后，重新装入蒸馏水或纯净水。先将清水箱灌满水直到水溢出到污水箱，继续向污水箱灌水直到水位高至离上口边沿 100 mm 左右，如图 3—1—15 所示。

图 3—1—15 线切割机床的水箱

四、机床维护保养操作

1. 工作液系统维护

图3—1—7所示工作液系统中，主要需要维护过滤器和离子交换器。应定期检查及更换过滤器中的滤芯和离子交换器中的树脂。

（1）更换滤芯

观察过滤器压力表读数。如果读数在1.2 bar左右，表示过滤筒使用正常；如果读数接近2.0 bar，或者节水箱溢流口的水流量过小，就应考虑更换滤芯。更换滤芯操作步骤见表3—1—8。

表3—1—8　　更换滤芯操作

步骤	操作	图示
关闭机床	关机，确认循环泵已停止工作	1—星形把手　2、4—O形垫圈 3—过滤筒盖　5—滤芯　6—提把
打开过滤筒	如右图所示，逆时针方向拧开星形把手1，拿掉筒盖3。当过滤筒中有压力时，不要打开	
更换滤芯	用手直接取出过滤筒中上面的滤芯5，然后用提把6取出下面的滤芯	
	复原提把6	
	装入新的滤芯	
复原过滤筒	在筒盖中的大O形垫圈4和小O形圈2上抹少许油脂	
	盖上筒盖3，将过滤筒密封。过滤器即可使用	

（2）更换树脂

慢走丝线切割加工液中的金属离子浓度极高，使用时间过长（超过一个月）的树脂已经失效，无法通过酸性和碱性重新极化。慢走丝线切割机床专用去离子树脂是慢走丝线切割耗材中一种由凝胶型强酸阳离子交换树脂与强碱阴离子交换树脂组成的即用型树脂，被称为“慢走丝树脂”。它是采用专用树脂经高度转型及特殊纯化处理，并按照特定化学当量混合复配而成，适用于以去除无机离子为主要目的的慢走丝线切割放电加工，处理水精度高、工作交换量大、使用寿命长。慢走丝树脂外观呈棕黄色透明球状颗粒。去离子筒和树脂如图3—1—16所示。

a)

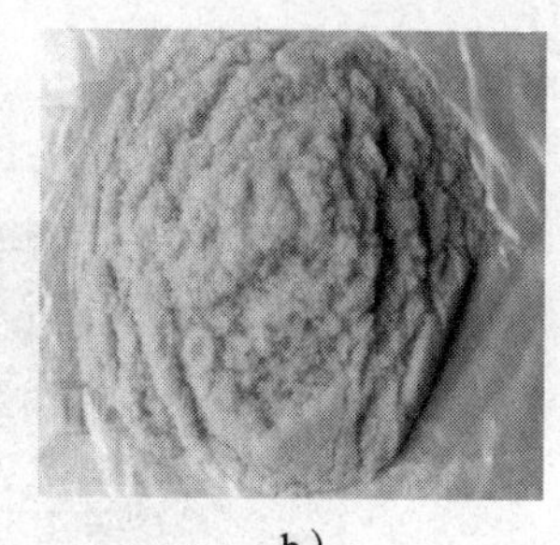

b)

图 3—1—16 去离子筒和树脂

a）去离子筒 b）树脂

在慢走丝线切割机床使用过程中，当离子交换器中的去离子筒出口流量正常，电导率值却长时间不降，应该考虑补充或更换去离子筒内的树脂。树脂更换操作步骤如下：

1）关机，确认离子交换器停止工作。

2）拧开去离子筒进、出口的铜螺母 1，及活动紧固圈上的 M6 × 50 螺钉，如图 3—1—17 所示。

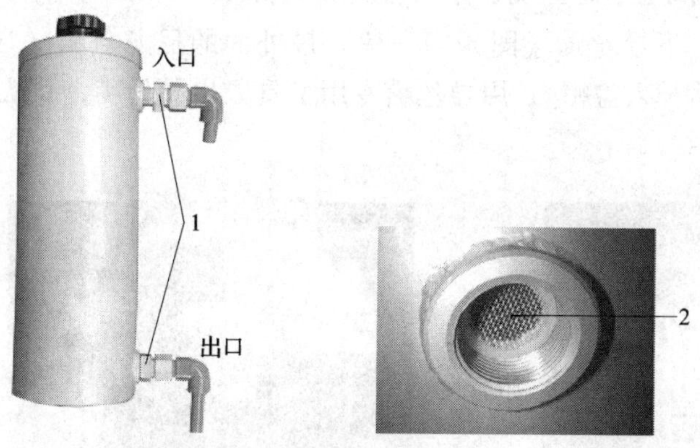

图 3—1—17 去离子筒的进、出口

1—进、出口的铜螺母 2—进、出口的滤网

3）将离子交换器中的去离子筒从其支座上取下，倒掉失效的树脂并清洗；清洁进、出口的滤网 2。

4）倒入大约 10 L 新树脂。

5）按相反顺序安装去离子筒。

6）在控制面板的屏幕上将导电率设置成需要的值。

2. 检查、清洗驱动轮和导轮

在慢走丝线切割机床使用过程中，每切割 40 h 就要清洗驱动轮和导轮一次，以保证它们的清洁干净；检查导轮的表面凹槽磨损情况，检查导轮运转是否灵活，必要时进行更换。操作时，应先关闭机床电源，然后清洗和检查所有的驱动轮和导轮，如图 3—1—18 所示。

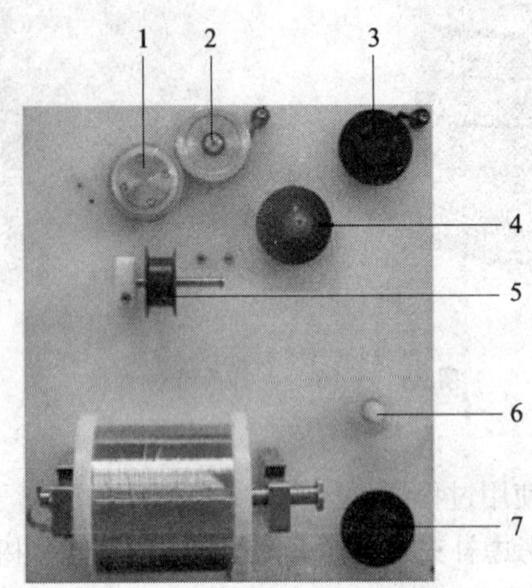

图 3—1—18　走丝机构的驱动轮和导轮

1—压丝轮　2—驱动轮　3—上导轮　4—平衡轮　5—过渡轮　6—锁丝部件　7—下导轮

3. 检查和清洗上下导丝嘴、导向器及红宝石棒

（1）松开上、下导丝嘴（图 3—1—19）最外面的尼龙盖帽（当除去上盖帽后，分流板和 O 形圈将掉入盖帽），用导丝嘴专用工具取出导丝嘴，并从导丝嘴上取出导电器。

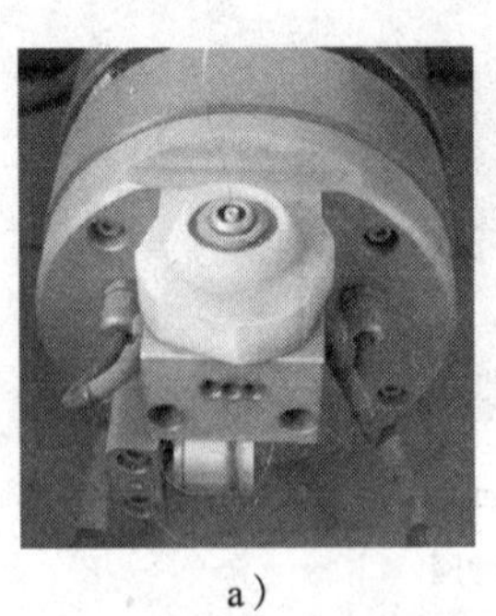

a）

尼龙盖帽

b）

图 3—1—19　上、下导丝嘴

a）下导丝嘴　b）上导丝嘴

（2）拧松三个紧定螺钉后，把红宝石棒取下，用汽油清洗后吹干或晾干（不要用布擦拭）；将导向器及导丝嘴洗净（特别是清洗内部通道），用布将导电盒内壁擦干净。

（3）按照与拆卸相反的顺序，安装导向器、导丝嘴及红宝石棒，再将清洗后的尼龙盖帽重新装上并拧紧。

4. 检查和清洗吹丝管

慢走丝线切割机床加工过程中，应用气泵吹气送丝，以免电极丝粘附的铜屑末积聚在吹气管出口处（一旦铜屑末过多，会影响穿丝的成功率）。必要时将导管头取下，用气泵吹净管内的铜屑末。检查、清洗吹丝管（图 3—1—20）的操作步骤如下：

（1）拧下固定板上的四个螺钉 1。

（2）向左移动固定板 2，使导管头 4 离开收丝轮。

（3）握紧有机玻璃管 3，慢慢旋转拔出导管头 4。

（4）清除有机玻璃管内的铜屑。

（5）按相反顺序重新安装。

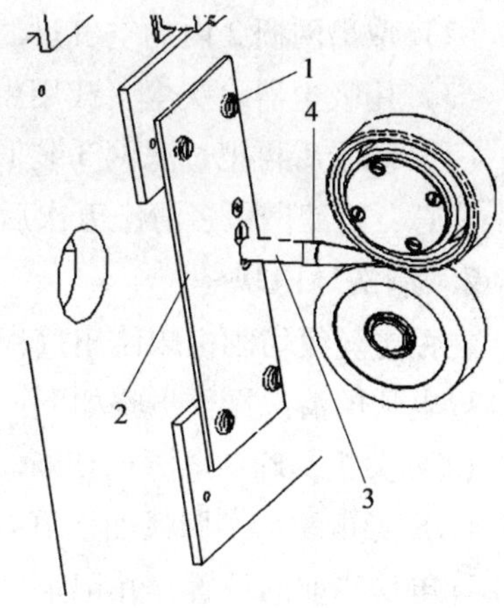

图 3—1—20 吹丝管

1—螺钉 2—固定板

3—有机玻璃管 4—导管头

5. 清理废丝桶

在慢走丝线切割机床使用过程中，应注意检查废丝桶，当废丝堆积到桶深的 2/3 时需要及时清理。操作者接触电极丝前必须关闭机床电源，然后将废丝桶倒空。废丝桶如图 3—1—21 所示。

图 3—1—21 废丝桶

6. 清洗控制柜过滤网

为了防止污物被循环泵吸附，每周至少清洗一次过滤网罩。过滤网罩如图 3—1—22 所示。清洗过滤网罩的操作步骤如下：

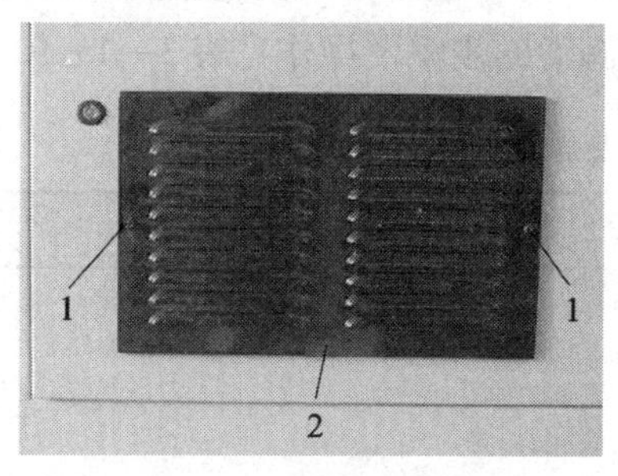

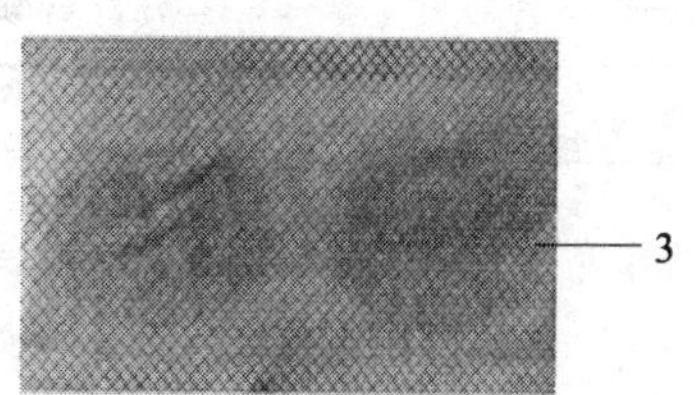

图 3—1—22 控制柜过滤网

1—M6 滚花螺钉 2—网栅 3—空气过滤网

（1）拧下进风板的两个 M6 滚花螺钉 1。

（2）取出网栅 2 内的空气过滤网 3。

（3）用吸尘器除灰尘，或用中性清洗剂在水温不超过 40℃的情况下清洗。

（4）晒干后再把过滤网 3 装回。

注意：过滤网最多清洗五次后必须更换。

7. 清洗导电块

在慢走丝线切割机床使用过程中，每切割超过 20 h 就应对导电块进行清洗维护操作。导电块的清洗操作步骤如下：

（1）关机，确认电源已切断。

（2）导电块一个圆弧面上可有九个接触位置，如图 3—1—23 所示。可利用深度尺测出导电块当前的位置，并记录。因为一个导电块至少可以转动四次，所以至少有 36 个接触位置可供利用。

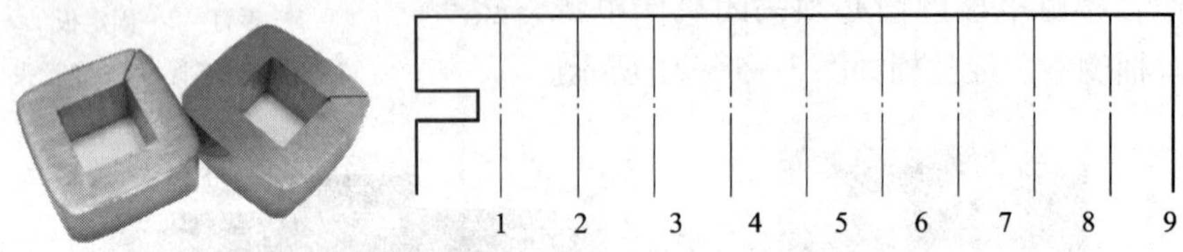

图 3—1—23 导电块的接触位置

（3）用内六角扳手松开固定导电块的三个 M4 紧定螺钉。

（4）取出导电块，用软刷子清洗导电块上的接触区。

（5）检查导电块的磨损程度。如果凹槽深度超过电极丝的半径，则导电块应换一个接触位置。可以利用深度尺来旋转导电块或移动一个新的接触位置，使其得到充分利用。

（6）安装位置确定后，至少拧紧两颗紧定螺钉，以确保导电块与导电盒接触良好。

8. 润滑丝杠、导轨

慢走丝线切割机床有 *X*、*Y*、*U*、*V*、*Z* 五轴，每年应进行一次五轴丝杠和导轨的润滑。丝杠、导轨的润滑应按五个轴分别进行，润滑的步骤及操作见表 3—1—9。

表 3—1—9 丝杠、导轨润滑的步骤及操作

步骤	操作	图示
润滑 *X* 轴	将床身外罩正左下方贴有润滑标志的长盖拆下，移动 *X* 轴将窗口对准油嘴架，用注油枪向嘴内注射锂基润滑脂 P/N374009705	

续表

步骤	操作	图示
润滑 Y 轴	拆开液槽下方的前柔性风琴式导轨防护罩（俗称皮老虎），找到左右两个滑块上的油嘴（图中 1 为左侧滑块油嘴），用注油枪注射润滑脂 拆开后导轨防护罩，找到左右滑块和丝杠螺母上的油嘴，注润滑脂	 1 1—左侧滑块油嘴
润滑 U 轴	拆下机床背后带玻璃窗的下盖板，找到 U 轴的四个滑块和丝杠螺母油嘴（共五处），注润滑脂	 1 2、3 4、5 1—U 轴丝杠螺母油嘴 2、3、4、5—U 轴滑块油嘴
润滑 V 轴	拆下液槽上方 V 轴罩下方的防水板，找到 V 轴前半部两个滑块和丝杠螺母上的油嘴，注润滑脂	 1 2 3 1、3—V 轴前半部滑块油嘴 2—V 轴丝杠螺母上的油嘴
	拆下机床背后上盖板，找到 V 轴后半部两滑块上的油嘴，注润滑脂	 1 2 1、2—V 轴后半部滑块油嘴

续表

步骤	操作	图示
Z 轴的润滑	拆下机床背后带玻璃窗的下盖板，找到 *Z* 轴四个滑块和丝杠螺母油嘴（共五处），注润滑脂	1　2、3、4、5 1—*Z* 轴丝杠螺母油嘴 2、3、4、5—*Z* 轴滑块油嘴

五、评分标准

慢走丝线切割机床基本操作与维护保养评分标准见表 3—1—10。

表 3—1—10　慢走丝线切割机床基本操作与维护保养评分标准

考核项目	考核内容及要求	配分	评分标准	检测结果	得分
坐标移动	利用控制系统控制 *X* 轴移动	4	按规定距离移动，每超差 0.001 mm 扣 2 分		
	利用手控盒控制 X 轴移动	4	按规定距离移动，每超差 0.001 mm扣 2 分		
	利用控制系统控制 *Y* 轴移动	4	按规定距离移动，每超差 0.001 mm扣 2 分		
	利用手控盒控制 *Y* 轴移动	4	按规定距离移动，每超差 0.001 mm扣 2 分		
	利用控制系统控制 *Z* 轴移动	4	按规定距离移动，每超差 0.001 mm扣 2 分		
	利用手控盒控制 *Z* 轴移动	4	按规定距离移动，每超差 0.001 mm 扣 2 分		
	开机	5	未按规范要求操作不得分		
	关机	5	未按规范要求操作不得分		
维护保养	润滑	5	少润滑一处扣 1 分		
	滤芯的更换	4	未按规范要求操作不得分		

续表

考核项目	考核内容及要求	配分	评分标准	检测结果	得分
维护保养	清洗上下导丝嘴、导向器及红宝石棒	5	未按规范要求操作不得分		
	清洗吹丝管	4	未按规范要求操作不得分		
	清洗驱动轮和导轮	4	未按规范要求操作不得分		
	离子交换树脂的更换	4	未按规范要求操作不得分		
	清洗导电块并安装	5	未按规范要求操作不得分		
	清洗过滤网	4	未按规范要求操作不得分		
	换切削液	5	未按规范要求操作不得分		
	换滤芯	5	未按规范要求操作不得分		
安全文明生产	正确执行安全技术操作规程	6	每违反一项规定扣2分		
	正确穿戴劳动保护用品	5	工作服（帽）等穿戴不整齐不得分		
工时定额	180 min	10	每超 10 min 扣 5 分，超 30 min考核不及格		
总分		100			

课题二　恒锥度模具零件加工

一、“放电加工”窗口简介

“放电加工”窗口包含“控制”“状态”“参数”“跟踪”页，可以选择所需加工的 NC 文件和 TEC 文件，设置加工选项、加工参数，显示加工状态和加工轨迹。单击“放电加工任务”键进入该窗口。

1. “控制”页

(1)“NC 文件”选项

“NC 文件”选项可以选择所需 NC 文件。首先点选“NC 文件”选项，然后在文件选择框中点击所需的 NC 文件。选中的文件路径和文件名显示在“NC 文件”选项后的栏目中。

（2）“TEC 文件”选项

“TEC 文件”选项可以选择所需 TEC 文件。首先点选“TEC 文件”选项，然后在文件选择框中点击所需的 TEC 文件。选中的文件路径和文件名显示在“TEC 文件”选项后的栏目中，如图 3—2—1 所示。

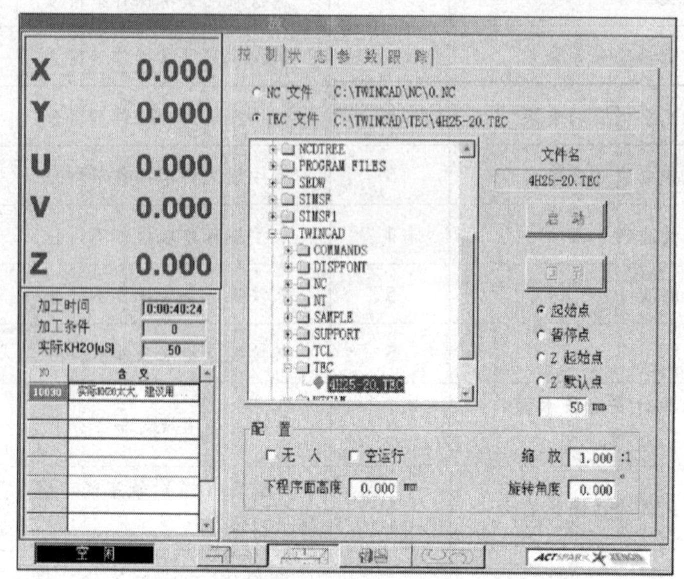

图 3—2—1 控制页

（3）“配置”栏

“配置”栏及其功能见表 3—2—1。

表 3—2—1 “配置”栏及其功能

选项	功能说明
无人	加工完成后系统自动关机
空运行	用于检测几何轨迹
下程序面高度	用于设置下程序面距工作台面的高度
缩放	在 NC 程序不变的情况下，可通过此项对工件进行缩放加工
旋转角度	在 NC 程序不变的情况下，可通过此项对工件进行旋转角度的加工

（4）“启动”按钮

用于启动和人为结束加工。按下为启动，再按为结束加工。

（5）“回到”按钮

选项（起始点、暂停点、Z 起始点、Z 默认点）用于确定回到的位置，可以分别

回到 X、Y、U、V 轴的加工起始点、暂停点（如断丝点）以及 Z 轴的加工起始点和加工默认点。

2. “状态”页

“状态”页如图 3—2—2 所示。它显示当前加工状态中的间歇状态 TD（绿色曲线）、加工速度信息 VADV（红色曲线）、平均电流 IFS（粉红色曲线）、平均电压 UFS（黄色曲线）等相关信息。

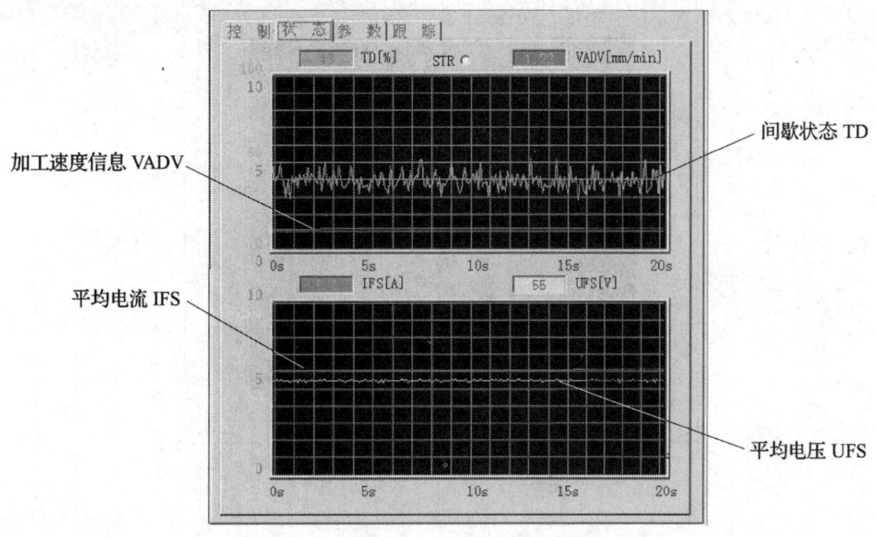

图 3—2—2 “状态”页

3. “参数”页

参数页如图 3—2—3 所示，用于编辑和显示加工条件，可以直接输入或利用上下箭头键来更改条件号或修改所需参数项的值。为了方便编辑，该页还提供了拷贝加工条件的功能。

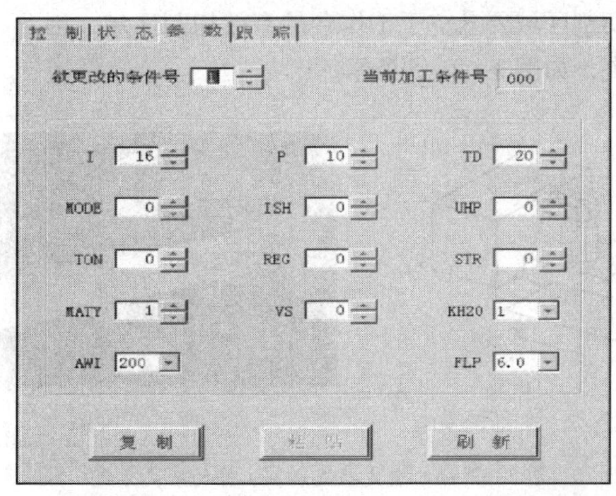

图 3—2—3 “参数”页

4. “跟踪”页

“跟踪”页如图 3—2—4 所示，用于实时跟踪当前加工轨迹。可用鼠标左键对图像进行平移、局部放大、整体缩放以及三维立体观察的操作，页面显示 X－Y（绿色）和 U－V（红色）平面轨迹 PRG（蓝色）编程轨迹，还显示当前加工次数的加工轨迹：1（黄色）、2（淡蓝色）、3（紫色）、4（橙色），如图 3—2—4 所示。

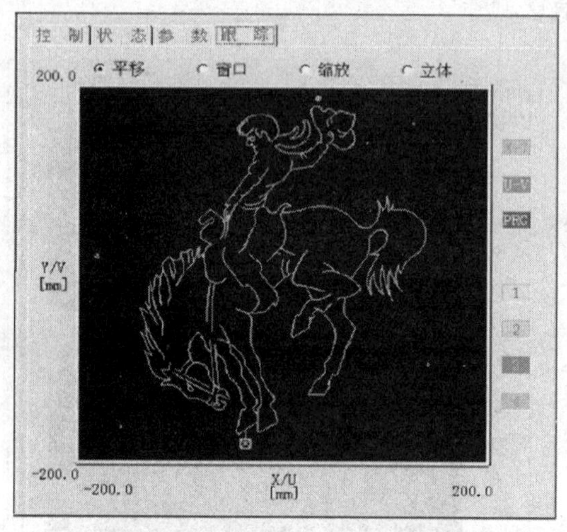

图 3—2—4 “跟踪”页

二、工件的装夹和校正

1. 工件装夹方式

虽然慢走丝线切割加工的作用力小，不像金属切削机床要承受很大的切削力，但因其切割时要冲高压水，所以工件装夹要稳定、牢固。由于要进行高压冲水，因此对切缝周围的材料余量有要求，要有足够的材料余量以便装夹。由于线切割属于贯通加工，工件装夹后被切割区域要悬空于工作台的有效切割区域，因此一般采用悬臂支承或桥式支承方式装夹，如图 3—2—5 所示。

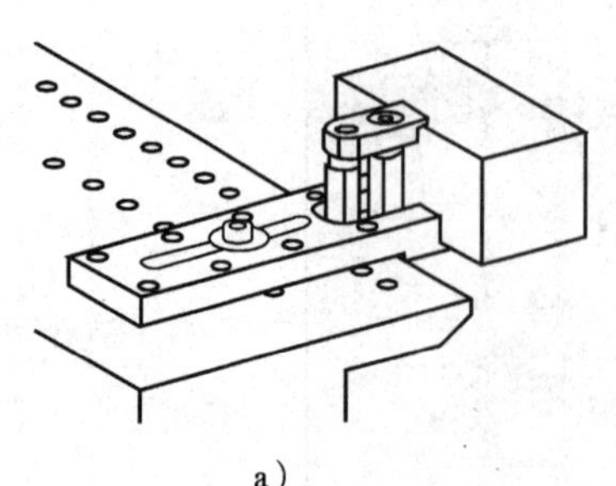

a）

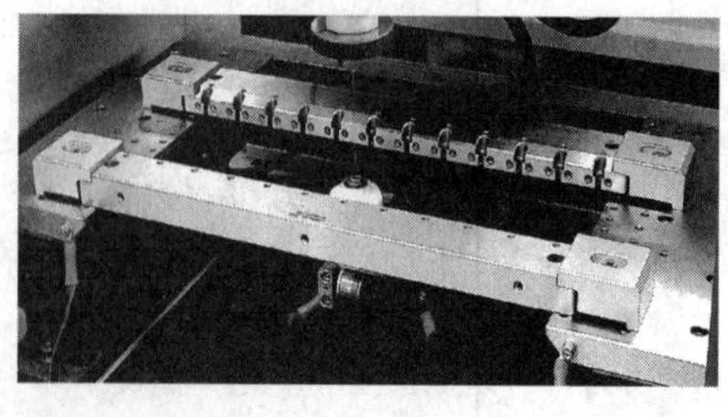

b）

图 3—2—5 慢走丝线切割工件的装夹方式

a）悬臂支撑方式 b）桥式支撑方式

2. 工件的校正

工件定位面要有较高的精度，一般以磨削加工过的面定位为好，棱边倒钝，孔口倒角。切入点要导电，尤其热处理件切入处要去积盐及氧化皮。热处理件要充分回火去应力，平磨件要充分退磁。工件装夹的位置应利于找正，应与机床的行程相适应；夹紧螺钉高度要合适，避免在加工过程中发生干涉。对工件的夹紧力要均匀，不得使工件变形和翘起。批量生产时，最好采用专用夹具，以利提高生产效率。加工精度要求较高时，工件装夹后，必须用百分表或千分表进行平行度和垂直度的校正。工件校正的方法见表3—2—2。

表3—2—2　　工件的校正方法

校正方法	图示
将千分表（或百分表）的磁性表座固定在机床主轴侧或床身某一适当位置，保证固定可靠将表架摆放到能方便校正工件的位置	
用手控盒移动相应的轴，使千分表测头与工件基准面相接触，直到千分表指针发生偏转即可	
纵向或横向移动机床主轴，观察千分表的读数变化，即反映出工件基准面与机床 X、Y 轴的平行度 使用铜棒敲击工件来调整平行度	
工件被调整到正确的位置，满足精度要求为止	

技能训练

如图3—2—6所示，在板料上切一个底圆直径为 ϕ（20±0.02）mm的圆锥孔，孔壁横锥度角为5°±4′，孔的中心距尺寸分别为（20±0.02）mm、（30±0.02）mm。板料的材料为Cr12。

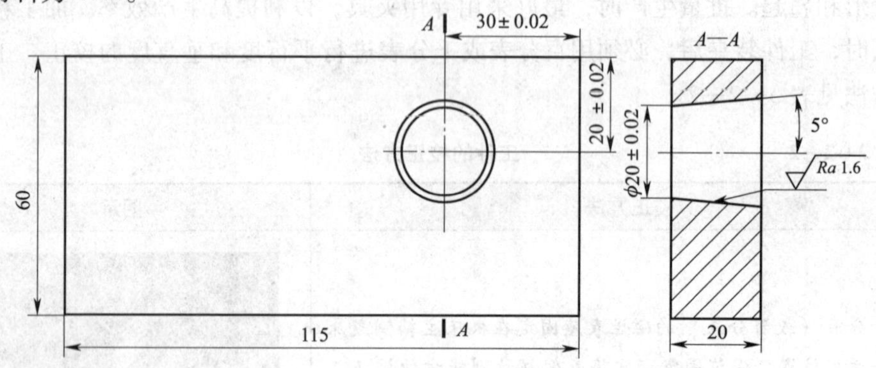

图3—2—6　加工横锥度孔零件图

一、准备工作

1. 储丝筒就位

加工前须将储丝筒就位，并扣上有机玻璃防护盖，此时已压入安全开关。

2. 开机

（1）在加电以前，检查急停开关是否处在断开状态。

（2）将控制柜主开关旋转到ON位置。

（3）按下启动（绿色）开关，控制柜开始通电，等几十秒钟，显示器出现正常画面后，启动结束。

3. 检查水箱

进行该项检查时，工作液槽必须是无液状态，清水箱内介质液必须充满并为溢出状态，污水箱的液面必须在箱口以下100～200 mm。正常工作时注意水位线保持在规定的位置，适时补水以保证运行正常。

4. 回机械原点

若上次掉电记忆失败，开机后必须执行回机床原点的动作，使机床校正一致。建议每次开机后执行回机床原点动作。

5. 换电极丝

根据工艺数据选择电极丝材料和直径。如果线切割机床上已经穿有电极丝，可以在电极丝卷处将其剪断，按运丝按钮使电极丝从下导丝嘴抽出来，沿着下导轮进入废丝筒；从电极丝卷轴上松开电极丝卷套，并移走电极丝卷筒；把需要的电极丝卷筒固定到电极丝卷轴上，用手拧紧电极丝卷套。

6. 更换上、下导丝嘴

根据所选用电极丝直径的大小，选择相应的导丝嘴，并确定机床处于手动或断电状态。图 3—2—7 所示为慢走丝线切割加工机床更换导丝嘴专用工具。用工具 A 将导丝嘴座上的尼龙盖帽松开，用工具 B 将导丝嘴座上的金刚石导丝嘴卸开，用工具 C 将预导向器从金刚石导丝嘴上卸下来。组装新的金刚石导丝嘴预导向器，并将其拧紧；将导丝嘴安装在导丝嘴座上，用导丝嘴专用工具将其拧紧；装好喷嘴并装好上下尼龙盖帽。

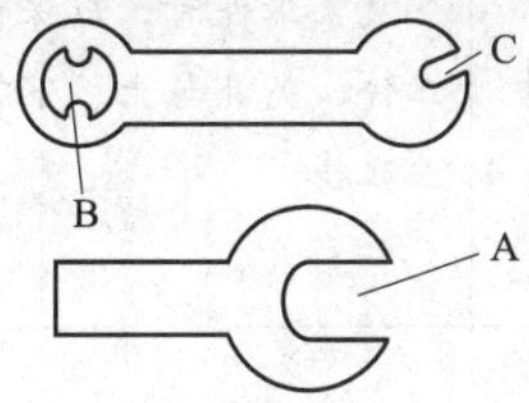

图 3—2—7 慢走丝线切割加工机床更换导丝嘴工具

7. 穿丝

电极丝在走丝机构中的路径如图 3—2—8 所示。

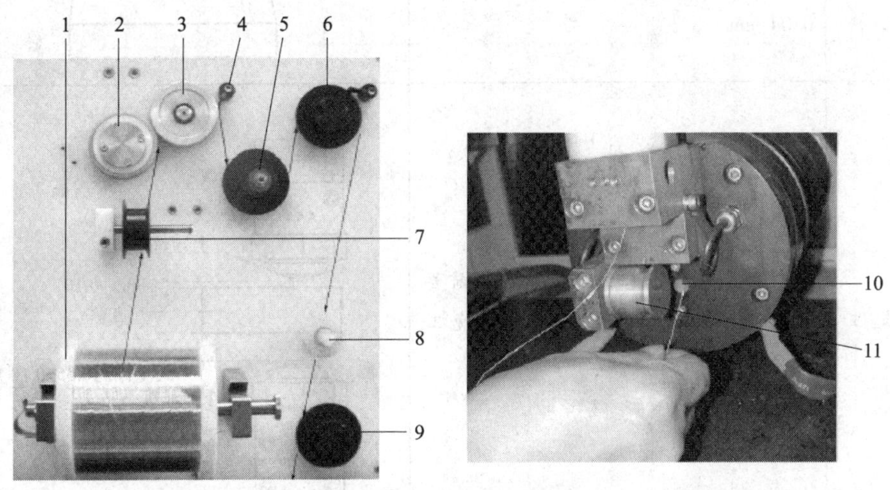

图 3—2—8 走丝机构及穿丝路径

1—丝卷筒 2—压丝轮 3—驱动轮 4—清理刷 5—平衡轮 6—上导轮 7—过渡轮 8—锁丝部件 9—下导轮 10—收丝口 11—V 形槽

（1）将电极丝从丝卷筒 1 抽出，穿过过渡轮 7 的后半部；从压丝轮 2 下方盘入，经过驱动轮 3 的上半圈；绕过平衡轮 5 的下半圈、上导轮 6 的下半圈；经过锁丝部件 8 左半边，将电极丝锁住。

（2）将电极丝经过下导轮 9 的左半边；拉开挡水罩的前半部，将电极丝穿入上、下导丝嘴。

（3）按手控盒上的穿丝钮，将丝吸入至收丝轮，然后掉入废丝桶。

（4）随着电极丝渐渐地吸入，将电极丝放入导轮的 V 形槽 11 中。

（5）最后检查各轮运转是否正常。

8. 装夹、找正工件

装夹、找正工件的操作步骤见表 3—2—3。

表 3—2—3　　装夹、找正工件的操作步骤

步骤	操作	图示
装夹工件	夹紧工件时，应保证在加工过程中工件、夹具与上、下导丝嘴之间不发生碰撞	穿丝孔 Y X 工件 桥式夹具
找正工件	用磁性表座及百分表（或千分表）检查工件安装在工作台中的位置时，X、Y 两个方向的误差值均不超过 0.04 mm	
Z 轴定位	将 Z 轴定位至工件高度。加工前要调整好 Z 轴的工作高度，注意避免工件与上、下导丝嘴碰撞	上导丝嘴 0.05~0.10 工件 3.0 （上浮时0.05~0.10） 下导丝嘴

9. 检查电极丝

为防止损坏电源或加工工具，在加工之前必须做好电极丝导电盒的连接（图3—2—9）。

（1）上导丝部中，四根蓝色负极电缆与上导电盒连接，四根红色正极电缆连接角板及左、右台架。

（2）下导丝部中，两根蓝色负极电缆与下导电盒连接，四根红色正极电缆连接连接板及左、右台架。

检查时应小心，电源通电时导丝嘴和从卷丝筒到废丝箱的整个走丝系统中都有高压。

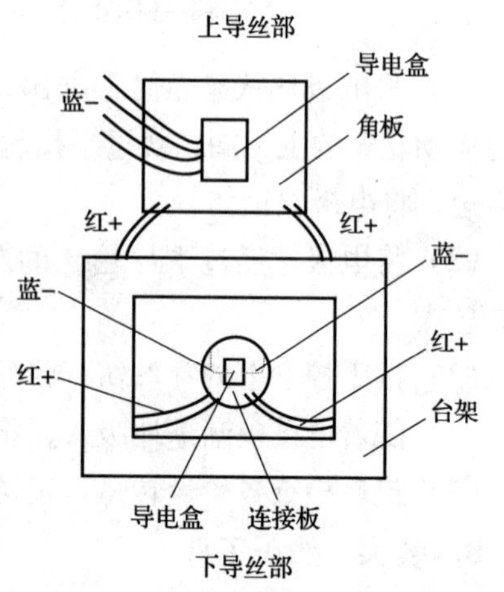

图 3—2—9　电极丝导电盒的连接

二、编写程序

1. CAD 绘图

（1）进入 TwinCAD 的绘图界面，如图 3—2—10 所示。

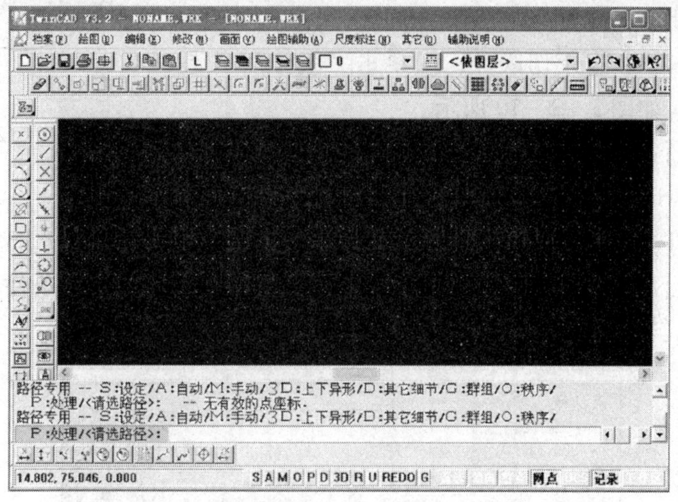

图 3—2—10 TwinCAD 绘图界面

（2）按照图 3—2—6 所示尺寸在 TwinCAD 界面中绘制 ϕ20 mm 底圆。

2. 程序转化

（1）在 TwinCAD 软件界面中单击 TCAM 按钮 ，或在命令行中输入“WTV-CAM”按回车键。

（2）在 TwinCAD 绘图界面下方，单击“S”按钮，弹出“刀具路径前处理参数设定”窗口，如图 3—2—11 所示。在“路径自动产生之基本条件”栏下，“路径型态”选择“模孔”选项，以此加工内轮廓型腔零件，然后按“确定”按钮。

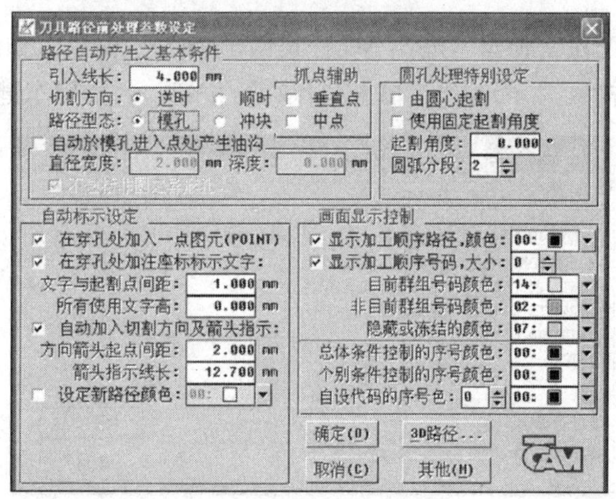

图 3—2—11 参数设定

（3）路径设置

1）单击 TwinCAD 绘图界面下方的“M”按钮，手动设置路径（根据零件形状和有利于减小变形的位置确定）。

2）在命令行中输入起割点位置（－10，0），如图 3—2—12 所示。

3）在命令行中输入切入点，即单击“垂点”按钮，并指定切入边，如图 3—2—10 所示。

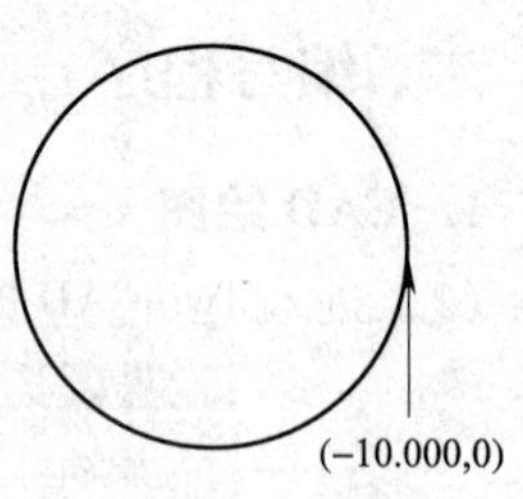

图 3—2—12　路径设置

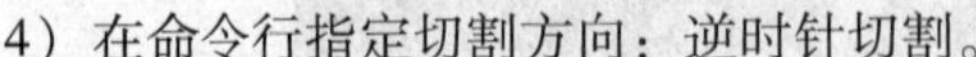

4）在命令行指定切割方向：逆时针切割。

5）单击 TwinCAD 绘图界面下方的“P”按钮，结束此步骤。

（4）单击 TwinCAD 绘图界面下方的“S”按钮，进入“WTCAM V3.0 总体条件设定”窗口，进行后处理设定，如图 3—2—13 所示。在“基本加工条件”栏下，设置“全斜起始切入斜度”为 5°，完成横锥度孔加工编程的设置。

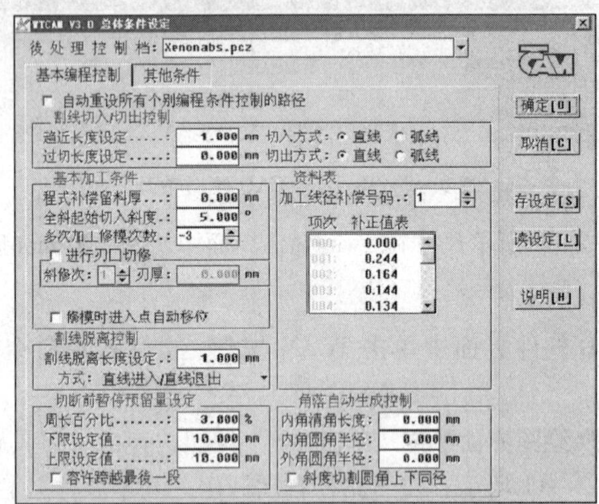

图 3—2—13　后处理设定窗口

（5）按回车键两次，弹出“输出 NC 程式输出档名”窗口，如图 3—2—14 所示。在“文件名”栏中输入“＊. NC”，单击“保存”按钮，并按回车键。

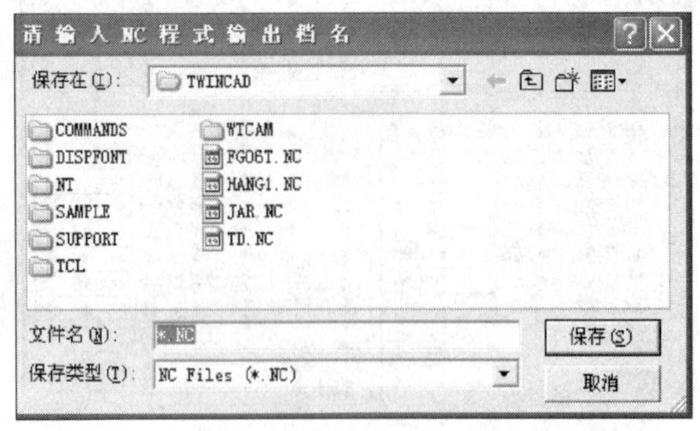

图 3—2—14　“输入 NC 程式输出档名”窗口

三、加工操作

1. 工件加工

（1）在“文件管理”窗口中编制工艺文件，如图 3—2—15 所示。

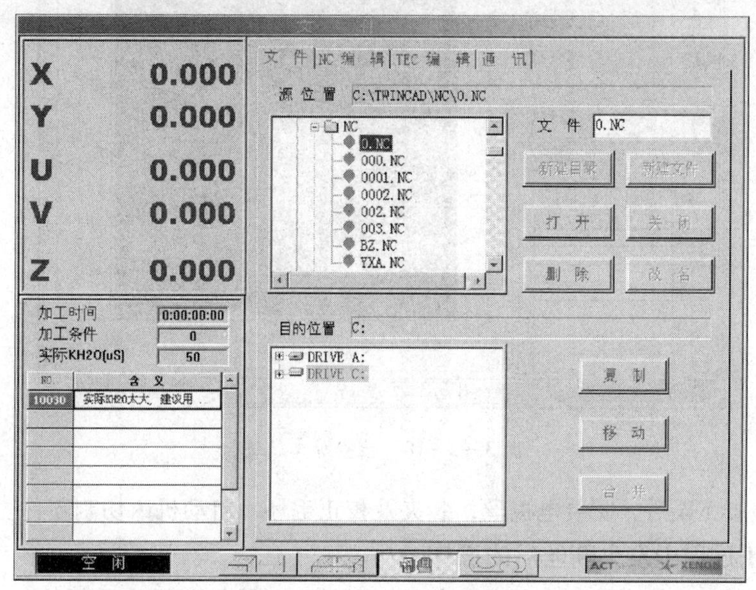

图 3—2—15 编制工艺文件

（2）用“手动准备”窗口和手控盒，完成加工起点的定位，如图 3—2—16 所示。

（3）在慢走丝线切割机床上，准备好走丝系统，并设置好 Z 轴的适当高度，装上挡水帘。

（4）进入“放电加工”界面，选取所需的文件，按手控盒的启动键（图 3—2—17），启动工件加工。

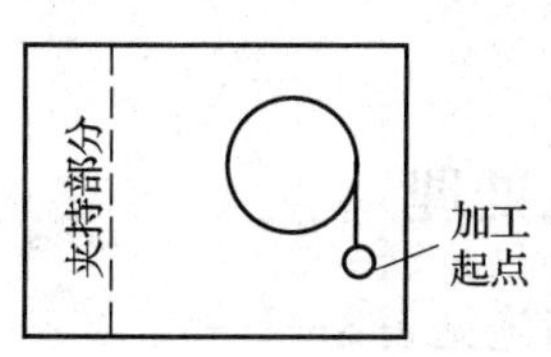

图 3—2—16 定位加工起点

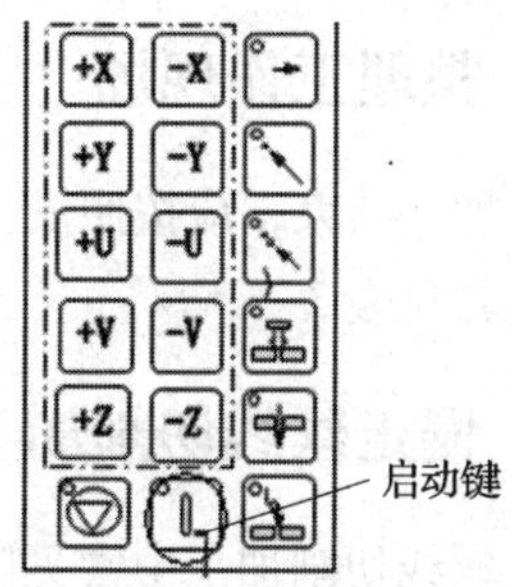

图 3—2—17 手控盒的启动键

（5）在“放电加工”窗口进行加工轨迹的检查，如图 3—2—18 所示。如果加工轨迹错误，则必须更改 NC 程序，否则无法获得符合零件图技术要求的圆锥孔。

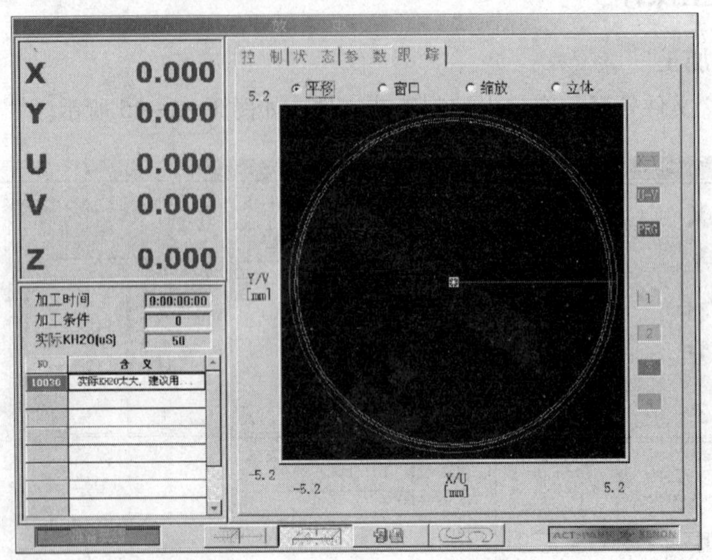

图 3—2—18　检查加工轨迹

（6）检查无误后，安装电极丝，装夹及校正毛坯，启动机床切割零件。

2. 加工过程中发生断丝后的操作

（1）圆锥孔的加工过程中若发生断丝，则慢走丝线切割机床会暂停。此时，可原地穿丝。

如果原地无法穿丝，则应以回到“Z 起始点”的方法抬高上喷嘴，把下喷嘴移出，以便穿丝。

（2）把电极丝从要经过的路径上引出并从下导丝嘴穿入。此时单击“暂停点”前的选取窗，再单击“回到”则工作台自动移回断丝点。穿丝完毕，再回到“Z 起始点”，使上导丝嘴落下。

（3）按手控盒上的“启动”键继续加工。

四、整理工作现场

工件加工结束，应按照安全文明生产要求，对工作现场进行整理。整理工作现场的操作步骤见表 3—2—4。

五、慢走丝线切割加工中常见问题分析及处理

慢走丝线切割加工中常见问题、产生原因及处理措施见表 3—2—5。

六、评分标准

慢走丝线切割机床加工恒锥度孔评分标准见表 3—2—6。

表 3—2—4 整理工作现场的操作步骤

步骤	操作	图示
清洗工作区	打开机床工作罩，清洗工作区域。其中，工作液槽只能用电解质液清洗，不能用洗涤剂	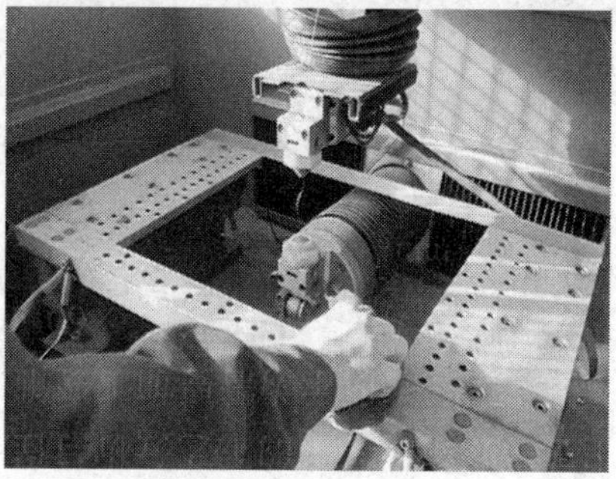
清洗夹具	用擦布擦干或用压缩空气吹干，用多用途喷雾器喷油防止腐蚀	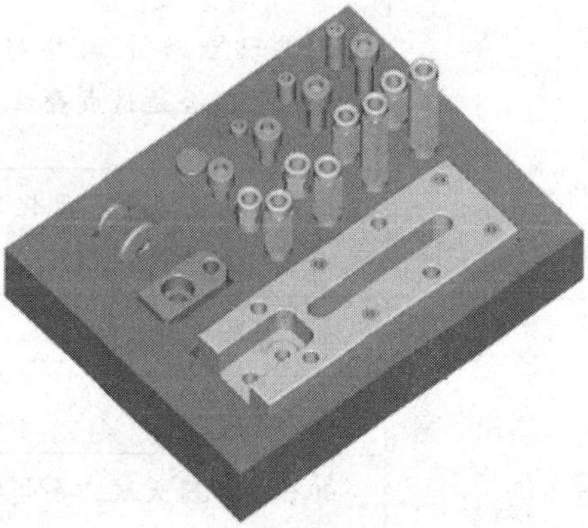
清扫废丝桶	每次加工完毕都要先检查废丝桶内的废丝容量。当废丝箱装满 2/3 深度或者要执行一个长的加工任务时，废丝桶必须要提前倒空	

表 3—2—5　　慢走丝线切割加工中常见问题、产生原因及处理措施

常见问题	产生原因	处理措施
断丝	进给不稳，开始切入速度太快或电流过大	刚开始切入时速度应稍慢些，而后视工件材料厚薄逐渐调整速度至合适
	切割时，工作液没有正常喷出	排除工作液没有正常喷出的故障
	电极丝在储丝筒上绕丝松紧不一致，造成局部抖丝厉害	尽量绷紧电极丝，使之消除抖动现象（必要时可调整导轮位置，使电极丝完全落入导轮中间槽内）
	导轮及轴承已磨损或导轮轴向及径向跳动大，造成抖丝厉害	如果绷紧电极丝、调整导轮位置效果不明显，则应更换导轮或轴承（导轮和轴承一般 3 ~ 6 个月更换一次）
	线架挡丝棒未调整好，挡丝位置不合适造成叠丝	检查电极丝在挡丝棒位置是否接触或靠向里侧
	工件表面有毛刺、氧化皮或锐边	去除工件表面的毛刺、氧化皮和锐边等
加工速度慢、短线	加工条件使用不当	修改加工参数，减弱加工条件后再加工
	喷水状态不佳	检查高压喷水是否打开
	开合导丝器太脏，导电块线槽太深	清洗导丝器，导电块移位
	下导线轮没有转动	加工前检查下导线轮转动是否正常，如果太脏需要清洗
	喷嘴间隙调整不当	喷水嘴如果贴得太近也会引起短线，应调整到恰当的位置（正常是 0.1 ~ 0.2 mm）
	加工速度慢	检查导电线是否断路，导丝器、导电块是否存在质量问题、离子度是否正常
凸、凹模呈现中间小两头大	第二刀速度太慢（凸模）	减小加工条件中的伺服基准电压值（减小 5 ~ 10 V）
	第二刀速度太快（凹模）	增大加工条件中的伺服基准电压值（减小 5 ~ 10 V）

续表

常见问题	产生原因	处理措施	
凸、凹模呈现中间大两头小	第二刀速度太快（凸模）	增大加工条件中的伺服基准电压值，增大 5 ~ 10 V	在修改伺服基准电压值的同时，也可以增大张力控制值（增大 10，如 160 改成 170）
	第二刀速度太快（凹模）	减小加工条件中的伺服基准电压值，减小 5 ~ 10 V	
工件的加工精度较差	线架导轮径向跳动或轴向窜动较大	测量导轮跳动及窜动误差（允差轴向0.005 mm，径向 0.002 mm），如不符合要求，需调整或更换导轮及轴承	
	滑动丝杠螺母副间隙较大	调整并消除丝杠与螺母之间的间隙	
	齿轮啮合存在间隙	调整步进电动机位置和调整弹簧消隙齿轮错齿量，来消除齿轮啮合间隙	
	步进电动机静态力距太小，造成失步	检查步进电动机及 24 V 驱动电压是否正常	
	工件因热处理不当造成的变形误差	采用正确的热处理方法	

表 3—2—6　　慢走丝线切割机床加工恒锥度孔评分标准

考核项目	考核内容及要求	配分	评分标准	检测结果	得分
加工精度	5° ±4′	10	每超差 1′扣 5 分		
	表面粗糙度 *Ra*1. 6 μm	10	超差不得分		
	φ(20 ±0. 02) mm	10	每超差 0. 01 mm 扣 5 分		
	(20 ±0. 02) mm	10	每超差 0. 01 mm 扣 5 分		
	(30 ±0. 02) mm	10	每超差 0. 01 mm 扣 5 分		

续表

考核项目	考核内容及要求	配分	评分标准	检测结果	得分
维护	润滑	5	少润滑一处扣2.5分		
	清洗上下导丝嘴、导向器及红宝石棒	5	未按规范要求操作不得分		
	清洗吹丝管	5	未按规范要求操作不得分		
	清洗驱动轮和导轮	5	未按规范要求操作不得分		
	机床附件的维护	5	未按规范要求操作不得分		
	工量具的维护	5	未按规范要求操作不得分		
安全文明生产	正确执行安全技术操作规程	5	每违反一项规定扣2分		
	正确穿戴劳动保护用品	5	工作服（帽）等穿戴不整齐不得分		
工时定额	80 min	10	每超10 min扣5分，超30 min考核不及格		
总分		100			

课题三　变锥度模具零件加工

模块三课题二已经详细地介绍了在慢走丝线切割机床上加工零件的步骤。在本课题中主要介绍本实例的工艺分析与程序编制过程，具体机床操作不再赘述。

图3—3—1所示为需要加工变锥度孔的零件图，变锥度孔的上口尺寸为基准。毛坯：外形尺寸为60 mm（长）×60 mm（宽）×20 mm（高），材料为Cr12。电极丝：铜丝 ϕ0.25 mm。

一、工艺分析

1. 尺寸平面

带锥度的零件切割时，不同高度处截面上的尺寸大小是不一样的，但总有一个高度截面上的尺寸要符合零件图样要求，这就是尺寸平面，也叫程序面，编程时就是以此面上的尺寸为准来绘图。带锥度的零件切割时，为了能保证编程面尺寸，要给计算机一个高度参数，即程序面距工件底面的高度 H，如图3—3—2a所示。如果 H 为0，则保证的是工件下表面的尺寸；如果 H 等于工件厚度，则保证的是工件上表面的尺寸。此高度如果设置不准确，切出的直口与锥面交接处会出现高低不平的现象，如图3—3—2b 所示。

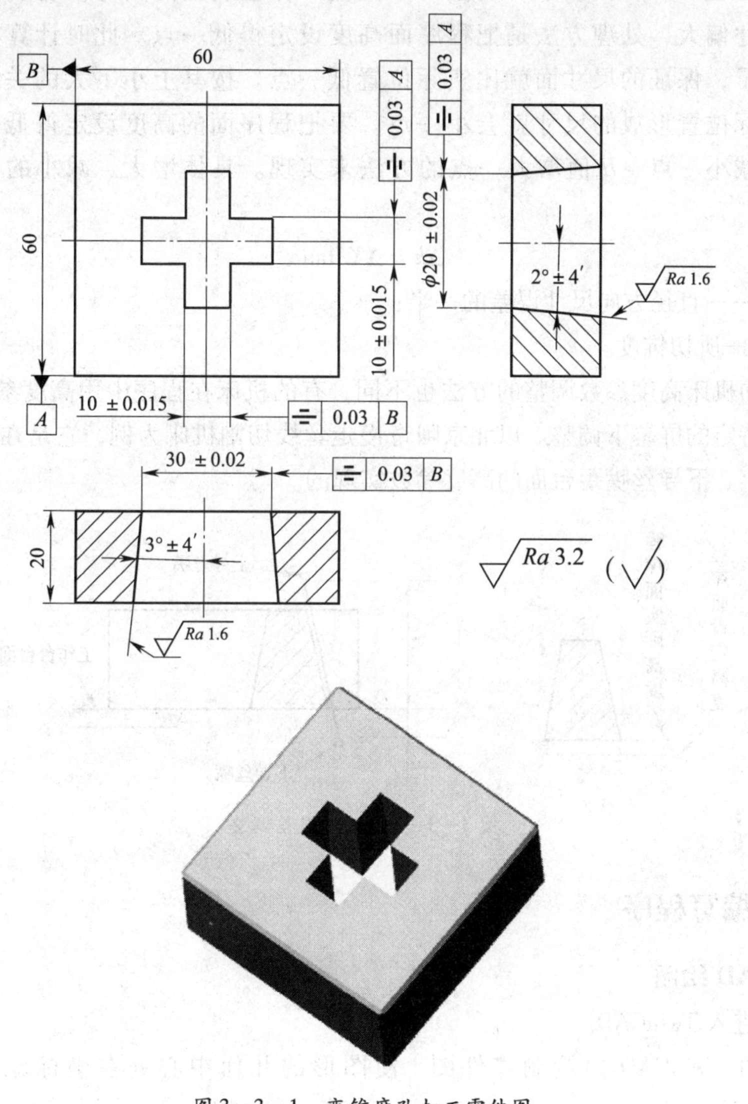

图 3—3—1 变锥度孔加工零件图

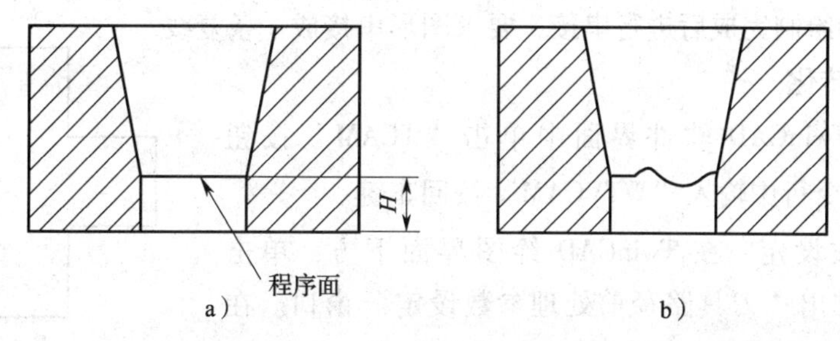

图 3—3—2 带锥度的零件

2. 尺寸误差的调整

如果锥度零件切割完后，程序面上的尺寸偏大或偏小，则要人为调整高度参数 H 值。如图 3—3—3 所示，切割一个凸模，保证底面的尺寸。若实际切割的零件底面尺寸偏大，处理方法是把程序面高度设定得低一点。此时计算机认定的高度就降低了，保证的尺寸面就比实际位置低一点。按其上小下大的关系，在零件底面的实际位置形成的尺寸就会小一点。要把程序面的高度设定得低一点，可通过把 h 值减小一点、H 值增大一点的方法来实现。具体增大、减小的值可按下式计算：

$$\Delta h = \Delta X/\tan\alpha$$

式中　ΔX——直径方向尺寸误差的一半；

　　　α——所切锥度。

不同的机床高度参数调整的方法也不同，有的机床在程序中用高度参数指定，有的机床在特定的屏幕下调整。以北京阿奇慢走丝线切割机床为例，它是在“配置”页通过调整上、下导丝嘴距台面的高度参数实现的。

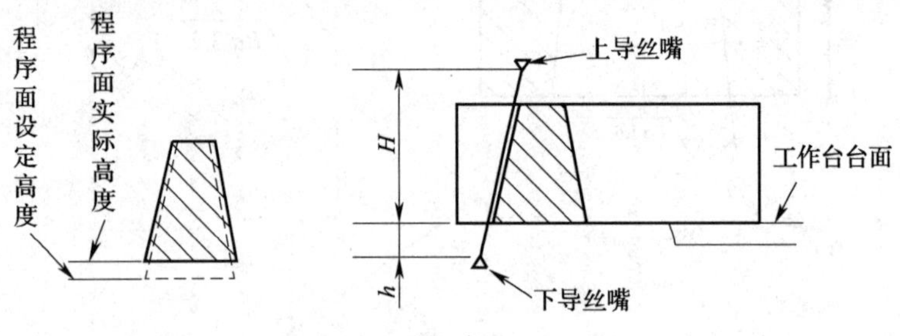

图 3—3—3　尺寸误差调整

二、编写程序

1. CAD 绘图

（1）进入 TwinCAD。

（2）在 TwinCAD 内绘制零件图，使图形的几何中心处在坐标原点处，如图 3—3—4 所示。

（3）图形绘制完成后进行串接，要求图形串接成一条复线。

2. 程序转化

（1）在 TwinCAD 软件界面中单击“TCAM”按钮，或在命令行中输入“WTVCAM”按回车键。

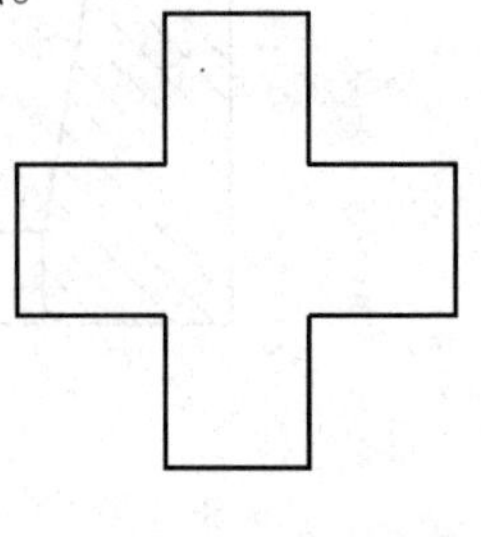

图 3—3—4　图形绘制

（2）参数设定。在 TwinCAD 绘图界面下方，单击“S”按钮，弹出“刀具路径前处理参数设定”窗口。在“路径自动产生之基本条件”栏下，“路径型态”选择

“冲块”选项。然后单击“其他”按钮，弹出“WTCAM V3 其他选项设定”窗口，如图3—3—5所示。在“斜度指定之角度方向表示控制”栏下，点选“正值角度表示开口向下”选项，两次单击“确定”按钮，进入下一步。

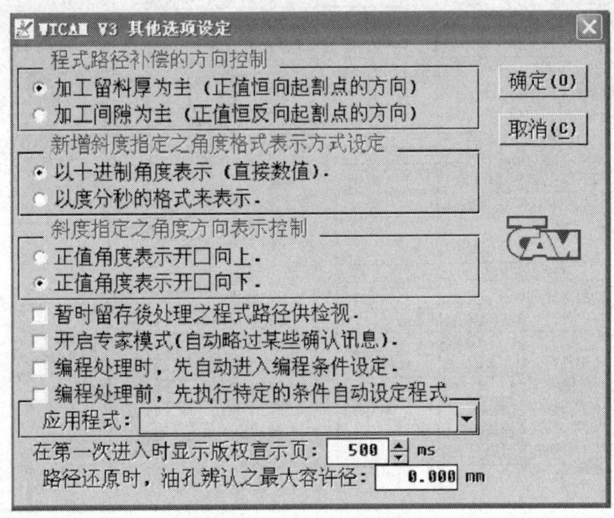

图3—3—5 参数设定

（3）路径设置

1）在TwinCAD绘图界面下方，单击“M”按钮，进行手动路径设置（根据零件形状和有利于减小变形的位置确定）。

2）输入起割点位置（17.0，-5.0）。

3）输入切入点（15.0，-5.0）。

4）指定切割方向：逆时针切割，如图3—3—6所示。

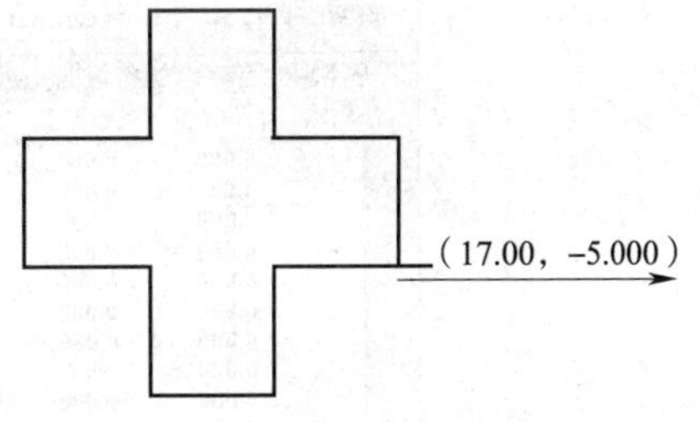

图3—3—6 参数设定

（4）后处理控制设定

1）在TwinCAD绘图界面下方，单击“P”按钮，在命令行内输入“S”，弹出“WTCAM V3.0总体条件设定”窗口，如图3—3—7所示。

2）在各个选项栏内输入相应的设定值。趋近长度设定：1.000；多次加工修模次数：-3（正、反方向切割）；割线脱离长度设定：1.000；切断前暂停预留量设置（范围限定）：0.300（下限），3.000（上限）。

3）单击“确定”按钮，弹出窗口如图3—3—8所示。在窗口“资料表”栏中，输入四次切割补偿值（补偿值应根据工件材料、工件厚度和电极丝直径，从慢走丝线切割相关工艺参数表中查得）。最后，单击“确定“按钮。

（5）按回车键两次，弹出“输入NC程式输出档名”窗口。在窗口中输入文件名，然后单击“保存”按钮，并按回车键。

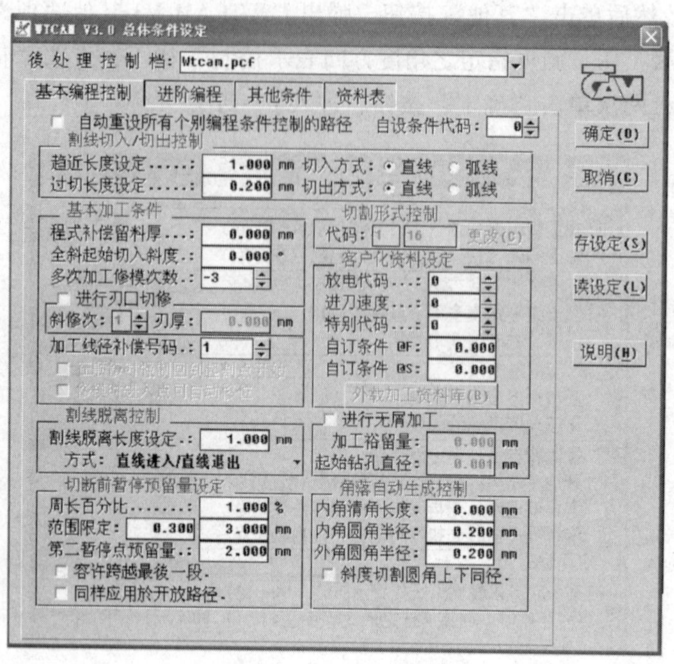

图 3—3—7　后处理控制设定

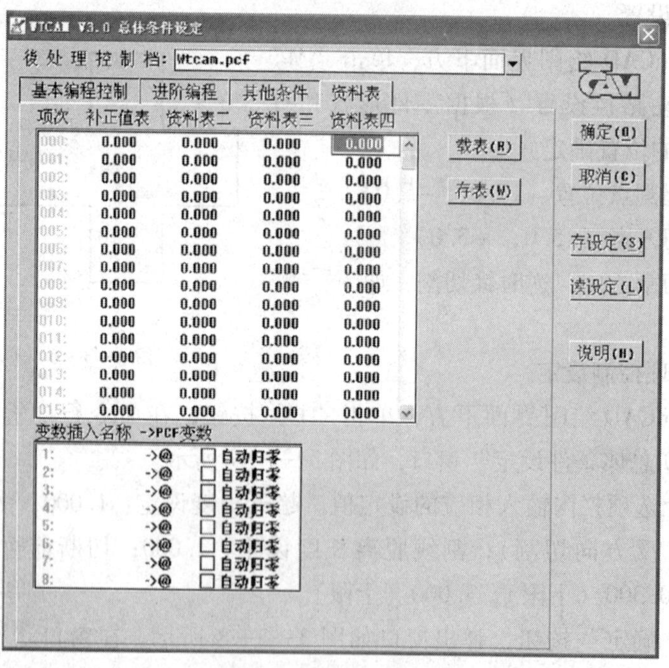

图 3—3—8　资料表

（6）在软件界面下端选“P”按钮，然后在命令行内选“E”按钮进行编辑；确定文件名后按“确定”按钮即显示产生的加工程序，如图 3—3—9 所示。

（7）将程序存入硬盘或可移动磁盘。

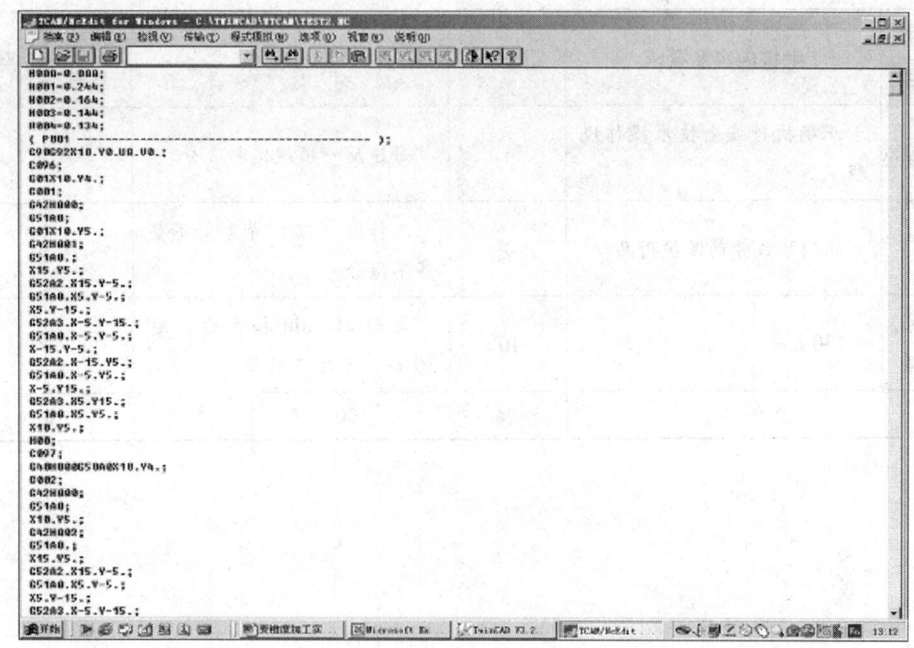

图 3—3—9 加工程序

三、评分标准

慢走丝线切割机床加工变锥度零件评分标准见表 3—3—1。

表 3—3—1 慢走丝线切割机床加工变锥度零件评分标准

考核项目	考核内容及要求	配分	评分标准	检测结果	得分
加工精度	2° ±4′	2×6	每超差 1′扣 0.5 分		
	3° ±4′	2×6	每超差 1′扣 0.5 分		
	表面粗糙度 *Ra*1.6 μm	0.5×12	超差不得分		
	(30 ±0.02) mm	4×2	每超差 0.005 mm 扣 2 分		
	对称度 0.03 mm	2×6	每超差 0.01 mm 扣 1 分		
	(10 ±0.015) mm	4×4	每超差 0.005 mm 扣 2 分		
维护	润滑	4	少润滑一处扣 1 分		
	清洗吹丝管	3	未按规范要求操作不得分		
	清洗驱动轮和导轮	3	未按规范要求操作不得分		
	清洗导电块	3	未按规范要求操作不得分		
	清洗过滤网	3	未按规范要求操作不得分		

续表

考核项目	考核内容及要求	配分	评分标准	检测结果	得分
安全文明生产	正确执行安全技术操作规程	4	每违反一项规定扣2分		
	正确穿戴劳动保护用品	4	工作服（帽）等穿戴不整齐不得分		
工时定额	130 min	10	每超10 min扣5分，超30 min考核不及格		
总分		100			

电火花成型加工

课题一　电火花成型加工基本操作

电火花成型机床是电火花加工机床的主要品种。根据机床结构分为龙门式、滑枕式、悬臂式、框形立柱式和台式电火花成型机床，根据加工精度分为普通、精密和高精度电火花成型机床。

一、电火花成型机床的组成

数控电火花成型机床主要由机床主体、脉冲电源、数控系统和工作液系统四大部分组成，其常见外部结构如图 4—1—1 所示。

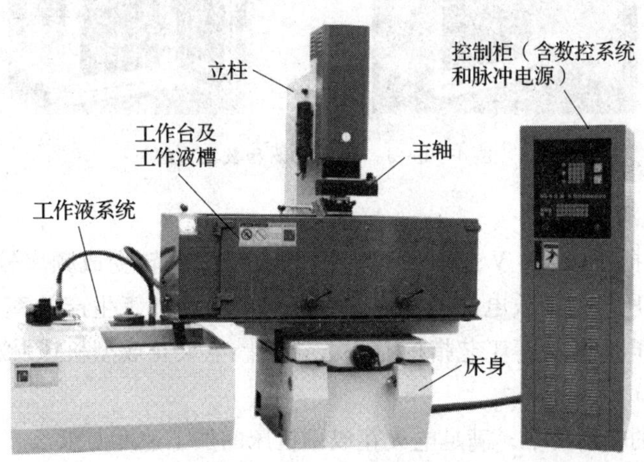

图 4—1—1　数控电火花成型机床

1. 机床主体

机床主体由床身、立柱、主轴、主轴头、工作液槽、工作台等组成。其中主轴头是关键部件，在主轴头上装有电极夹具，用于装夹和调整电极位置。图 4—1—2 所示为常见的电火花成型机床主轴头。主轴头是自动进给调节系统的执行机构，对加工精度有最直接的影响。床身、立柱、工作台起支承定位和便于操作的作用。

图 4—1—2　电火花成型机床主轴头

2. 控制柜

控制柜主要包括脉冲电源和数控系统，如图 4—1—3 所示。

图 4—1—3　脉冲电源和数控系统

（1）脉冲电源

脉冲电源是把普通 220 V 或 380 V、50 Hz 的交流电转变成频率较高的脉冲电源，提供电火花加工所需要的放电能量。它的性能对电火花加工生产效率、工件表面粗糙度和尺寸精度、电极损耗等工艺指标有很大影响。电火花成型机床脉冲电源应满足的要求如下：

1）有足够的输出功率，满足电火花成型机床的加工速度要求。

2）尽可能小的电极损耗。这是保证成型精度的重要条件之一。

3）加工表面粗糙度应满足使用要求。

4）脉冲参数应能简便地进行调整，以适应各种材料、各种加工要求。

5）电源性能稳定、可靠，价格合理，维修方便。

（2）数控系统

数控系统是运动和放电加工的控制部分。在电火花成型加工时，由于火花放电的作用，工件不断被蚀除，电极被损耗，当火花间隙变大时，加工便因此而停止。为了使加工过程连续，电极必须间歇式地及时进给，以保持最佳放电间隙。这一基本任务就是由机床的数控系统控制主轴完成的。

3. 工作液系统

工作液系统是由储液箱、油泵、过滤器及工作液分配器等部分组成。工作液系统可进行冲、抽、喷液及过滤工作。电火花成型机床目前广泛采用的工作液是无味、无色、高燃点的全合成工作液，如美孚 EDM3 维美特效火花机油。

二、电火花成型机床的电极

1. 电极的结构形式

从电极的形状来看，有 2D 电极和 3D 电极两种结构形式，见表 4—1—1。

表 4—1—1　　电极按形状分类

分类	图示	说明
2D 电极		电极成型部分是贯通形状，为简单的二维实体。一般用传统铣、车或电火花线切割加工等方法来完成此类电极的制造
3D 电极		电极成型部分有非贯通部分，为复杂的三维实体。此类电极的制造必须用多轴联动数控机床加工才能完成

2. 电极材料的选择

任何导电材料都可以作为电极，但电极材料对于电火花成型加工的稳定性、加工速度和工件质量等都有很大的影响，所以应选择导电性能良好、损耗小、造型容易、加工过程稳定、效率高、机械加工性能好、价格便宜的材料作为电极材料。电火花成型加工常用的电极材料有紫铜、黄铜、铸铁、钢、石墨等。表 4—1—2 为常用电极材料的性能、特点及应用范围。

表 4—1—2　　常用电极材料的性能、特点及应用范围

材料	图示	电火花加工性能说明	应用范围
紫铜		加工性能优异，适用于晶体管电源加工，电极损耗较小	穿孔加工、型腔加工
石墨		加工性能优异，但不适用于精加工，也不适用于硬质合金加工，电极损耗小	大型型腔模具加工
钢		加工稳定性较差，电极损耗一般	冲模加工
铝		加工稳定性好，加工速度快，适用于大电流、高效率加工，电极损耗大	穿透加工、大型型腔加工
铸铁		在加工过程中易于起弧，加工速度不如铜电极快	大型型腔、冲模加工

3. 电极损耗

在电火花成型加工中，电极损耗直接影响仿形精度，特别对于型腔加工，电极损耗这一工艺指标较加工速度更为重要。电极损耗分为绝对损耗和相对损耗。在电火花成型加工中，电极的部位不同，其损耗速度也不相同。一般尖角的损耗比钝角快，角的损耗比棱快，棱的损耗比面快，而端面的损耗比侧面快，端面的侧缘损耗比端面的中心部位快。电极损耗的影响因素见表 4—1—3。

表 4—1—3　　电极损耗的影响因素

影响因素	说明
加工极性	中粗加工正极性损耗小，精加工负极性损耗小
脉冲宽度	在峰值电流一定的情况下，脉宽越大损耗越小，体现在两个方面：极性效应和覆盖效应
峰值电流	峰值电流、脉宽越大则表面粗糙度值越大，且影响较为明显
电流密度	电流密度是影响损耗的最主要因素。经验认为，在兼顾效率和损耗的情况下，电流密度值为：铜—钢小于 4 A/cm^2、石墨—钢小于 3.4 A/cm^2
冲抽油	冲抽油的油压越大损耗越大，这是由于冲抽油会破“覆盖效应”，但对石墨—钢影响不大。一般只要能保证加工稳定，冲抽油压力小些为好
脉冲间隙	脉冲间隙越大损耗就越大，这是由于“覆盖效应”的影响所致
电极材料	电极材料对损耗的影响由小到大的排列顺序如下：银钨合金 < 铜钨合金 < 石墨（粗规准）< 紫铜 < 钢 < 铸铁 < 黄铜 < 铝
工件材料	高熔点合金损耗 > 低熔点合金损耗
放电间隙	精加工时适当增大放电间隙可降低电极损耗
电极形状	电极形状对损耗的影响：角部 > 棱边 > 面。因此有清角要求的零件需采用换电极加工

三、电火花成型加工参数

1. 加工速度

对于电火花成型机床来说，加工速度是指在单位时间内工件被蚀除的体积或重量，一般用体积表示。若在时间 t 内工件被蚀除的体积为 V，则加工速度 V_w 为

$$V_w = V/t \ (mm^3/min)$$

在规定表面粗糙度（如 $Ra2.5\ \mu m$）、相对电极损耗（如 1%）时的最大加工速度，是衡量电加工机床工艺性能的重要指标。一般情况下，机床生产厂给出的最大加工速度，是用最大加工电流在最佳加工状态下才能达到的。因此，在实际加工时，由于工件尺寸与形状的千变万化，加工条件、排屑条件等与理想状态相差甚远，即使在粗加工时，加工速度也往往大大低于机床的最高加工速度。

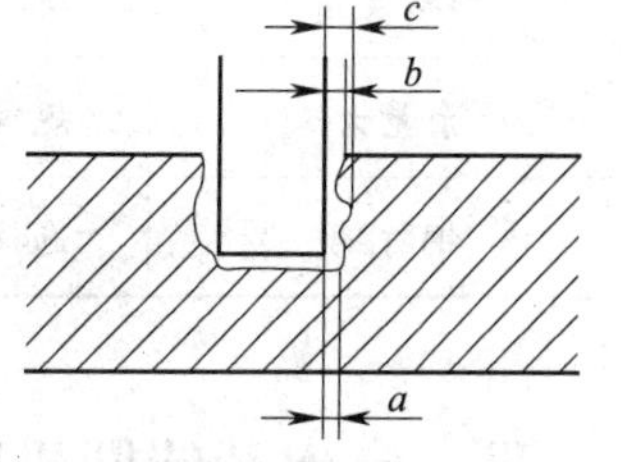

图 4—1—4　放电间隙
a—出口间隙　b—入口间隙
c—最大侧隙

2. 放电间隙

电火花成型加工中的放电间隙为放电加工中两极的间距，即工件尺寸的单边扩大量。如图 4—1—4 所示，放电

间隙的各个尺寸的关系是：$a<b<c$。

影响放电间隙的因素包括电参数和非电参数。

（1）电参数

空载电压越高，放电间隙越大；脉宽越大，放电间隙越大；峰值电流越大，放电间隙越大。

（2）非电参数

电极的制造精度，电极的应力变形，机床刚度低引起的振动等，都会影响放电间隙。

3. 电参数设置

在电火花成型加工中，电参数设置主要是指合理选配电脉冲参数和电加工用量。冲模电火花加工工艺中，根据工件的要求和电极与工件的材料等因素，确定合理的加工规准，并在加工中正确、及时地转换。不同冲模加工的规准选择要点见表4—1—4。

表4—1—4　不同冲模加工的规准选择要点

冲模的表现形式和要求	规准选择要点
间隙大	加工刃口可选择较强规准，或采用平动电极法
间隙小	加工刃口部分只能选择较弱规准
斜度大	不采用阶梯电极，增加规准转换级差，并采用冲油
斜度小	采用阶梯电极，并采用抽油。粗规准可较强，精规准视刃口表面粗糙度而定
半刃口	粗、中、精规准过渡，根据刃口要求间隙、斜度来选择规准的强弱
全刃口	采用阶梯电极，规准选择同斜度小的冲模加工
小型孔槽	采用较弱规准，以保证精度和表面粗糙度
形状复杂	规准选择相应弱些
余量大	规准选择尽量强些
钢打钢	选择脉冲宽度不大、峰值电流高、脉冲间隔较大的规准加工

四、电火花成型机床的基本功能

1. 主机操作手柄功能

电火花成型机床手控盒如图4—1—5所示，功能见表4—1—5。

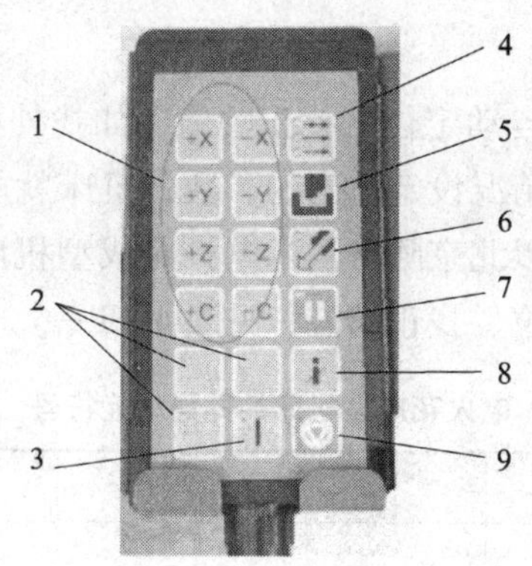

图 4—1—5 手控盒

1—点动移动键 2—空白键 3—RST（恢复加工）键 4—点动速度键 5—ST（忽视感知）键 6—PUMP 键 7—HALT（暂停）键 8—ACK（确认）键 9—OFF 键

表 4—1—5 **手控盒功能**

键名称	说明
点动移动键	指定轴及运动方向。定义如下：面对机床正面，工作台向左移动为“+X”，向右移动为“-X”；滑枕移近操作者为“-Y”，远离操作者为“+Y”；主轴头上升为“+Z”，下降为“-Z”；*C* 轴逆时针旋转为“+C”，顺时针旋转为“-C”
空白键	暂无用
RST（恢复加工）键	（1）在暂停状态下，按此键恢复暂停的加工 （2）按此键开始加工（相当于键盘上的“Enter”键）
点动速度键	选择中速、高速、单步，开机时为中速。单步步距为 0.001 mm。高速、中速各有 10 挡可以设定，0 挡最快，9 挡最慢，对应速度为高速 1 000～100 mm/min，中速 100～10 mm/min
ST（忽视感知）键	电极与工件接触状态下按此键，灯亮，再按点动键可忽视接触感知进行移动。要特别注意移动方向，以免电极和工件相撞。此键仅对当前的一次操作有效。灯亮时，要取消“忽视感知”功能，再按一次此键，灯灭
PUMP 键	加工液泵开关，按下此键泵启动，再按泵停止。泵开启状态时键左上角灯亮
HALT（暂停）键	在加工状态下，按下此键将使机床动作暂停
ACK（确认）键	在出错或某些情况下，其他操作被中止，按此键确认
OFF 键	（1）中断正在执行的操作 （2）关闭电阻箱内的风扇。加工开始系统会自动启动风扇，加工结束 5 min后按此键关闭风扇

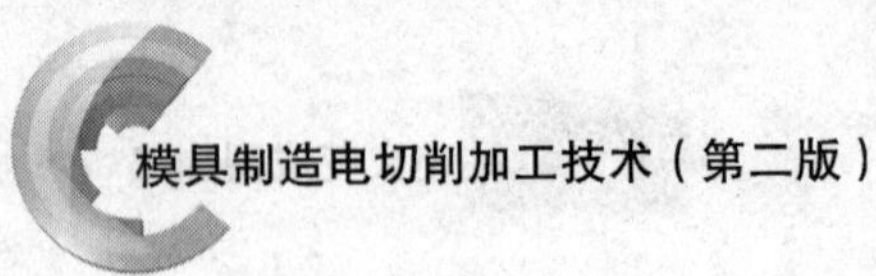

2. 自动定位功能

电火花加工机床都具有自动定位、找正功能，如找外中心、找内中心、找角、找边等。在定位前，根据实际情况设定适当的参数，机床就能够自动定位于工件的中心或者接触边、角位置。以下以北京阿奇夏米电火花成型机床为例，说明典型电火花成型机床的准备界面提供的定位、找正功能，见表4—1—6。

表4—1—6　　电火花成型机床的界面功能符号

功能符号	功能	操作	说明
移　动	完成零件的定位移动	用箭头选取要移动的轴后，输入要移动的坐标值，按回车键两次即可执行	采用绝对坐标还是增量坐标可用空格键选择 带小数点的数单位为mm，否则为μm。例如，移动10 mm则要输入10.0或10 000
感　知	完成零件的找边工作	用箭头键选中要感知的方向后按回车键即可执行	感知完毕后电极停止的位置由“回退量”值确定，一般此值设为1 mm，即感知完后电极距工件表面的距离为1 mm 置零时要考虑这个回退值，根据方向设为1或 -1
找内中心	找寻并确定内孔中心位置	找内孔中心时先把电极大概放在孔的中心 若孔较大时，估计电极从中心快速移到快接近孔内壁时的距离，输入到屏幕上的 X 向行程和 Y 向行程内，用空格选好感知速度，把光标分别移到 X 向中心和 Y 向中心框内，按回车键即可分别找出 X 和 Y 向中心	—
找外中心	找寻并确定外径中心位置	其操作方法与“找内中心”相似	与“找内中心”不同的是：快速移动行程要大于工件此向尺寸的一半加电极半径，下移距离指的是相对于工作表面探下去的距离

续表

功能符号	功能	操作	说明
找角 2 1 3 4	找正角度	找角时要先把电极大概放在零件的一个角上，然后估计出电极沿 X 或 Y 向移出到能探下去的距离和下移距离，输入到各参数框中，用空格选好感知速度，然后把光标移到角选择上，用空格选取需要找正的角，按回车键即可	—
置零 设当前点的坐标值	在找正过程中，记忆找正的位置	置零时工作台不动，只改变屏幕显示的坐标值。置零后零件的工作坐标系随之而定	置零不光能把当前点设为零，还能把当前点设为非零值

3. 自动编程功能

数控电火花成型机床具有丰富的自动编程功能，以提高加工效率，保持稳定的加工状态，具体功能见表 4—1—7。

表 4—1—7　　自动编程功能

功能	说明
间距位置的设定	可以通过输入加工间距及孔个数，自动计算所有加工位置
工件复制功能	可以将一个工件的程序加以复制，提高多孔加工的编程效率
锥度电极处理	输入零件的锥度值，自动按由弱到强的放电参数分段处理加工高度
定时加工	可以指定某一个加工条件段需要加工的时间

五、电火花成型机床的加工模式

电火花成型加工主要有手动和自动两种加工模式。

1. 手动加工模式

在“加工”屏下按“F9”键，进入“手动加工”屏。此屏幕在不编程的情况下就可以进行一个简单的加工（如打一个通孔或打断丝锥和断钻头等）。操作方法：按图4—1—6所示分别输入加工轴向、加工深度、加工条件号等参数即可加工。

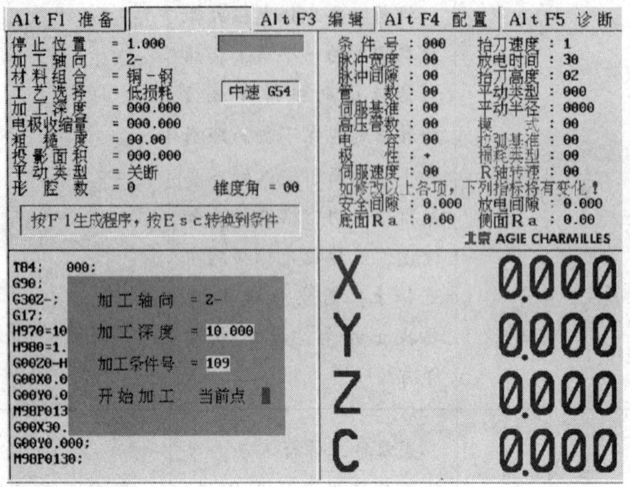

图4—1—6 “手动加工”屏

2. 自动加工模式

自动生成一个程序或装入一个已存在硬盘或可移动磁盘上的程序，屏幕切换至“加工”屏，如图4—1—7所示。

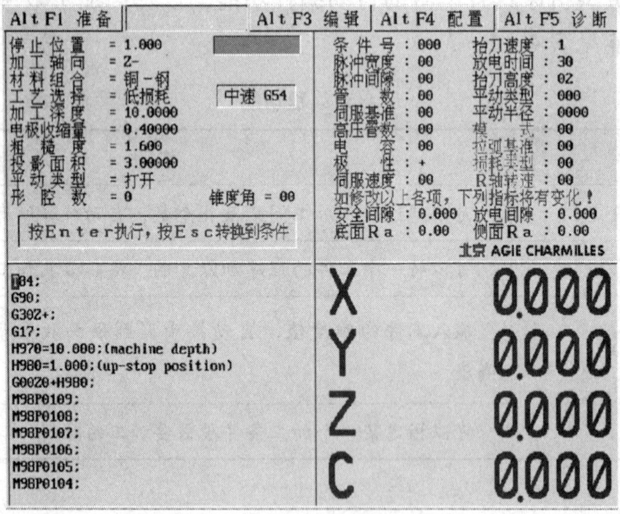

图4—1—7 自动加工模式下的“加工”屏

3. 各屏幕操作功能

电火花成型机床控制系统和其他数控系统一样，是分菜单来控制的，一个主菜单就是一个主屏幕。以下以北京阿奇夏米电火花成型机床为例，说明电火花成型机床的主要屏幕操作功能，见表4—1—8。

表 4—1—8 电火花成型机床屏幕操作功能

种类	图示	操作	功能说明
“准备”屏	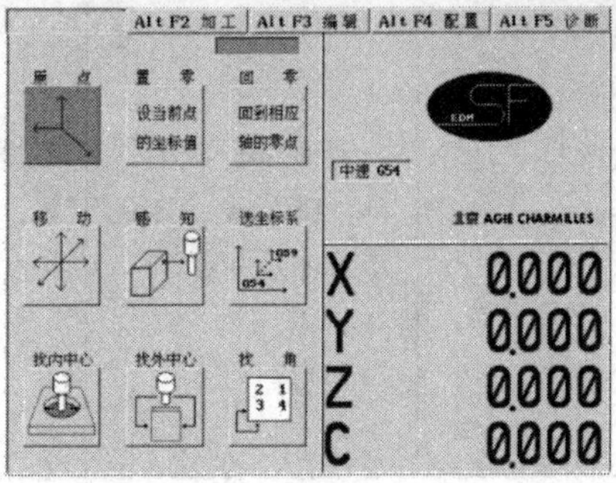	机床启动后，初始屏幕即为“准备”屏。同时按“ALT”和“F1”键，可选取自动定位功能	此屏幕主要完成零件的装夹和找正功能，有九个子功能
“加工”屏	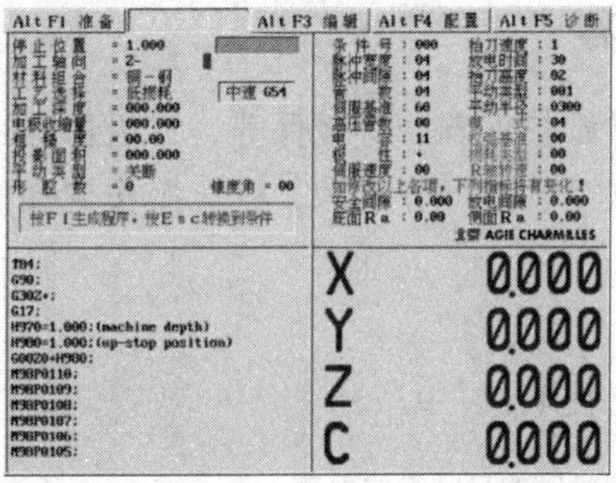	同时按“ALT”和“F2”键，可进入“加工”屏	此屏幕主要完成零件的实际加工，自动编程也在这个屏幕下完成
“编辑”屏	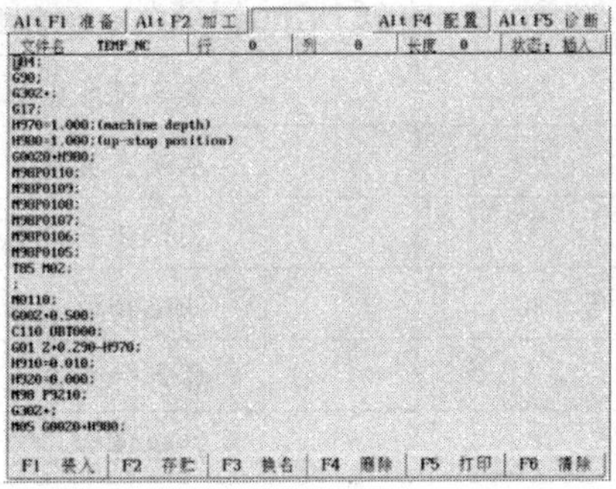	同时按“ALT”和“F3”键，可进入“编辑”屏	此屏幕进行手工编程或程序修改及程序文件的管理
“配置”屏	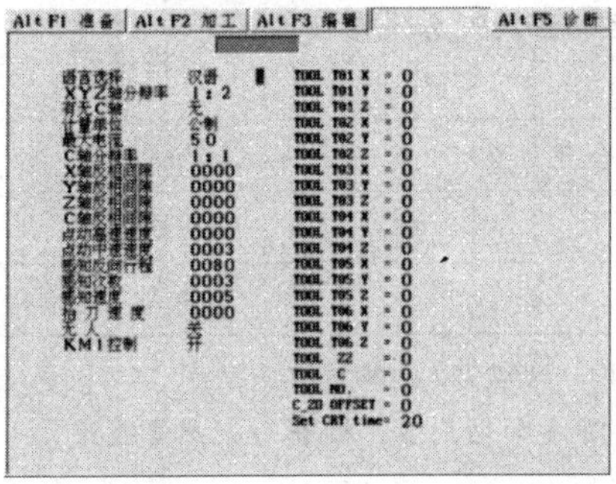	同时按“ALT”和“F4”键，可进入“配置”屏	此屏幕为用户了解性屏幕，主要由制造厂家使用

续表

种类	图示	操作	功能说明
“诊断”屏	Alt F1 准备 | Alt F2 加工 | Alt F3 编辑 | Alt F4 配置 100伏正极性 关 接触感知 ：未感知 300伏正极性 关 油漏 ：正常 100伏负极性 关 浮子开关 ：液面正常 300伏负极性 关 气压 ：正常 油泵 关 X限位 ：X未到限位 电容C1 关 Y限位 ：Y未到限位 电容C2 关 Z限位 ：Z未到限位 电容C3 关 C限位 ：C+到限位 电容C4 关 CNC软件版本号 ：B22.105 电容C5 关 BCM1软件版本号 ：255.255 AEC 缩回 BCM2软件版本号 ：255.255 BSE7软件版本号 ：255.255 按Esc转换！	同时按“ALT”和“F5”键，可进入“诊断”屏	操作者了解此屏幕，对机床的故障诊断有一定的帮助

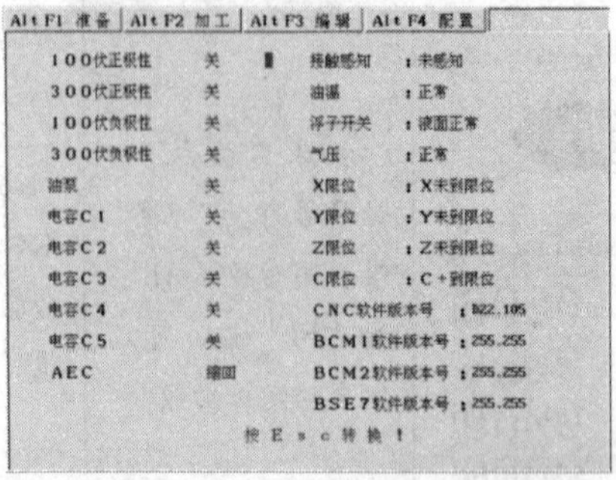

六、电火花成型机床维护保养

电火花成型机床维护保养分为日常维护保养、一级保养、二级保养，并且日常维护保养、一级保养、二级保养是相互联系、不可分割的。机床操作者和设备维修人员应相互配合，共同做好维护保养工作。

1. 日常维护保养

电火花成型机床的日常维护保养见表4—1—9。

表4—1—9　　电火花成型机床的日常维护保养

保养时间	保养内容	保养要求
使用前	检查各按键及开关、旋钮等	灵活可靠、位置正确
	检查各安全装置、紧固装置	准确、灵活、可靠、无松动
	检查各类仪表	指示正确、灵敏
	检查油位，按润滑图表加油或润滑脂	油路畅通，油量符合要求
	执行热机操作	各部件充分运动、润滑
使用中	执行操作规程	严格遵守
	随时听、看、摸、闻，观察设备运转情况	及时处理，不带故障运行
使用后	清扫切屑，擦拭机床外表、主轴锥孔及各滑动面，超过三天不用时要涂油防锈	严格遵守
	各移动部件、按键及开关置于合理位置	严格遵守
	切断电源、气源	严格遵守
	整理机床周围环境	整洁，无障碍
周末	全面擦拭各部位（含操作面板、按钮等），检查清洗过滤装置，按润滑表加油，同时添加切削液，检查紧固件有无松动。清理主轴锥孔	严格遵守

2. 机械部分一级、二级保养

电火花成型机床机械部分的一级、二级保养分别见表4—1—10、表4—1—11。

表4—1—10　　电火花成型机床机械部分的一级保养

保养部件	保养内容	保养要求
主轴	清理主轴夹头	清洁、无毛刺
工作台	检查工作台及其T形槽	移动平稳，清洁、无毛刺
进给传动系统	检查、清洗各坐标方向传动机构	清洁、无污、灵活
	检查各坐标方向传感器、限位开关	灵活、可靠
气压或液压系统	检查管路	无泄漏、畅通
	检查压力表	指示正确
	检查、清洗过滤器	过滤正常
润滑系统	检查、清洗油路及各润滑点	油路畅通、无泄漏
	检查润滑油或润滑脂的质量	润滑油（脂）不变质，符合要求
切削液（加工液）系统	检查、清洗过滤器、油箱及各管路	清洁、畅通、无泄漏
	检查切削液的质量，必要时更换切削液	切削液不变质，符合要求
	清洗切削液箱	清洁，符合要求
排污系统	检查油污过滤装置	过滤正常
床身及外表	擦洗机床表面及死角	漆见本色、铁见光
	清除滑动面毛刺	光滑无毛刺
	清洗过滤装置和防尘罩	清洁
	检查紧固装置、安全装置	可靠、安全

表4—1—11　　电火花成型机床机械部件的二级保养

保养部位	保养内容	保养要求
主轴	检查主轴夹头，调整间隙	工作正常，间隙符合要求
进给传动系统	检修、清洗各坐标方向传动机构	清洁无污，传动正常
	检修、清洗导轨	清洁无污，无毛刺，导向正常
	检查、调整定位精度、反向传动精度	符合规定要求
气压或液压系统	检查各液压阀件	动作灵活可靠
	校验压力表	合格（由品质部门进行）
	清洗、检修液压缸	清洁、无泄漏

续表

保养部位	保养内容	保养要求
气压或液压系统	检修油路、密封件	畅通、无泄漏，必要时更换
	检查油质	符合要求，必要时更换
	清洗油箱、滤油器、油标	清洁无污，标识清晰
润滑系统	检修主轴、导轨润滑系统	工作可靠
	检修各阀件	动作灵活、工作可靠
	检修油路各器件	清洁、完整、畅通
	检查油质、油量	不变质，符合要求
切削液系统	检修、清洗过滤器、油箱及各管路	清洁、畅通、无泄漏
	检查切削液质量，必要时更换切削液	不变质，符合要求
	清洗切削液箱	清洁，符合要求
整机及外观	检查各铭牌、标识	清晰、齐全
	检修各安全装置、紧固装置、连接装置	可靠、牢固
	检查基础和地脚螺栓	可靠、牢固
	清理机床四周环境，附件、零件摆放整齐	符合规定
	试运行，检验各功能	运转正常。噪声、温度等符合要求
精度	主要精度检查	符合标准

3. 电气部分保养

电火花成型机床电气部分的一、二级保养见表4—1—12、表4—1—13。这些保养均由数控设备维修人员负责，电火花成型机床操作者协助进行。

表4—1—12　　电火花成型机床电气部分的一级保养

保养部位	保养内容	保养要求
强电控制系统	清理电气控制箱内各电气元器件、线路上的积灰和杂物	清洁
	紧固各电气元器件，拧紧各接线端子	牢固、无松动
	整理线路，更换老化导线	整齐、美观、可靠
	检查各管线的保护状况	管卡卡紧，无脱落、吊挂现象
	检查各电动机外表、散热风扇	漆见本色，无积灰
	检查各部位照明状况	亮度符合要求

续表

保养部位	保养内容	保养要求
强电控制系统	检查各级保险器件	容量符合要求
	检查机床接地状况	牢固，符合要求
	检查动力电源	符合规定
数控系统	清理数控箱内各元器件	清洁无污
	清扫各元器件	清洁无污
	擦拭操作面板、显示器、按钮、指示灯、指示仪表等	清洁无污，功能可靠
	清理风冷、过滤装置的积灰和杂物	清洁、畅通
	清扫各安全装置、检测装置的积灰	可靠、动作灵活

表 4—1—13　电火花成型机床电气部分的二级保养

保养部位	保养内容	保养要求
强电控制系统	检修各接触器（继电器）	接触良好、动作可靠
	检查各保护继电器	参数设置正确
	检修各电磁阀、压力开关等	清洁、动作可靠
	检修各限位开关	位置适当，动作可靠
	检修各电动机，有必要可分解	清洁无污，转动良好，功能可靠
	检查电动机绕组和接线端子的绝缘状况	清洁无污，引出线无老化，绝缘符合要求
	检查机床接地状况	牢固，符合要求
	检查动力电源	符合规定
数控系统	清理数控箱内各部分电气元器件，更换性能不可靠的元器件	清洁无污，功能可靠
	清理风冷、过滤装置的积灰，修复或更换损坏件	清洁、畅通、可靠
	检查操作面板、显示器、按钮、指示灯、指示仪表，更换损坏件	清洁、灵敏
	核实电路板关键点数据	符合规定
	如需要，整理优化控制系统的参数	慎重，由专业人员执行
	检修各安全装置、检测装置	可靠，动作灵活

技能训练

一、基本操作

1．开机与关机

（1）开机操作

1）合上控制柜右侧的电源总开关，脱开急停按钮（蘑菇头按箭头方向旋转），启动机床。

2）等待大约 20 s，机床显示屏进入“准备”屏。未进入“准备”屏前，操作人员不要按任何键。

3）完成机床回原点动作。可选单轴回原点，也可选三轴回原点。图 4—1—8 所示为三轴回原点操作界面。用键盘上的上下移动键选取，选中后按回车键即可执行。执行期间选中的轴为黄色，执行结束后轴变成绿色。

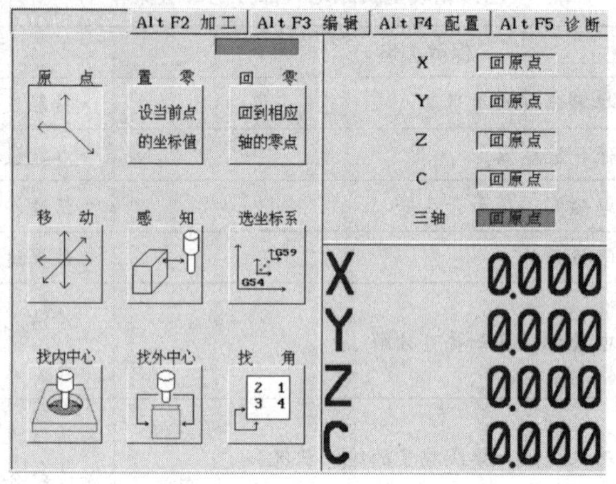

图 4—1—8　三轴回原点

（2）关机操作

1）选择机床的“准备”屏，使用三轴回原点功能，使机床三轴回原点。

2）按下急停按钮，断开控制柜右侧的电源总开关。

2．移动坐标轴

选择手控盒中的速度键和移动键控制各轴的移动。坐标轴方向的定义为：操作者面对机床控制面板，工作台向左移动为“+X”，向右移动为“-X”；滑枕移近操作者为“-Y”，远离操作者为“+Y”；主轴头上升为“+Z”，下降为“-Z”。

（1）*X* 方向的移动（工作台左右运动）

1）选择点动速度，使工作台按单步步距 0. 001 mm 向左、向右移动。

2）选择中速速度，0 ~9 挡共十个挡位，对应使工作台按（10 ~100）mm/min 速度向左、向右移动。

3）选择高速速度，0 ~ 9 挡共十个挡位，对应使工作台按（100 ~ 1 000）mm/min 速度向左、向右移动。

（2）Y 方向的移动（滑枕前后运动）、Z 方向的移动（主轴上下运动）。

按上述方法，操作 Y、Z 方向的移动。

二、机床维护保养操作

电火花成型机床的维护保养，主要是经常用工作液清洗工作槽以及该部位的所有部件，将污染的工作液用冲液管冲洗干净后用干软布擦干这一区域；经常擦拭工作液槽门的密封圈、夹具和附件；经常检查并保证工作液系统中有足够的工作液（图 4—1—9）。除此之外，还应该做好定期检查与更换、定期润滑等。

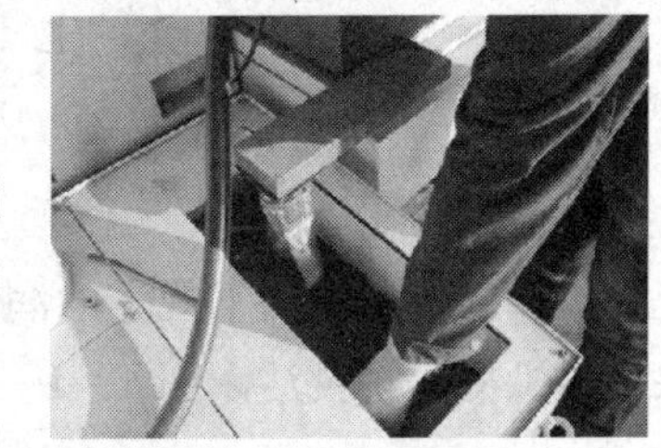

图 4—1—9 检查工作液的液面

1. 机床常规检查操作

保持回流槽干净，检查回油管是否堵塞、控制柜后面的上下百叶窗是否打开、切削液槽浮子开关工作是否正常。

定期检查与更换油管接头和油液控制手柄，如图 4—1—10 所示。

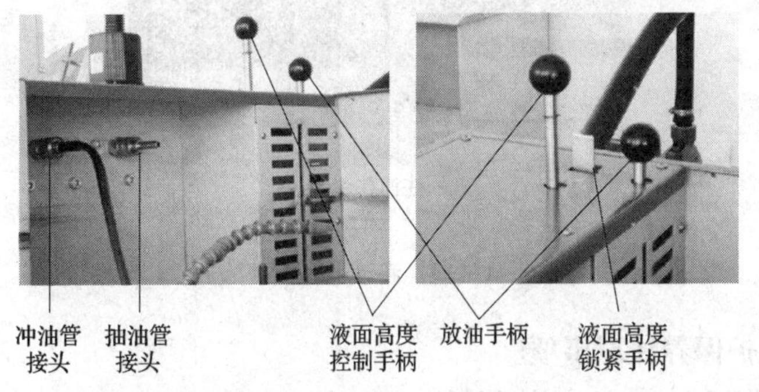

图 4—1—10 定期检查与更换接头和手柄

定期检查安全保护装置，如机床的安全门锁紧装置、油路开关等，如图 4—1—11 所示。

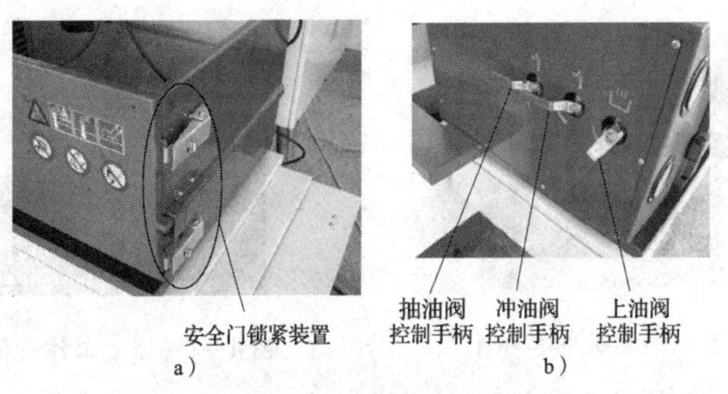

图 4—1—11 定期检查安全保护装置

a）安全门锁紧装置 b）油路开关

清除控制柜上的灰尘。除了外部灰尘外，重点要清理控制柜后散热片积累的灰尘，如图 4—1—12 所示。

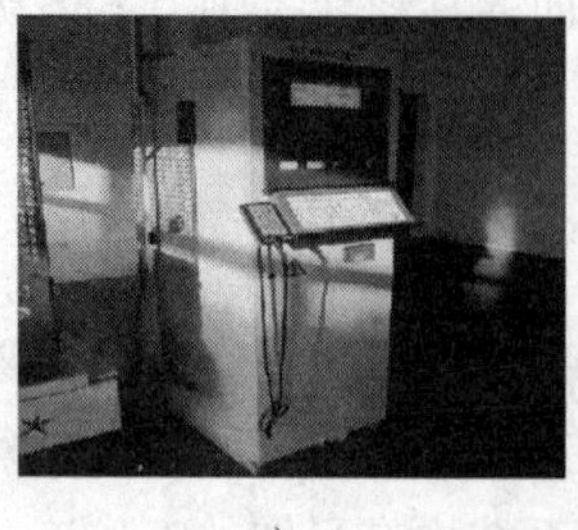
a）

b）

图 4—1—12　控制柜及其散热片

a）控制柜　b）控制柜后散热片

2. 机床润滑

按机床使用说明书规定的润滑部位及润滑要求，注入规定的润滑油或润滑脂，以保证各机构运转灵活。图 4—1—13 所示为润滑部位的注油孔。

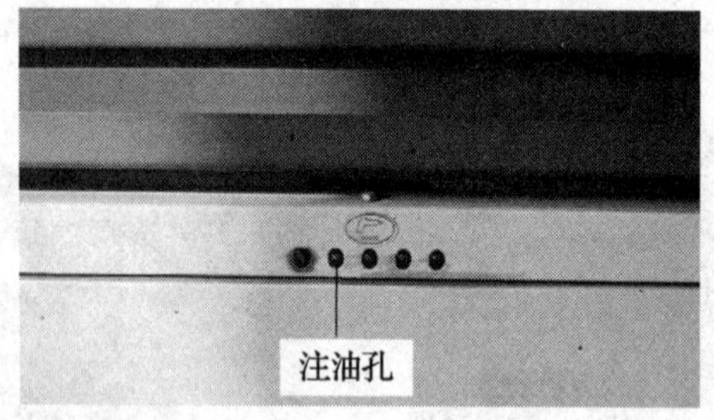

图 4—1—13　润滑部位的注油孔

3. 机床维护保养注意事项

（1）不允许随意拆卸机床的零部件，以免影响机床的精度，如图 4—1—14 所示。

（2）工作液槽和油箱中不允许进水，以免影响加工和引起机件生锈，如图 4—1—15 所示。

图 4—1—14　禁止随意拆卸零部件

图 4—1—15　工作液槽禁止水渗入

（3）直线滚动导轨和滚珠丝杠内不允许掉入脏物及灰尘，如图 4—1—16 所示。

（4）注意保护工作台面，防止工具或其他物件砸伤工作台面，如图 4—1—17 所示。

图 4—1—16 保持直线导轨清洁

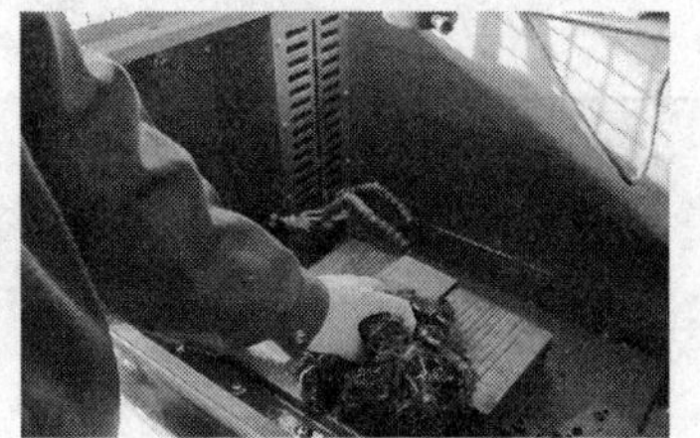

图 4—1—17 保护工作台面

三、评分标准

电火花成型机床基本操作与维护保养评分标准见表 4—1—14。

表 4—1—14 电火花成型机床基本操作与维护保养评分标准

	考核内容及要求	配分	评分标准	检测结果	得分
考核项目	利用手控盒高速控制 X 轴移动	4	按规定距离移动，每超差 0.1 mm 扣 2 分		
	利用手控盒中速控制 X 轴移动	4	按规定距离移动，每超差 0.01 mm 扣 2 分		
	利用手控盒单步控制 X 轴移动	4	按规定距离移动，每超差 0.001 mm 扣 2 分		
	利用手控盒高速控制 Y 轴移动	4	按规定距离移动，每超差 0.1 mm 扣 2 分		
	利用手控盒中速控制 Y 轴移动	4	按规定距离移动，每超差 0.01 mm 扣 2 分		
	利用手控盒单步控制 Y 轴移动	4	按规定距离移动，每超差 0.001 mm 扣 2 分		
	利用手控盒高速控制 Z 轴移动	4	按规定距离移动，每超差 0.1 mm 扣 2 分		
	利用手控盒中速控制 Z 轴移动	4	按规定距离移动，每超差 0.01 mm 扣 2 分		
	利用手控盒单步控制 Z 轴移动	4	按规定距离移动，每超差 0.001 mm 扣 2 分		
	开机	6	未按规范要求操作每次扣 3 分		
	关机	6	未按规范要求操作每次扣 3 分		

续表

	考核内容及要求	配分	评分标准	检测结果	得分
维护	润滑	6	少润滑一处扣3分		
	清除脉冲电源柜上的灰尘	6	未按规范要求操作每次扣3分		
	工作台面清洁	6	未按规范要求操作每次扣3分		
	更换切削液	9	未按规范要求操作每次扣3分		
安全文明生产	正确执行安全技术操作规程	6	每违反一项规定扣2分		
	正确穿戴劳动保护用品	9	工作服（帽）等穿戴不整齐不得分		
工时定额	80 min	10	每超 10 min 扣 5 分，超 30 min考核不及格		
总分		100			

课题二　单型腔模具零件加工

电火花成型加工精度主要包括加工型腔尺寸精度、几何精度、表面粗糙度等。尺寸精度的主要影响因素为电极尺寸和电加工参数，表面粗糙度主要由电加工参数决定，几何精度的主要影响因素是工件的装夹与校正、电极的装夹与校正工艺。

一、模具加工中的电火花成型加工工艺

一般模具的加工工艺方法包括切削加工、热处理、电加工、线切割、冷挤、钳制、钳装、校模等。现重点阐述编制模具电火花加工工艺规程。

1. 型腔模电火花成型加工一般工艺规程

应分别编制上、下模及电极的机械加工工艺和型腔模的电火花加工工艺。型腔模的材料有 9Mn2V、T10、T10A、3Cr2W8 等。上模和下模的电火花成型加工工艺如下：

（1）粗加工，各放 0.5 ~1 mm 外形加工余量（外形加工余量根据型腔复杂程度而定）。

（2）电火花加工的型腔一般比原型腔加深 0.3～0.5 mm，留出磨量，以便磨床磨去因钳工修正打光而产生的上口塌角。

（3）以电加工型腔为基准，车、钻、镗、铣各形孔、形面。

（4）钳工整修对形。

（5）热处理，淬硬 46～53HRC。

（6）钳工装配，校模、压样品。

2. 型腔模电火花成型加工改进方案

一般对于形状比较简单的型腔，多数采用单电极（所谓单电极，可以是独块电极，也可以是镶拼电极，这由电极加工工艺而定）成型工艺，即采用一个电极，借助平动扩大间隙，达到修光型腔的目的。

对于大中型及型腔复杂的模具，可以采用多电极加工，各个电极可以是独块的，也可以是镶拼的，视具体情况而定。

一般先加工型腔，然后以电火花成型加工后的型腔为准，加工外形或其他型孔。这样，操作者可以较容易找准定位。但是，有些模具加工由于涉及许多因素，需要先完成外形及其他各型孔的加工，将电加工作为最后一道工序，这就对电火花成型加工的定位、装夹、加工等有更高的要求。

近年来，型腔模加工在脉冲电源、机床设备、工艺方法等方面有了很多改进。

（1）采用中精度加工低损耗电源

由于中精度加工低损耗电源的开发取得了显著成绩，从而为高精度的型腔模加工开创了新途径。

传统的型腔模加工是在机械加工后由钳工修整总装。但因机械加工在型腔四周、清角处、型腔中侧部、台阶和圆角等处的余量较多，所以钳加工的工作量很大。如果采用低损耗电源加工，只需用一个紫铜电极来“光一光”（即用一个按一定比例稍缩小的电极，在要加工的型腔上进行电蚀加工），就能达到预期目的。

使用低损耗电源还可以把型腔的整体加工改为型腔的局部加工。考虑到经济效益，对于复杂型腔，能够采用机械加工的部位尽量用机械加工，四周清角、底部圆弧及窄槽等无法用机械加工的部位，则采用局部加工。此外，也可采用整体加工和局部加工相结合的方法，即先用石墨电板加工出大致的形状，然后再用紫铜电极进行局部加工。上述方法均取得很好的效果。

（2）选择不同的电极材料

型腔的传统电火花加工中，由于电极损耗较大，大多数采用整体加工方式，不适合进行局部加工。电极材料中，大块石墨比紫铜容易获得，且容易加工，因而石墨电极被大量采用，紫铜电极的使用受到了限制。

随着低损耗电源的问世，型腔电火花加工工艺也逐步从整体加工转为局部加工。局部加工的电极不需要很大，但是几何形状较复杂，尺寸精度要求高，因此采用紫铜作为局部加工的电极。

(3) 电火花线切割和电火花成型加工配套应用

目前国内的电火花线切割机床都有间隙补偿装置，可利用间隙补偿装置自行切割电极。如果采取电火花线切割与电火花成型加工配合应用，可简化电极设计，保证电极质量，提高工效，缩短制造周期。

在电火花成型加工型腔模具工艺中，除了利用低损耗电源扩大电火花成型加工应用范围及电火花线切割与电火花成型加工配合应用外，还有许多方法可以提高型腔模的精度，如采用 X、Y、Z、U、C 五轴数控联动（X 水平方向，Y 水平方向，Z 垂直方向，主轴转动 U，主轴分度运动 C），采用自动交换电极的电火花加工中心，只要事先调整好电极和编好相应的程序，便能自动加工复杂模具。

二、电极材料

由于不同材料的电极对于电火花加工的稳定性、生产效率及模具加工质量等都有很大的影响，因此，在实际使用中应选择相对损耗小、加工过程稳定、生产效率高、易于制造加工及成本低廉的材料作为电极材料，以满足模具成型零件的电加工要求。目前，常用的电极材料有铸铁、钢、纯铜、黄铜、紫铜、石墨、铜钨合金和银钨合金等。

1. 铸铁

铸铁的电极损耗和加工稳定性均较一般，容易起弧，生产效率不及铜电极。但是，它的来源丰富、价格低廉、机械加工性能好，因此电极的尺寸精度、几何形状精度及表面粗糙度等都容易保证。因此，铸铁是一种较常用的电极材料，多用于穿孔加工。

2. 钢

钢电极的加工稳定性较差、电极损耗较大、生产效率也较低，但是来源丰富、价格便宜、具有良好的机械加工性能。钢电极还有其独特的优点，即把电极和凸模做成一体，实质上就是将凸模加长，加长的部分作为电极。电火花加工后，把损耗部分切除掉，余下部分作为正式的凸模使用。这种方法使电极的制造工时减少到了最低程度。所以钢为常用的电极材料之一，多用于一般的穿孔加工。

3. 纯铜

纯铜是目前电加工领域应用最多的电极材料。纯铜材料塑性好，易于机械加工、线切割加工及电铸成型。纯铜加工稳定性好，在电加工中，物理性能稳定，不容易产生电弧放电。但纯铜本身熔点低，不宜承受较大的电流，否则会使电极表面严重受损，影响加工效果。纯铜的热膨胀系数大，也会影响加工效果。

4. 黄铜

黄铜电极在电加工过程中稳定性好、生产效率高，与纯铜电极相比价格较低、机械加工性能尚好，但其磨削性能不如钢和铸铁。黄铜电极的损耗最大，一般不宜用于型腔的成型加工。因此，黄铜电极一般用在对加工表面粗糙度要求较低，尺寸、形状精度要求较高及形状复杂的小孔穿孔加工。

5. 紫铜

紫铜电极的放电加工特性很好，特别是加工稳定性是其他电极材料所不及的。紫铜电极即使在低损耗条件下加工，当加工深度比较深时，电极表面也会起皱发毛。由于紫铜电极在低损耗条件下的平均加工电流较小，加工效率不高。紫铜电极适合加工形状精细、要求较高的中小型型腔。放电加工中用的紫铜要求使用无杂质的电解铜，最好经过锻打。

6. 石墨

石墨切削阻力小，容易磨削，容易成型，无加工毛刺，密度小，电极的装夹比较容易。石墨的熔点高，能承受较大的电流，在大电流的情况下仍能保持电极的低损耗。石墨的热膨胀系数小。但是石墨粉尘较大，且有毒性。

7. 铜钨合金和银钨合金

这两类电极材料在平常加工中很少采用，只有在高精密模具及特殊场合才会使用。铜钨与银钨类合金电极材料硬度高，熔点将近 3 400℃，可有效降低电火花加工时的电极损耗。缺点是：这两种材料价格昂贵，来源困难。

当用同一种电极材料加工不同材料的模具时，加工情况也会有一定的差异。即使同是钢件也会因其成分不同而对加工有所影响，在实际生产中应根据具体情况选用电极材料。

三、电极尺寸的确定方法

电极横截面尺寸主要是根据型腔尺寸和放电间隙的大小确定的。如图 4—2—1 所示，*GAP* 为单边放电间隙，表面粗糙度参数 R_{max} 的经验值近似于 4*Ra*。

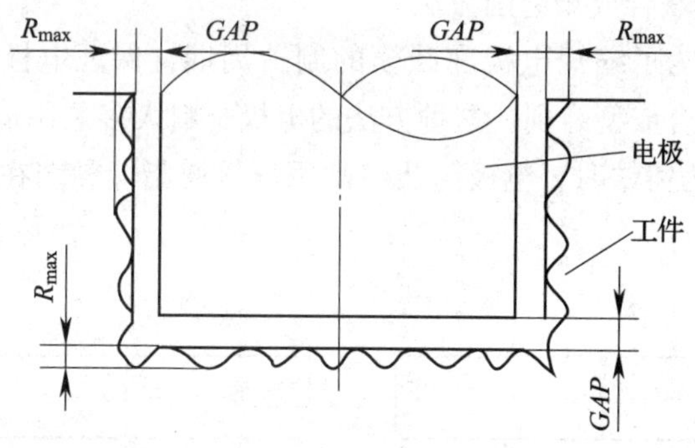

图 4—2—1 电极尺寸

安全间隙一般作为电极收缩量使用，是根据大量实验总结出来的一个工艺数据。安全间隙可以用公式“$M = 2GAP + 2R_{max}$ + 余量”进行计算。由于它是在放电间隙的基础上加上后续加工的材料余量，符合制作电极时确定电极收缩量的要求，所以它是制作电极时确定电极收缩量的一个依据。

依据图 4—2—1，电极横截面基本尺寸经验值 = 工件成型型腔基本尺寸 + 安全间隙。可以按照电极横截面尺寸、电极与工件材料、加工工艺类型等要素查附录中电火花成型加工参数表选取加工条件号，进而依据加工条件号查出放电间隙、安全间隙、损耗等各项参数值。附录表中间隙值均为双边间隙值。

电极的尺寸公差按生产实践经验取成型型腔尺寸公差的一半。

四、电极的制作

1. 电极的加工方法

由于电极的材料、类型、几何形状复杂程度及精度要求不同，采用的加工方法也各有不同。

（1）机械加工方法

对于几何形状比较简单的电极，可用一般的切削方法来进行加工。例如，圆形电极可直接在车床上一次加工成型；矩形、多边形等铸铁或钢电极可在刨床、铣床或到插床上加工后，再用平面磨床进行磨削加工，经钳工修整后即可使用。对于形状比较复杂的电极，往往需要经过多道工序才能加工成型，达到图样要求。

除采用一般的加工方法外，机械加工电极已广泛采用成型磨削。对根据凹模尺寸设计出的电极，最后用成型磨削的方法进行精加工，可以提高电极的尺寸精度、形状精度和降低表面粗糙度值。用此电极对凹模进行电火花加工，再由凹模按间隙要求配制凸模。这种方法适合于凸、凹模配合间隙比放电间隙大 0.10 mm 以上，或凸、凹模配合间隙小于 0.01 mm 的场合。

对于纯铜、黄铜一类的电极，由于不能用成型磨削加工，一般可用仿形刨床加工而成，并经钳工锉削进行最后修整。

（2）电极与凸模联合成型磨削方法

在电极制造中，为了缩短电极和凸模的制造周期，保证电极与凸模的轮廓一致，常采用电极与凸模联合成型磨削。这种方法的电极材料大多选用铸铁和钢。

1）当电极材料为铸铁时，电极与凸模常用环氧树脂等黏结在一起，如图 4—2—2 所示。

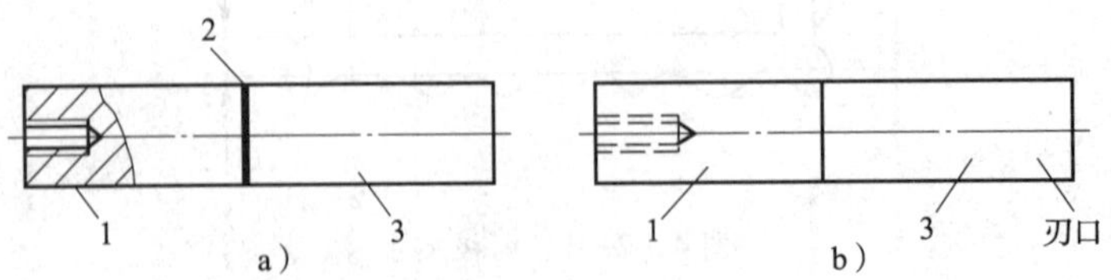

图 4—2—2　电极与凸模黏结

1—电极　2—黏结面　3—凸模

2）截面积较小的工件不易粘牢，为防止在磨削过程中发生电极或凸模脱落，可采用锡焊或机械方法使电极与凸模连接在一起。当电极材料为钢时，可把凸模加长些，将其作为电极，即把电极和凸模做成一个整体。

①电极与凸模联合成型磨削，其共同截面的公称尺寸应直接按凸模的公称尺寸进行磨削，公差取凸模公差的1/3～1/2。

②当凸、凹模的配合间隙等于放电间隙时，正好适用磨削后电极的轮廓尺寸与凸模完全相同的情况。

③当凸、凹模的配合间隙小于放电间隙时，电极的轮廓尺寸应小于凸模的轮廓尺寸，可用化学腐蚀法将电极尺寸缩小至设计尺寸。腐蚀剂可用“草酸:双氧水:蒸馏水＝40:40:100”的溶液。腐蚀速度为0.04～0.07 mm/min。腐蚀的方法为：将干净的电极垂直浸入腐蚀剂中，根据其腐蚀速度的大小，每隔一定时间后取出，测量其尺寸是否符合要求；若尺寸仍偏大时应继续浸入，直到适合为止。但取出的次数不要太多，否则在电极上会出现斜度，影响电极的加工质量。

④当凸、凹模的配合间隙大于放电间隙时，电极的轮廓尺寸应大于凸模的轮廓尺寸，则需用电镀法将电极扩大到设计尺寸。例如：单面放大量在0.05 mm以下时，可以镀铜；单面放大量超过0.05 mm时，可以镀锌。

（3）线切割加工方法

除用机械方法制造电极以外，在比较特殊的场合也可用线切割加工电极。例如，异形截面和薄片电极用机械加工方法无法完成，或很难保证精度的情况下。异形电极如果采用机械加工方法制造，通常是把电极分成多个部分来加工，然后再镶拼成一个整体。由于分块加工中的误差及拼合时的接缝间隙和位置精度的影响，使电极产生一定的形状误差。如果使用线切割加工机床，则电极很容易制作，并能很好地保证其加工精度。

2. 电极机械加工工艺

石墨和紫铜电极采用一般的机械加工（车、铣、刨、磨等），最后经钳工修整成型（紫铜电极还可采用电火花线切割加工）。

（1）刨（或铣）。按图样要求刨或铣所要求形状的电极毛坯（若是圆形可车削），按最大外形尺寸留1 mm左右精加工余量。

（2）平磨。在平面磨床上磨两端面及相邻两侧面（对铜及石墨电极应在小台钳上用刮研的方法刮平或磨平）。

（3）划线。按图样要求在划线平台上划线。

（4）刨（或铣）。按划线轮廓，在刨床或铣床上加工成型，并留有0.2～0.4 mm的精加工余量。形状复杂的加工余量可适当加大，但不超过0.8 mm。

（5）钳工。钻、攻电极装夹螺纹孔。

（6）热处理。指采用钢电极时，按图样要求淬火。

（7）精加工电极。对于铸铁或钢电极，在有条件的情况下，可用成型磨削加工成型；而对于铜电极，可在仿形刨床上刨削成型。

（8）化学腐蚀或电镀。指电极与凸模联合加工（或阶梯电极）时，对小间隙模具采用化学腐蚀，对大间隙模具采用电镀。

（9）钳工修整。指对铜电极精修成型。

3. 石墨电极的加工方法

石墨电极是电火花型腔加工中最常用的电极之一。石墨电极的制作一般是采用传统的机械加工，即车、铣、刨、磨、手工修磨、样板检验等方法。但在加工时，石墨材料易碎裂、粉末飞扬、劳动条件差，最好采用湿式加工（加工前先把石墨在机油中浸泡）。精度高、形状复杂的石墨电极较难制造。

由于加工电极的重复精度差，石墨电极适用于单件或少量电极的加工。当要批量生产石墨电极时，可采用压力振动加工方法方便地将石墨制成各种所需的电极形状。压力振动加工石墨电极的方法需要制造钢质母模，并需配有专用的压力振动加工机床，制作的石墨电极与母模的仿形性较好，加工重复精度较高。

五、电极的装夹与校正方法

1. 电极的装夹

在电火花成型加工之前，电极必须安装在电火花成型机床主轴头上，并使电极轴线平行于主轴头的轴线，必要时还应使电极的横剖面基准与机床的纵、横向滑板平行。为保证电极装夹的要求，必然要使用电极夹具。因此，电极夹具是电火花加工中必不可少的工装之一。

常用的电极夹具有标准套筒、钻夹头、标准螺纹夹具等，具体应用见表4—2—1。

表4—2—1　　常用的电极夹具

类别		应用场合	应用图例
整体式电极夹具	标准套筒夹具	适合装夹圆柱形电极	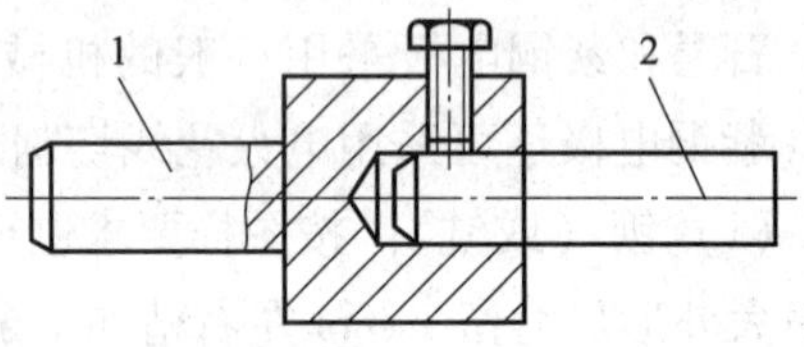 1—标准套筒　2—电极
	钻夹头夹具	适合装夹直径较小的电极	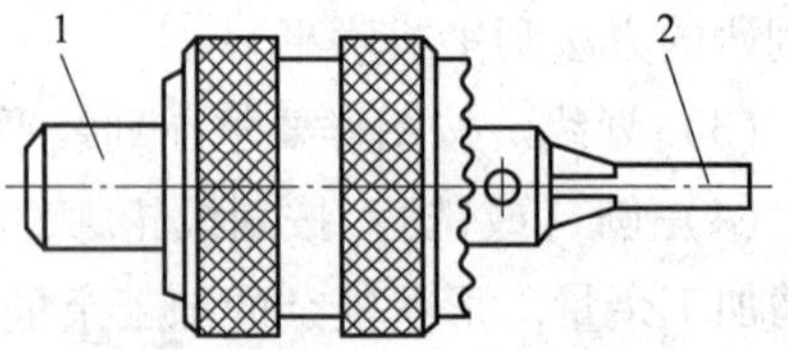 1—钻夹头　2—电极
	螺纹夹头夹具	常用于尺寸较大电极的装夹，将电极通过螺纹连接直接装夹在夹具上	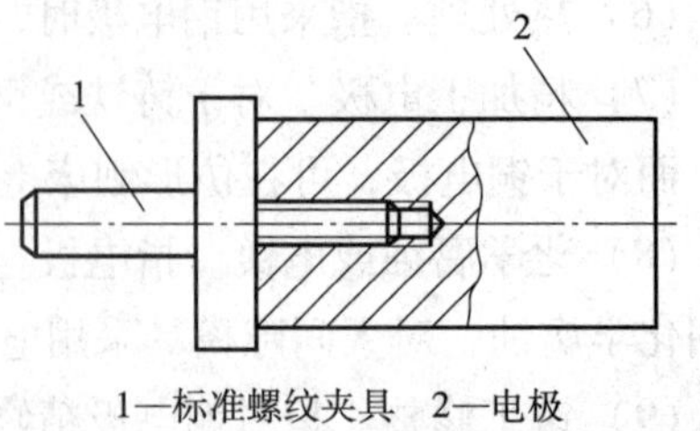 1—标准螺纹夹具　2—电极

续表

类别		应用场合	应用图例
整体式电极夹具	石墨电极夹具	由于石墨材料性脆不适宜攻螺孔，可以采用螺栓或压板将电极固定于连接板上	
镶拼式电极夹具		一般是先用连接板将几块电极拼块连接成所需的整体，可以用机械方法固定（图 a），也可以用聚氯乙烯醋酸溶液或环氧树脂黏合（图 b），注意拼合面需平整密合	a） b） 1—连接主轴头 2—连接板 3—螺钉 4—环氧树脂

2. 电极的校正

数控电火花成型加工时，应通过校正电极，使电极轴线与主轴轴线一致，保证电极与工件垂直，保证电极的横截面基准与机床 *X*、*Y* 轴平行。常用的电极校正方法见表 4—2—2。

表 4—2—2　　常用的电极校正方法

校正方法	图示	说明
千分表校正		由主轴带动电极上、下移动，在相互垂直的两个圆柱母线方向上，用千分表找出误差。使用六个调节手柄反复调整电极位置，使其装夹误差在公差允许范围内

续表

校正方法	图示	说明
火花校正		当电极端面为平面时，可用弱电规准在工件平面上放电打印，根据工件平面上放电火花分布情况来校正电极，直到调节至四周均匀地出现放电火花为止
直角尺校正		采用直角尺可校正侧面较长、直壁面类电极的垂直度。校正时，使直角尺的刀口靠近电极侧壁基准，通过观察它们之间上下间隙的大小来调节电极夹头
盘盖形电极的校正		盘盖形型腔加工所用的电极，由于电极侧面可供校正的平直部分较短，因此多数采用由千分表校正电极连接板上平面的方法来保证电极的垂直度

六、工件的装夹与校正方法

电火花成型加工时，将工件安装于工作台上，必须正确装夹工件，并对工件进行校正。有定位要求的工件，应该加工出一对直角基准面，作为校正基准。

1. 工件的装夹方法

由于工件的形状、大小各异，所以电火花成型加工时工件的装夹方法有很多种。通常用磁力吸盘来装夹工件；为了适应各种不同工件加工的需求，还可使用其他专用工具来进行装夹。常用的工件装夹方法见表4—2—3。

表 4—2—3　　常用的工件装夹方法

装夹方法	图示	说明
用磁力吸盘装夹工件	磁力吸盘	磁力吸盘的磁力是通过吸盘内六角孔中插入的扳手来控制的。当扳手处于“OFF”侧时，吸盘表面无磁力，这时可以将工件放置于吸盘台面，然后将扳手旋转至“ON”侧，工件就被吸紧于吸盘上
用平口钳装夹工件	平口钳	对于一些因安装面积较小，用永磁吸盘安装不牢固的工件，或一些特殊形状的工件，可考虑使用平口钳来进行装夹

2. 工件的校正方法

工件装夹完成后，要对其进行校正。电火花成型加工属于精密加工范畴，一般使用千分表来校正工件。校正用千分表由指示表和磁性表座组成。磁性表座用来连接指示表和固定端，其连接部分可以灵活摆成各种样式，使用非常方便。图 4—2—3 所示为使用千分表在电火花成型机床上校正工件。在工件夹紧前，应该用千分表分别找正工件两个垂直基准面与工作台纵、横向坐标移动方向平行，保证精度在允许误差范围内。

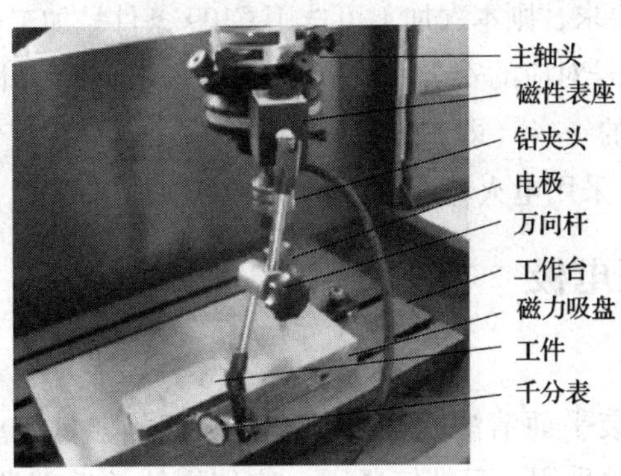

图 4—2—3　用千分表校正工件

技能训练

在板料上加工直径 ϕ15 mm、深度 5 mm 的圆孔，如图 4—2—4 所示。材料为 45 钢，淬火 50HRC 以上。本课题初步练习单孔电火花成型加工，不追求孔中心到工件边缘距离尺寸的精度。

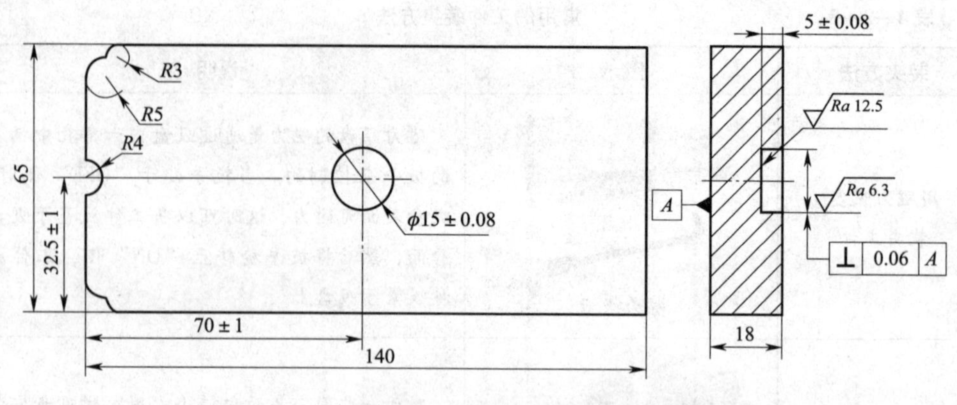

图 4—2—4　单型腔模具零件图

一、工艺分析

加工图 4—2—4 所示零件的单孔，需要完成电极制造、电极装夹与校正、工件装夹与校正、编写程序、加工操作等加工阶段。

二、制作电极

1. 电极材料选择紫铜。

2. 电极尺寸的确定。按铜电极加工钢件，电极截面面积为 1.77 cm^2，查附录的附表 1 电加工参数表，选最小耗损型 C109 作为第一加工条件号。由于 C109 条件号对应的表面粗糙度能符合加工要求，则本次加工可选用 C109 条件号加工至结束，中间不需要换条件号。根据 C109 条件号对应的安全间隙 0.4 mm，电极截面基本尺寸取 ϕ14.6 mm，公差取工件成型加工公差的一半（即 ±0.025 mm），电极长度保证安装即可。

3. 电极加工方法。采用电火花线切割加工或车削加工。

三、装夹与校正电极

1. 电极的装夹

将电极与夹具的安装平面清洗或擦拭干净，保证接触良好。此电极为小型电极，采用带柄的螺纹紧固，故采用一只螺钉紧固，应使螺纹的后部带有基准平面，加大与电极的接触面积，并加一个弹簧垫圈防止松动。也可把电极和夹具制造成一体，直接装夹在机床主轴上。

2. 电极校正

按表 4—2—2 所示的方法校正电极。电极为圆柱形，在整个圆周 360°方向上所有形状特征一致，因此不需要绕 *Z* 轴线旋转校正电极。

（1）*X* 方向校正电极

让千分表触头压在电极 *X* 向母线上，操纵机床 *Z* 轴方向上下移动，如图 4—2—5a

所示，观察表针的摆动情况。如果表针的数值增大，说明表针压入工件太多，需要逆时针方向旋转图 4—2—5b 所示左侧 X 方向调节手柄，使电极向表针数值减小的方向倾斜；如果表针的数值减小，说明表针压入工件太少，需要顺时针方向旋转左侧 X 方向调节手柄，使电极向表针数值增大的方向倾斜。经过反复多次调整，最终使表针稳定在公差允许范围内均匀摆动。

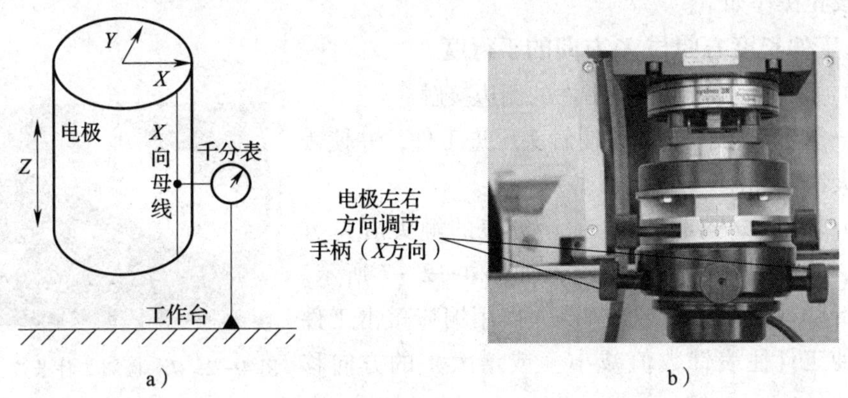

图 4—2—5 X 方向校正电极

当逆时针方向旋转左侧 X 方向调节手柄时，应该按顺时针方向旋转右侧 X 方向调节手柄，使调节手柄相互并紧；顺时针方向旋转左侧 X 方向调节手柄时则相反。

（2）Y 方向校正电极

让千分表触头压在电极 Y 向母线上，操纵机床 Z 轴方向上下移动，如图 4—2—6a 所示，观察表针的摆动情况。如果表针的数值增大，说明表针压入工件太多，需要逆时针方向旋转图 4—2—6b 所示前侧 Y 方向调节手柄，使电极向表针数值减小的方向倾斜；如果表针的数值减小，说明表针压入工件太少，需要顺时针方向旋转前侧 Y 方向调节手柄，使电极向表针数值增大的方向倾斜。经过反复多次调整，最终使表针稳定在公差允许范围内均匀摆动。

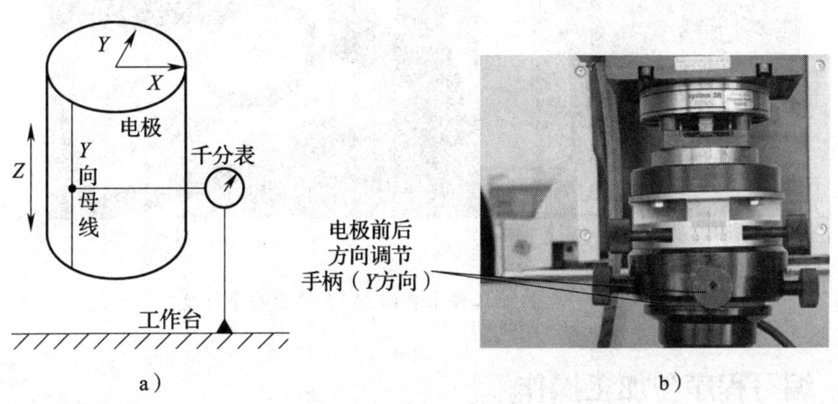

图 4—2—6 Y 方向校正电极

当逆时针方向旋转前侧 Y 方向调节手柄时，应该按顺时针方向旋转后侧 Y 方向调节手柄，使调节手柄相互并紧；顺时针方向旋转前侧 Y 方向调节手柄时则相反。

四、装夹与校正工件

用磁力吸盘直接将工件固定在电火花成型机床工作台上，并利用千分表校正工件。工件的校正操作如下。

1. 工件长度方向与 X 方向的平行度

（1）把千分表的触头与工件的侧边接触。

（2）转动 Y 方向的手轮使触头压进工件，并使表针转过大约 40 格。

（3）转动 X 方向手轮，使千分表的触头沿 X 方向运动，观察表针的摆动情况，如图 4—2—7 所示。如果表针的数值增大（或减小），需用铜棒敲击工件边缘，使工件往表针数值减小（或增大）的方向移动。

图 4—2—7　检测工件长度方向与 X 方向的平行度

2. 工件上表面与 XY 平面的平行度

检测工件上表面与 XY 平面的平行度，需要在工件上表面进行两个方向打表，如图 4—2—8 所示。

检测工件沿 X 方向的高度差的方法如图 4—2—8a 所示。使千分表触头压上工件，表针转过大约 40 格。转动 X 方向手轮使千分表的触头沿 X 方向运动，观察表针的摆动情况。若表针在往右侧移动时数值增大，说明表针压入工件太多，需要在工件左侧的下方垫高一定高度；反之则需要在工件右侧的下方垫高一定高度。反复多次调整与检测操作，直至千分表表针摆动在加工精度允许范围之内。

Y 方向的检测和调整也按照此操作进行，如图 4—2—8b 所示。

a）

b）

图 4—2—8　检测工件上表面与 XY 平面的平行度

五、编写程序与加工操作

按照手动加工方式加工孔，具体步骤及操作见表 4—2—4。

表 4—2—4　　　　单型腔零件加工步骤及操作

步骤	操作	图示
开机回零	开机进入“准备”屏，按“F1”键后在“三轴”处回车，完成三轴回零	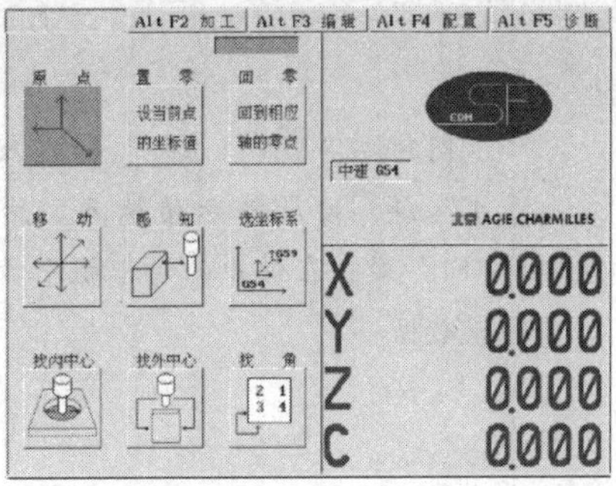
建立工作坐标系	移动电极到工件的中心，可使用游标卡尺校准电极中心到工件边缘位置。按“F6”键后，用空格选 G54 作为工作坐标系	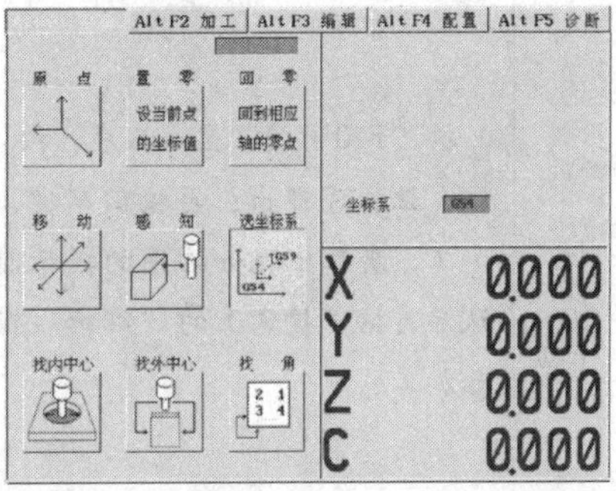
	按“F8”键后再按屏幕示值输入，分别把光标移到 X、Y 向中心后，按回车键执行。按“F2”键进入“置零”。按回车键执行时，屏幕出现确认提示	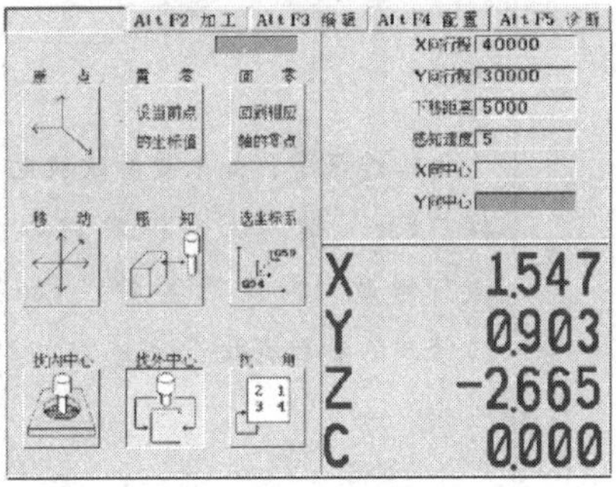
编写程序	按手控盒上的“继续”键后再按回车键。按“F5”键选“－Z 感知”。按“F2”键后，光标到 Z 处输入 1 mm，按回车键两次。按“F10”键，退出子功能	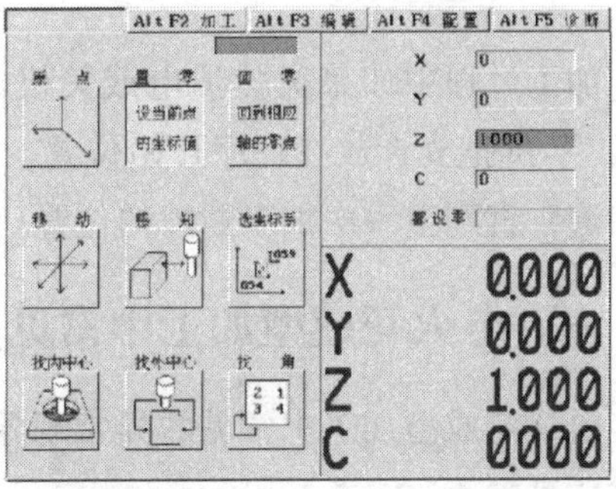

续表

步骤	操作	图示
编写程序	同时按“ALT”“F2”键进入“加工”屏，按屏幕示值输入。然后按“F1”键，在弹出的对话框中输入平动数据	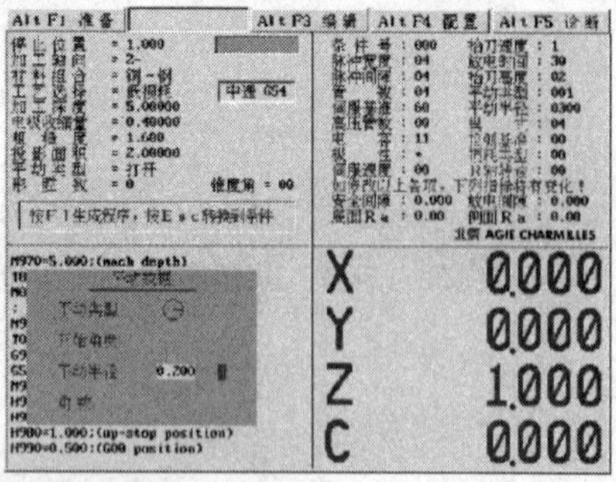
	按“F10”键，生成程序；按“F8”键，让程序弹出；再按回车键，即可加工。屏幕出现如右图的提示时，确认后再按手控盒上的“继续”键，开始加工	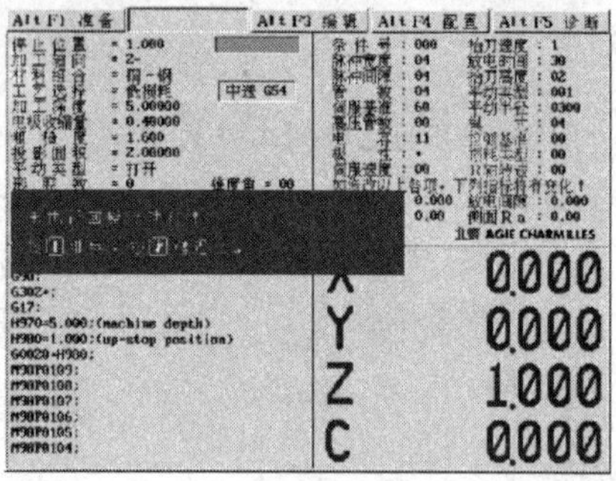
零件加工	加工过程中，如果要修改放电参数，按“Esc”键，让光标跳到参数区，进行修改；修改后再按“Esc”键，使修改的参数有效	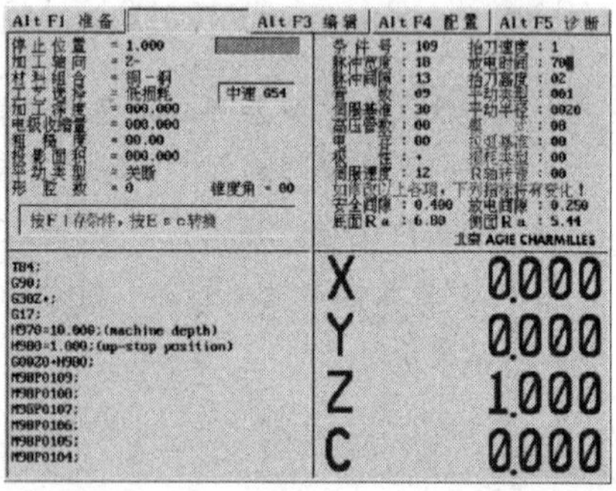

加工过程中如果突然掉电或关机，重新加工时机床要先回原点再回零，然后在“加工”屏把光标放在程序开始位置，按回车键从头执行。此时，已加工的程序会空走一遍，直到上一次加工断掉的位置。

六、电火花成型加工中常见异常现象及处理

电火花成型加工中常见的异常现象主要是由于排屑不良引起的拉弧、积炭等，处理措施见表4—2—5。

表 4—2—5 电火花成型加工中的常见异常现象及处理措施

发生位置或现象	图示	产生原因	处理措施
发生在底部	电极材料：铜 工件材料：钢	加工电流太大 抬刀设定错误 脉冲太短	降低峰值电流 提高抬刀频率 延长脉冲间隔
发生在角部	电极材料：铜 工件材料：钢	加工小面积时电流太大 抬刀设定错误	降低峰值电流 提高抬刀频率 延长脉间
发生在电极的凹进部分	电极材料：铜 工件材料：钢	伺服电压太低 抬刀设定错误 冲油处理错误	增加间隙电压 增加抬刀高度 加大冲油压力
发生在槽口的角部	电极材料：石墨 工件材料：钢	加工电流太大 抬刀设定错误 脉间太短	降低峰值电流 提高抬刀频率 延长脉间
在角部出现了隆起物	电极材料：石墨 工件材料：钢	脉宽太大 脉间太短	降低峰值电流 延长脉间
电极异常损耗	电极材料：铜钨合金 工件材料：硬质合金	脉间太短 伺服电压太低 抬刀设定错误	延长脉间 增加间隙电压 提高抬刀频率

七、评分标准

电火花成型机床加工单型腔零件评分标准见表4—2—6。

表4—2—6　　电火花成型机床加工单型腔零件评分标准

考核项目	考核内容及要求	配分	评分标准	检测结果	得分
加工精度	侧面加工表面粗糙度 *Ra*6.3 μm	6	超差不得分		
	底面加工表面粗糙度 *Ra*12.5 μm	6	超差不得分		
	$\phi(15\pm0.08)$ mm	8	每超差0.01 mm扣2分		
	(32.5 ± 1) mm	8	每超差0.1 mm扣2分		
	(70 ± 1) mm	8	每超差0.1 mm扣2分		
	垂直度0.06 mm	8	每超差0.01 mm扣2分		
维护	润滑	6	少润滑一处扣3分		
	清除脉冲电源柜上的灰尘	6	未按规范要求操作每次扣3分		
	工作台面清洁	6	未按规范要求操作每次扣3分		
	更换切削液	6	未按规范要求操作每次扣3分		
	机床附件的维护	5	未按规范要求操作不得分		
	工量具的维护	5	未按规范要求操作不得分		
安全文明生产	正确执行安全技术操作规程	6	每违反一项规定扣2分		
	正确穿戴劳动保护用品	6	工作服（帽）等穿戴不整齐不得分		
工时定额	90 min	10	每超10 min扣5分，超30 min考核不及格		
总分		100			

课题三 多型腔模具零件加工

一、电极的设计

1. 电极的分类

(1) 按照结构分类

按照结构形式分，电火花成型电极有整体式电极、镶拼式电极和分解式电极三种，见表4—3—1。

表4—3—1 电极按结构分类

类型	图示	说明
整体式电极		整个电极用一块材料加工而成
镶拼式电极		电极形状复杂，整体加工有困难。这类电极常分成几块，分别加工后再镶拼成整体
分解式电极	用电极Ⅰ加工 用电极Ⅱ加工	电极分解成简单的几何形状分别制造。以相应的加工基准，逐步将工件型腔加工成型。分解式电极多用在形状复杂的异型孔和型腔的加工

采用分解式电极成型加工，可简化电加工工艺。但是，必须统一加工基准，否则将增大加工误差。

(2) 按电极的开关分类

按电极的开关分类，电极分为2D电极和3D电极。

1）2D 电极。电极成型部分为贯通形状，可由传统铣削或线切割加工。

2）3D 电极。电极成型部分有非贯通部分，须由 CNC 铣削加工

2. 对电极的技术要求

（1）电极的几何形状要和模具型孔或型腔的几何形状完全相同，其尺寸大小根据模具型孔或型腔的尺寸及公差、放电间隙的大小、凸模与凹模的配合间隙来决定。

（2）电极的尺寸精度不低于 IT7 级。

（3）电极的表面粗糙度值应在 *Ra*1. 25 μm 以下。如果采用铸铁或铸铜，表面不能有砂眼。

（4）各表面的平行度要求每 100 mm 长度内不能大于 0. 02 mm。

（5）电极加工成型后变形小，具有一定的强度。

3. 电极设计原则

（1）加工深度方向尺寸最浅

在电极设计时，应保证在电极的放电加工方向最浅（在可能的情况下）。如果设计成放电深度方向最浅时，对于同样体积的加工量来说，其放电面积就最大，因此，可以用较大的加工电流来得到很好的加工效率，缩短加工时间。另外，加工越浅，排屑也会越好，发生放电异常现象（如积炭）的机会就很少。

（2）开向尺寸延长

在放电设计时，由于电极的尖角极易消耗，加上放电的间隙，在角落处就会形成圆角。对于封闭的形状来说，这些都是无法避免的。但是，在开向尺寸的加工时，如果电极设计得刚好和开向形状一样大小，则在开向尺寸的外边就会有一部分余料留下，如图 4—3—1 所示。

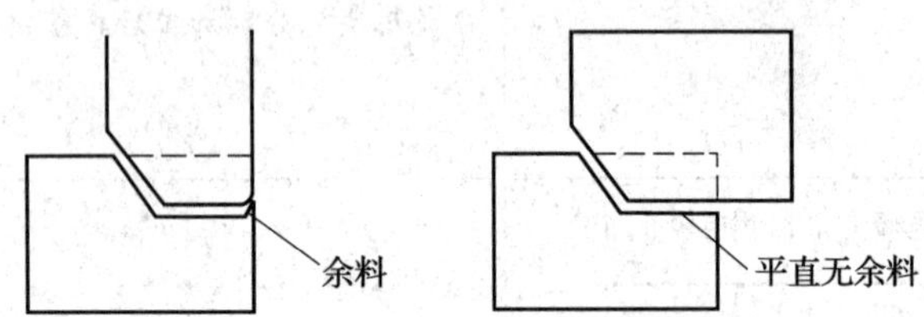

图 4—3—1　开向尺寸延长

所以，在设计电极时，开向尺寸应延长。将一个工位拆成几个工位电极，加工时各个电极的加工范围应相互重叠一部分，以防止在各电极的交界处出现小筋。

（3）可重复利用

在电极设计时，同一个工位可能有两种或两种以上的方案供选择。此时，可以考虑电极在加工后经简单的修整而再次使用。

如图 4—3—2 所示，虽然从单个电极的加工成本及单个工件的加工时间来说，电极设计方案 A 和方案 B 没有太大差异。但是，如果采用方案 A，在电极消耗后只能更换新的电极。在多件工件加工时，电极的制作和更换时间消耗很多。如果采用方案 B，

电极在消耗后将底面消耗的部分割去即可（也可直接铣削电极），节省了时间，故能得到很好的效益。因此，采用方案 B 更适合。

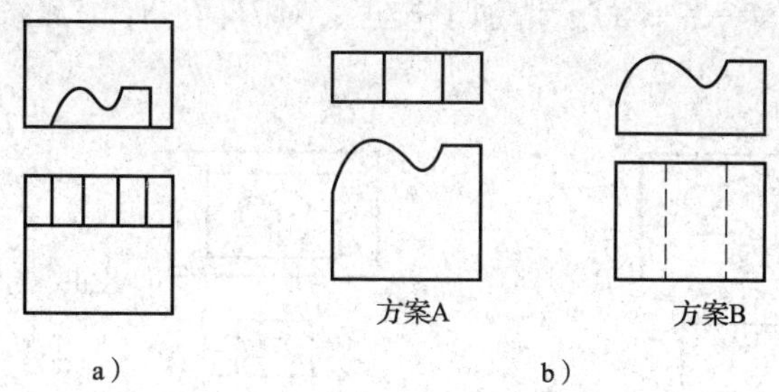

图 4—3—2　电极设计可重复利用

a）零件　b）电极设计方案 A 和 B

（4）电极应易于加工

在电极设计时，应注意设计出的电极在现有工艺条件下应能实现；同时，除非万不得已，不可将电极设计成需要放电加工。否则，会造成放电加工困难，电极制造成本过高等弊病。

（5）尺寸公差要合理

应在保证零件图要求的情况下，尽可能降低对各加工工段的要求，用 ±0.10 mm 的公差能满足使用要求，就决不要标注成 ±0.01 mm。否则，会造成不必要的浪费。

（6）电极的毛刺应易去除

在各工段的加工中，不可避免会产生毛刺。其中，以铣床、磨床的毛刺较大，线切割的毛刺较少。因此，要将电极设计成易于去除毛刺的结构。

如图 4—3—3 所示，凸台形状需要放电进行加工，方案 A 、方案 B 设计的电极均可以完成零件加工。由于上述电极一般采用先线切割下料加工，再在磨床上加工 *A* 面的加工工艺过程。方案 A 的电极经过磨削会出现毛刺内翻，不容易去掉；方案 B 经磨削后，毛刺容易去除。因此，方案 B 更适合。

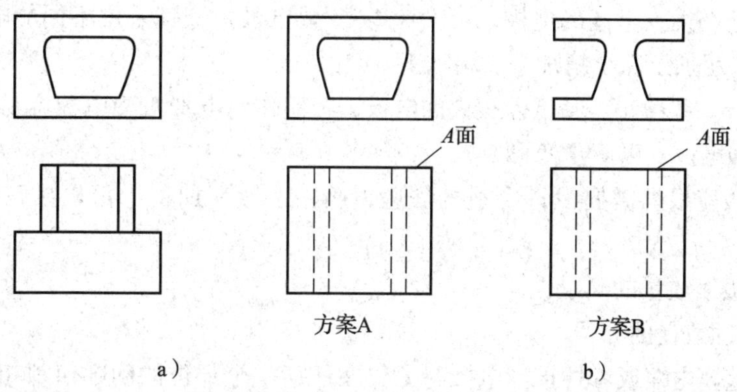

图 4—3—3　电极毛刺易去除

a）零件　b）电极设计方案 A 和 B

（7）电极应易于校正

在设计电极时，要考虑电极加工需要校正，增加校正面、对刀面。例如，由 CNC 加工的异形电极（图 4—3—4a），增加了校正、对刀面，保证后续的零件加工，如图 4—3—4b 所示。

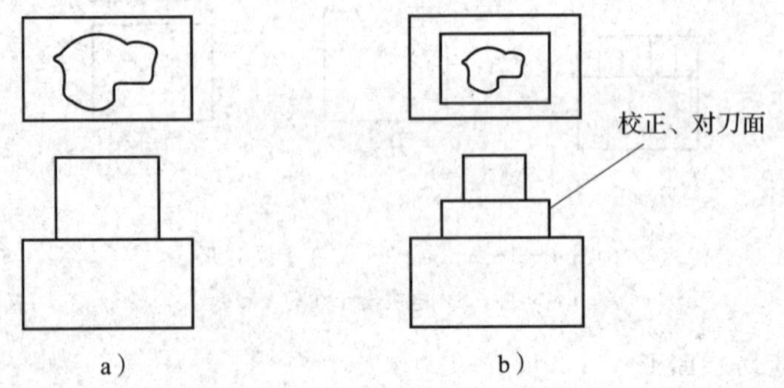

图 4—3—4　电极易于校正

a）异形电极　b）增加校正、对刀面

（8）电极的种类尽可能少

在工件加工过程中，电极种类越多，加工成本就越高。因此，电极的数量及种类越少越好。

（9）薄电极、小齿电极采用铜钨或银钨材料

铜钨及银钨材料具有较高的刚度。与铜材料比较，用它们制成的薄、小电极不易变形，刚度更好，而且电极的制作难度也降低。因此，0.20 mm 以下的小齿一般均采用铜钨材料制作。但是，铜钨及银钨材料的加工效率都低于铜材料，而且价格昂贵。因此，当铜材料的刚度满足加工需要时，仍然优先采用铜材料。

4. 电极的设计要点

（1）优先考虑设计整体结构电极。但是，电火花在加工中存在“面积效应”，电极较大时，易出现排屑困难的情况，会形成二次放电而影响加工效果。

（2）对于精度要求高的电极，可设计 2 ~ 3 根电极，分别采用不同的电极缩放量，以分别应用于粗加工、半精加工、精加工。

（3）对于一些薄小、高低差很大的电极，在制作和电加工中电极容易变形，可以采用一些加强电极，以防止变形。

（4）电极应根据需要设计合适的底座，底座上应有加工中可以校正电极的定位基准。

（5）电极缩放量的确定

1）电极缩放量的分类

①电极整体内缩或者外扩。电极与工位在任何一个部位的间隙值都相等。主要适用于复杂的 3D 电极。

②直线部分与圆弧、倒角等分开设计缩放间隙，电极与工位在一个或多个部位间

隙值不相等。主要适用于2D电极及简单的3D电极。

2）电极缩放数值的确定。不同机床厂家的脉冲电源是不同的，电规准的三个参数、加工中的要求也不同。根据机床厂家提供的标准参数表，决定电极缩放量的主要是加工速度与表面粗糙度。

二、电火花成型加工常用编程指令

1. 指令分类

（1）模态指令

模态指令又称为续效指令，一经程序段中指定，便一直有效，直到后面出现同组另一指令或被其他指令所取代。编写程序时，与上段相同的模态指令可以省略不写。不同组模态指令编在同一程序段内，不影响其续效，如G01、G91等。

（2）非模态指令

非模态指令又称为非续效指令，其功能仅在出现的程序段有效，如G80、G92等。

2. 准备功能（G指令）

准备功能又称为G功能或G代码。G代码是数控电火花加工编程中主要的功能指令，它是设立机床工作方式或控制系统工作方式的一种命令。电火花成型加工机床常用准备功能指令见表4—3—2。

表4—3—2　电火花成型加工机床常用准备功能指令

代码	功能
G00	电极以预先设定的快速移动速度，从当前位置快速移动到程序段指定的目标点
G01	电极从当前点进行直线插补到达指定的目标点
G02	电极在指定平面内进行顺时针方向圆弧插补加工
G03	电极在指定平面内进行逆时针方向圆弧插补加工
G04	执行完该指令的上一段程序之后，暂停一指定的时间，再执行下一个程序段
G05	*X*轴镜像，按指令方向的相反方向运动指定的距离
G06	*Y*轴镜像，按指令方向的相反方向运动指定的距离
G07	*Z*轴镜像，按指令方向的相反方向运动指定的距离
G08	指定其指令后的*X*轴指令值与*Y*轴指令值交换
G09	取消程序指定的镜像、交换模态
G11	跳过段首有“/”的程序段，不去执行该段程序

续表

代码	功能
G12	忽略段首“/”符号，照常执行程序段
G15	使 *C* 轴返回机械零点，对 G54～G59 坐标中的 U 值置零
G17	指定 *OXY* 平面
G18	指定 *OXZ* 平面
G19	指定 *OYZ* 平面
G20	指定程序中尺寸值的单位为英制
G21	指定程序中尺寸值的单位为公制
G30	指定加工中电极的抬刀方式为按照指定方向进行
G31	指定加工中电极的抬刀方式为按照加工路径反方向抬刀
G32	指定加工中电极的抬刀方式为伺服轴回平动中心点后抬刀
G40	取消电极补偿模式
G41	电极中心轨迹在编程轨迹上向左进行一个偏移
G42	电极中心轨迹在编程轨迹上向右进行一个偏移
G53	在固化的子程序中，进入子程序坐标系
G54	机床提供的工作坐标系 1
G55	机床提供的工作坐标系 2
G56	机床提供的工作坐标系 3
G57	机床提供的工作坐标系 4
G58	机床提供的工作坐标系 5
G59	机床提供的工作坐标系 6
G80	使指定轴沿指定方向前进，直到电极与工件接触为止
G81	使机床指定轴回到极限位置
G82	使电极移动到指定轴当前坐标的 1/2 处
G83	把指定轴的当前坐标值读到指定的 H 寄存器中
G84	为 G85 定义一个 H 寄存器的起始地址
G85	把当前坐标值读到由 G84 指定了起始地址的 H 寄存器中，同时 H 寄存器地址加 1
G86	在加工中指定时间来控制加工过程

续表

代码	功能
G90	绝对坐标，所有点的坐标值均以坐标系的零点为参考点
G91	增量坐标，当前点的坐标值是以上一点为参考点得出的
G92	把当前点的坐标值设置成所需要的值

3. 辅助功能

辅助功能也称 M 功能，主要用于控制电火花成型加工时的辅助动作和状态。它由代码和后面的数字组成。电火花成型加工常用辅助功能指令见表 4—3—3。

表 4—3—3　　电火花成型加工常用辅助功能指令

代码	功能	代码	功能
M00	程序暂停	J	圆心 *Y* 坐标
M02	程序结束	K	圆心 *Z* 坐标
M05	忽略接触感知	X	*X* 轴指定
M08	*R* 轴旋转功能打开	Y	*Y* 轴指定
M09	*R* 轴旋转功能关闭	Z	*Z* 轴指定
M98	子程序调用	U	*C* 轴指定
M99	子程序结束	L	子程序重复执行次数
T84	启动液泵	P	指定调用子程序号
T85	关闭液泵	N	程序号
S	*R* 轴转速	C	加工条件号
I	圆心 *X* 坐标	H	补偿代码

技能训练

如图 4—3—5 所示为多型腔模具零件图（图中未标注除电火花成型加工工序以外的尺寸）。加工部位放大视图 *B*、*C* 所示，电火花成型加工型腔截面尺寸及深度均按 ±0. 02 mm 公差加工。毛坯为模块四课题二完成的工件，材料为 45 钢。

一、工艺分析

加工图 4—3—5 所示零件的多型腔，需要完成电极设计（型腔为异形，所以要设计专用的电极）与制造、电极安装、装夹工件、寻边、编程、放电加工等加工阶段。

由零件图分析可知，型腔沿工件中线有两排各八个，两排型腔位置呈180°反向。除工件装夹以外，其他操作均需要分多次完成。零件加工路线如下：

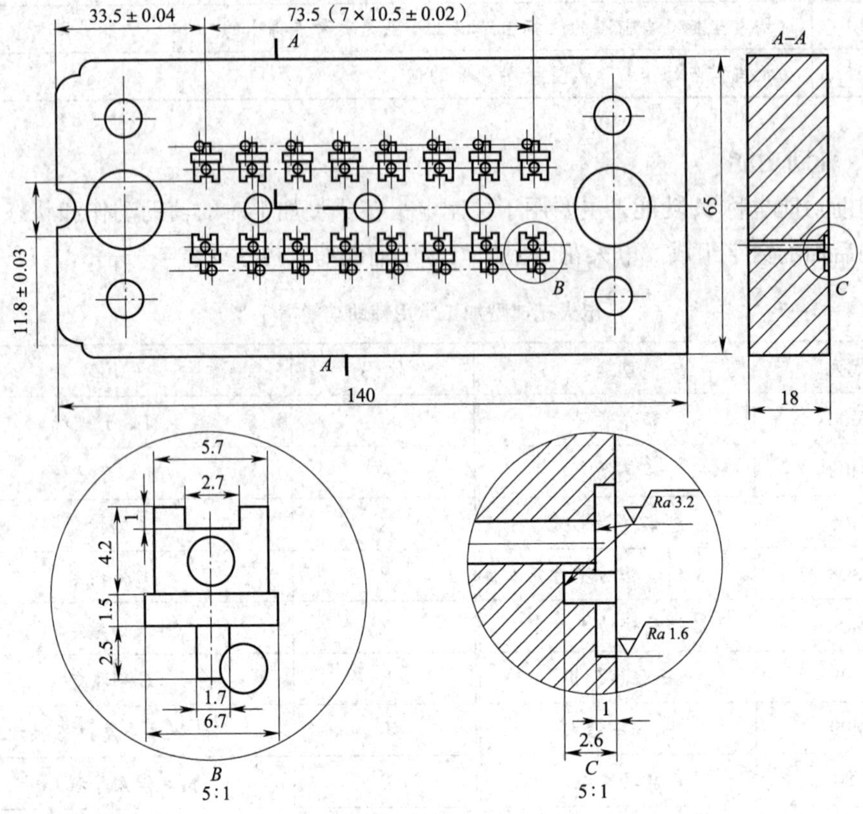

图 4—3—5　多型腔模具零件图

1. 使用图 4—3—6a 所示粗加工电极加工一排八个型腔。

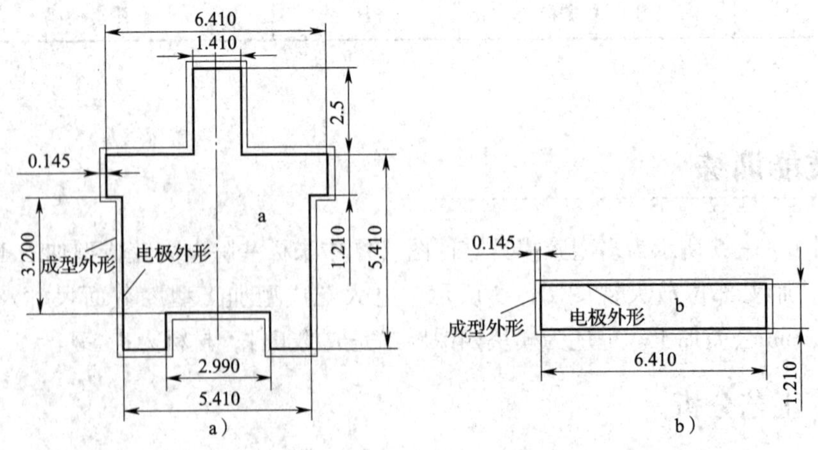

图 4—3—6　粗加工电极零件图

a）电极 a　b）电极 b

2. 将电极围绕 Z 轴旋转 180°，加工另外一排八个型腔。

3. 使用图 4—3—7a 所示精加工电极加工一排八个型腔。

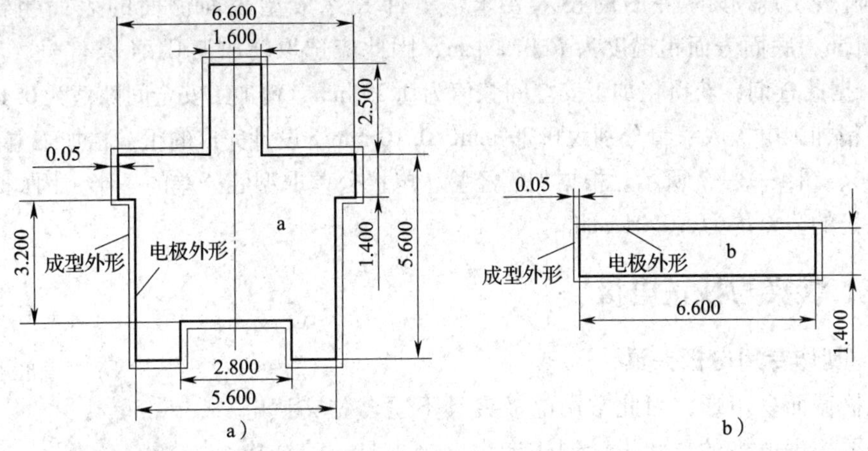

图 4—3—7 精加工电极零件图

a）电极 a b）电极 b

4. 将电极围绕 Z 轴旋转 180°，加工另外一排八个型腔。

5. 使用图 4—3—6b 所示粗加工电极加工一排八个型腔。

6. 将电极围绕 Z 轴旋转 180°，加工另外一排八个型腔。

7. 使用图 4—3—7b 所示精加工电极加工一排八个型腔。

8. 将电极围绕 Z 轴旋转 180°，加工另外一排八个型腔。

下面以第一步为例，介绍多型腔电火花成型加工过程。

二、设计电极

1. 确定电极形状

如图 4—3—8 所示，工件的型腔结构分为三个部分：结构 1 和结构 3 的深度为 1 mm，结构 2 的深度为 2. 6 mm。考虑电极制造的复杂程度，不宜做成整体电极。该型腔结构可以分为电极 a 和电极 b（图 4—3—9），分部加工获得。在电火花成型加工时，先使用电极 a 加工整体型腔的深度至 1 mm，再用电极 b 加工结构 2 的深度至 2. 6 mm。

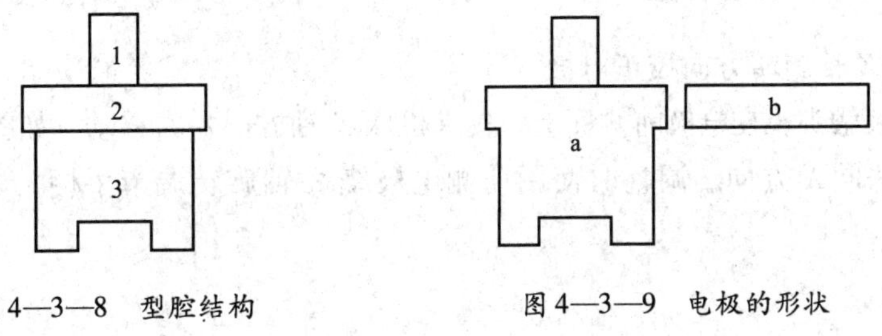

图 4—3—8 型腔结构　　图 4—3—9 电极的形状

2. 确定电极横截面的尺寸

以截面投影面积小于 1 cm^2 为依据，粗加工工艺选择最大去除率型 C148 条件号（参见附表 1）。按零件图的技术要求，工件最终成型表面侧面的表面粗糙度为 $Ra1.6$ μm，底面表面粗糙度为 $Ra3.2$ μm，因此应选取精加工 C124 条件号（参见附表 1）。据此查询，获得粗加工安全间隙值为 0.29 mm，精加工安全间隙值为 0.10 mm，即粗、精加工电极收缩量分别为 0.29 mm、0.10 mm。设计完成的粗、精加工电极如图 4—3—6、图 4—3—7 所示。根据加工经验，电极公差取型腔公差的一半，因此粗、精加工电极的公差均为 ±0.01 mm。

三、装夹与找正电极

1. 制作专用电极夹具

电极截面呈矩形，因此常用电极夹具不适合装夹该电极，需要根据电极的形状设计制作专用电极夹具，其结构如图 4—3—10 所示。

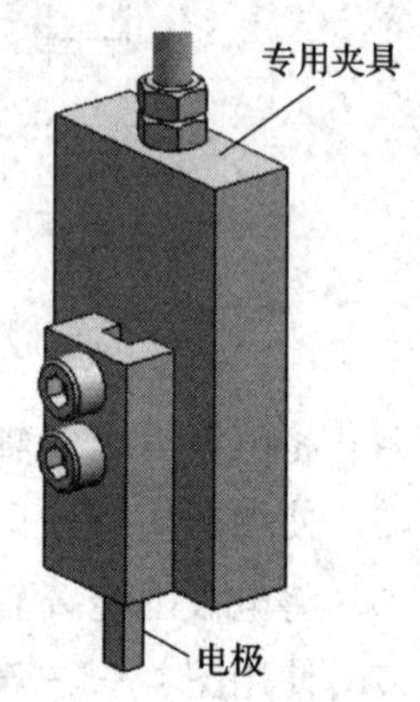

图 4—3—10 专用电极夹具

2. 千分表校正电极

（1）X 方向校正电极

让千分表触头压在电极右侧面上，操纵机床 Z 轴方向上下移动，如图 4—3—11 所示；观察表针的摆动情况，根据表针的数值增大或减小旋转调节手柄，经过反复多次调整，最终使表针在公差允许范围内均匀摆动。

（2）Y 方向校正电极

让千分表触头压在电极前侧面上，操纵机床 Z 轴方向上下移动，如图 4—3—12 所示，调整方法同 X 方向。

图 4—3—11 X 方向校正电极

图 4—3—12 Y 方向校正电极

（3）绕 Z 轴旋转方向校正电极

让千分表触头压在电极前侧面上，操纵机床 X 轴方向左右移动，如图 4—3—13a 所示，调整方法同 X 方向。调整时使用前侧电极绕 Z 轴旋转调节手柄，如图 4—3—13b 所示。

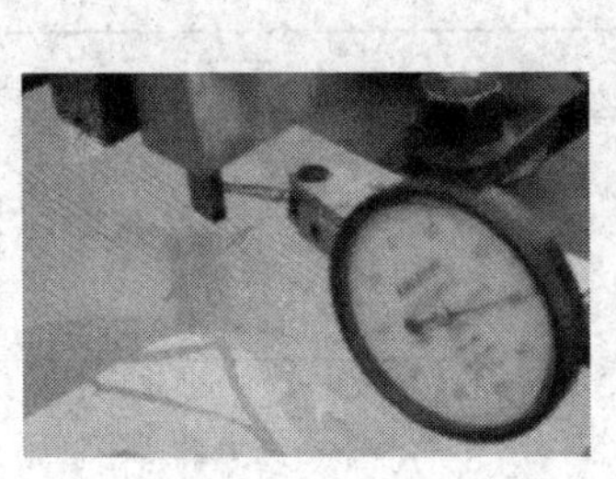

图 4—3—13 绕 Z 轴旋转方向校正电极

四、装夹与校正工件

工件的装夹比较简单，通过磁性吸块安装在工作台上即可。由于型腔组分布方向须与 X 方向平行，把工件安放在磁性吸块上后，必须保证工件的长边与 X 方向平行。用千分表检测工件装夹误差，如图 4—3—14 所示。校正工件时，把千分表的磁性表座固定在机床的主轴头上，调整千分表的触头使其与工件接触。注意：千分表的触头在与工件接触时，不能让触头与检测平面垂直，应使触头与工件成一定的角度。工件校正的操作步骤与模块四课题二“技能训练”中相同，具体如图 4—3—15 所示。

图 4—3—14 千分表的安放

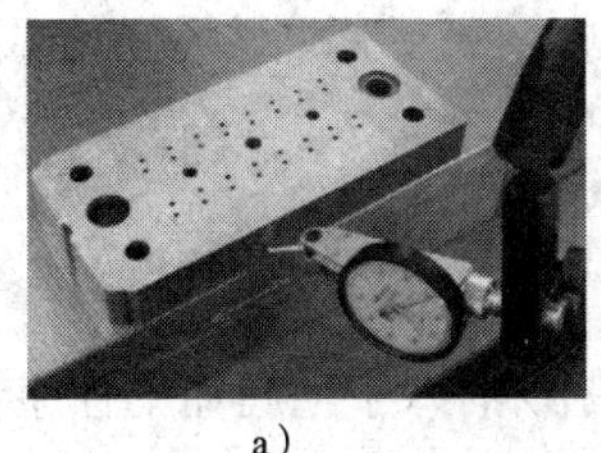

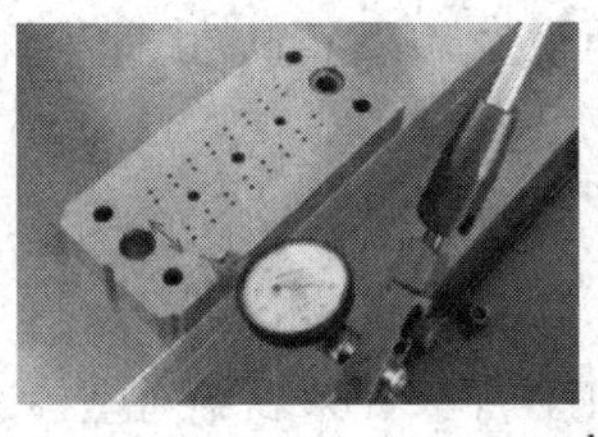

a）

b）

图 4—3—15 工件校正操作

a）校正工件长度方向与 X 方向的平行度 b）校正工件上表面与 XY 平面的平行度

五、确定加工位置

采用电极碰边法确定第一型腔加工坐标，其他型腔坐标依据第一型腔位置和零件图所示型腔间距推算获得。

1. 确定第一型腔坐标

根据图 4—3—6a 所示粗电极确定左下方第一型腔坐标，其具体操作步骤见表 4—3—4。

表 4—3—4　　确定第一型腔坐标的操作步骤

步骤	操作	图示
Y 轴寻边	将电极降到工件上表面以下，操纵机床沿 Y 轴负方向移动，使电极靠近工件，听到蜂鸣器发出声音，将 Y 轴坐标清零；为了确保坐标准确，可反复接触几次 由图示可知，Y 坐标为负方向 44.6 − 0.145 = 44.455 mm	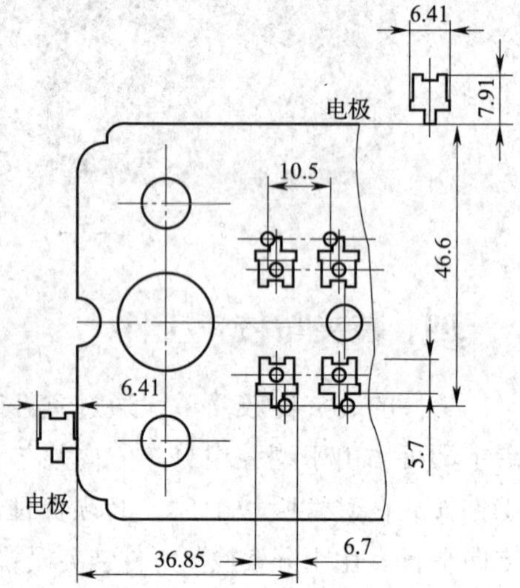 6.41　7.91　电极　10.5　46.6　6.41　5.7　电极　36.85　6.7
X 轴寻边	X 轴寻边方法与 Y 轴寻边方法类似 由图示可知，X 坐标为正方向 36.85 − 0.145 = 36.705 mm	
Z 轴寻边	主轴下降直至工件与电极接触后自动停，蜂鸣器发出报警声，以此确定 Z 坐标	

第一型腔的加工坐标确定为（X1 = 36.705 mm，Y1 = −44.455 mm）。

2. 确定剩余型腔坐标

工件下方一排八个型腔布置方向与 X 轴平行，因此这一排八个孔的 Y 坐标均为 −44.455 mm。每个型腔的横向间距为 10.5 mm，由此推算剩余七个孔每相邻两孔位置的 X 坐标增加 10.5 mm。

六、编写程序

编写第一排八个型腔的粗加工程序。如果以绝对坐标编制所有八个型腔加工程序，需要反复输入八个型腔的绝对坐标，程序会很长，工作量大且容易出错。因此，优先选用子程序相对坐标编程。先使用绝对坐标确定第一型腔坐标，剩余型腔按 X 方向增量 10.5 mm 相对坐标编制程序，子程序循环七次即可。参考程序如下：

程序	说明
G90;	绝对坐标指令
G30 Z+;	按指定 Z 轴正方向抬刀
G17;	XOY 平面
M05 G00 Z+1.0;	忽略接触感知，快速移动到 Z1 mm 处
G00 X36.754 Y−43.998;	快速移到（X36.754 mm，Y−43.998 mm）处

续表

程序	说明
G00 Z+0.500;	快速移动到 Z0.5 mm 处
C146;	按 146 号条件加工
G01 Z-0.89;	加工到 Z-0.89 mm 处
G30 Z+;	按指定 *Z* 轴正方向抬刀
M05 G00 Z1.0;	忽略接触感知，快速移动到 Z1 mm 处
M98 P0126 L007;	调用 126 号子程序 7 次
M05 G00 Z+1.0;	忽略接触感知，快速移动到 Z1 mm 处
T85 M02;	关闭电解液泵，程序结束
N0126;	126 号子程序
G91 X10.5	*X* 坐标增加 10.5 mm
G00 Z+0.500;	快速移动到 Z0.5 mm 处
C127 OBT000;	关闭自由平动，按 127 号条件加工
G01 Z-0.89;	加工到 Z-0.89 mm 处
G30 Z+;	按指定 *Z* 轴正方向抬刀
M99;	子程序结束

七、加工操作

1. 调入程序

（1）在“编辑”屏下按“F1”键，弹出提示屏幕（图 4—3—16），确认从硬盘或软盘调入程序。

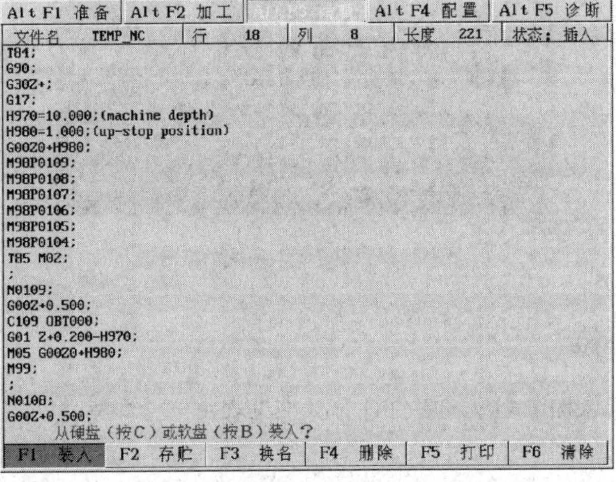

图 4—3—16 “编辑”屏

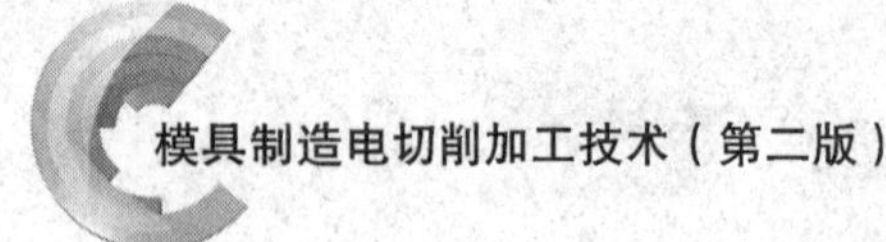

（2）按“C”键，屏幕右侧出现可供选择的程序栏，如图 4—3—17 所示。用箭头键选中要装入的程序，按回车键，程序即装入系统内存。

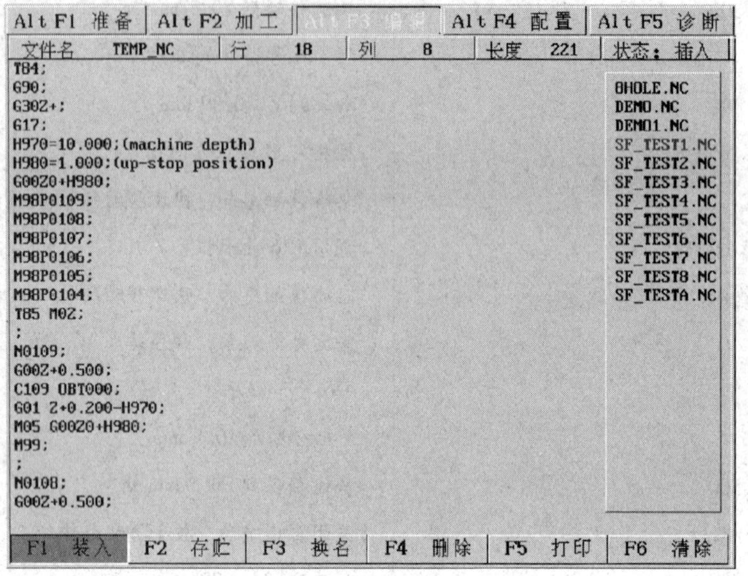

图 4—3—17　程序选择

2．执行程序

程序执行前，系统会提示操作者确认机床是否回过原点。确认无误后，操作者按手控盒上的相应键即可正常加工。

通过以上操作即可完成图 4—3—8a 所示粗加工电极对第一排八个型腔的粗加工。剩余七个加工步骤可参考以上操作继续进行。加工完成的零件如图 4—3—18 所示。

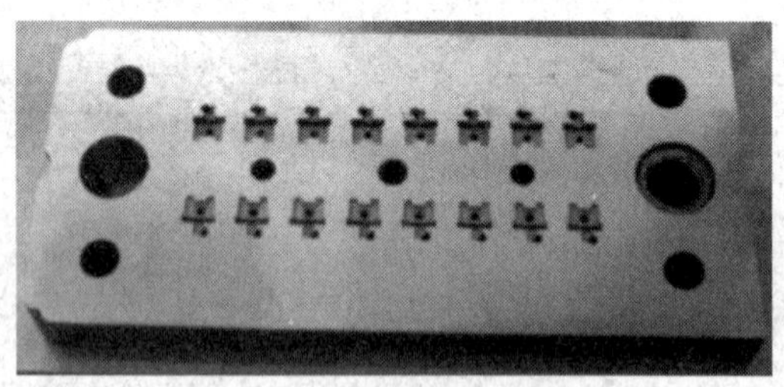

图 4—3—18　加工完成的零件

八、评分标准

电火花成型机床加工多型腔零件评分标准见表 4—3—5。

表 4—3—5　　　　电火花成型机床加工多型腔零件评分标准

考核项目	考核内容及要求	配分	评分标准	检测结果	得分
加工精度	表面粗糙度 *Ra*1.6 μm	0.5×16	超差不得分		
	表面粗糙度 *Ra*3.2 μm	0.5×16	超差不得分		
	定位（11.8±0.03）mm	0.5×8	超差不得分		
	定位（10.5±0.02）mm	0.5×16	超差不得分		
	定位（33.5±0.04）mm	2	超差不得分		
	深度（2.6±0.02）mm	0.3×16	超差不得分		
	深度（1±0.02）mm	0.3×16	超差不得分		
	外形（6.7±0.02）mm	0.3×16	超差不得分		
	外形（2.7±0.02）mm	0.3×16	超差不得分		
	外形（5.7±0.02）mm	0.3×16	超差不得分		
	外形（1.7±0.02）mm	0.3×16	超差不得分		
	外形（1±0.02）mm	0.3×16	超差不得分		
	外形（1.5±0.02）mm	0.3×16	超差不得分		
	外形（4.2±0.02）mm	0.3×16	超差不得分		
	外形（1.6±0.02）mm	0.3×16	超差不得分		
维护	润滑	2	少润滑一处扣 1 分		
	机床附件的维护	3	未按规范要求操作不得分		
	工量具的维护	3	未按规范要求操作不得分		
安全文明生产	正确执行安全技术操作规程	2	每违反一项规定扣 2 分		
	正确穿戴劳动保护用品	2	工作服（帽）等穿戴不整齐不得分		
工时定额	200 min	10	每超 10 min 扣 5 分，超 30 min考核不及格		
总分		100			

课题四　典型冲模零件加工

图 4—4—1 所示为典型冲模零件图，需要电火花成型加工该零件圆周上均匀分布的 16 个梨形通槽。槽的尺寸：小端 *R*3 mm，大端 *R*5 mm，均布；*R*3 mm 至 *R*5 mm 的

中心距为 6 mm；均布 16 槽的最大外圆直径为 ϕ108 mm。所有尺寸按 ±0.03 mm 加工。槽与下底基准面的垂直度公差 0.04 mm。电火花成型加工表面粗糙度值为 Ra1.6 μm。毛坯材料为 Cr12MoV 钢。

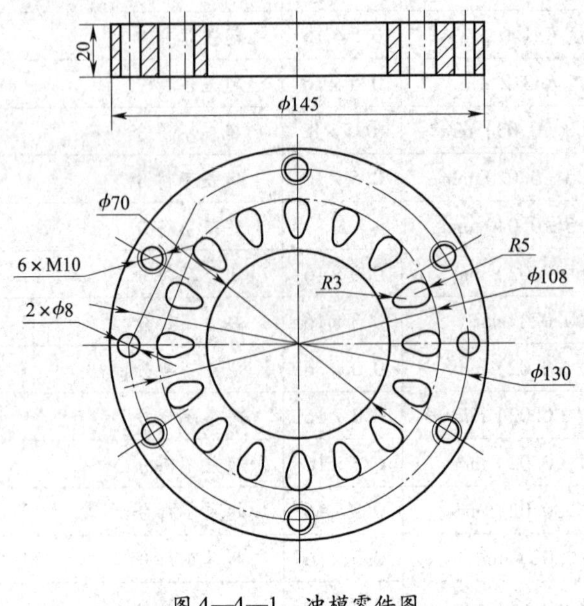

图 4—4—1　冲模零件图

一、工艺分析

1. 确定加工方案

由图 4—4—1 可知，要电火花成型加工凹模的孔，是一个多型腔加工，加工方案有以下两种：

（1）制作多个电极组合成一体，对各孔同时加工。

（2）只制作一个电极，对各孔依次加工；或制作两个电极分别进行粗、精加工。这种加工方法需要制作一个能分度的夹具。

由于冲模零件是凹模，在使用中还需要与凸模配合装配，装配时凸、凹模之间需要保证一定的间隙。因此，采用凸模作为电极直接加工凹模的方法，通过选择合适的加工参数，能使凸、凹模之间得到最佳间隙。加工完成后，需要切除凸模上的损耗部分并截取适当的长度作为正式凸模。

本课题选用组合电极加工该冲模零件。

2. 电火花加工工艺数据

为达到加工精度，加工分为粗加工和精加工两个工艺过程。

（1）粗加工工艺数据

材料组合为铜电极—钢件，工艺选择为最大去除率型参数，单个型腔加工投影面积为 1.04 cm^2，以此选取 C149 条件号。由 C149 条件号获得加工参数：电极长度损耗

20 ×1.8% =0.36 mm，安全间隙为 0.35 mm，放电间隙为 0.19 mm。

（2）精加工工艺数据

为了使加工表面达到表面粗糙度要求（Ra1.6 μm），选取 C105 条件号。由 C105 条件号获得加工参数：电极长度损耗 20 ×0.1% =0.02 mm，安全间隙为 0.11 mm，放电间隙为 0.06 mm。

二、电极设计与制造

1. 根据加工方案，需要按照单孔形状制作粗加工电极和精加工电极各一个。

2. 电极材料选择紫铜。

3. 确定电极尺寸。根据上述数据查表得到安全间隙数值和型腔外形尺寸，确定粗加工电极和精加工电极，如图 4—4—2 所示。

4. 制作电极。电极的组合形式如图 4—4—3 所示。电极组合的质量直接影响加工质量，因此对组合电极的装配质量提出较高的技术要求。

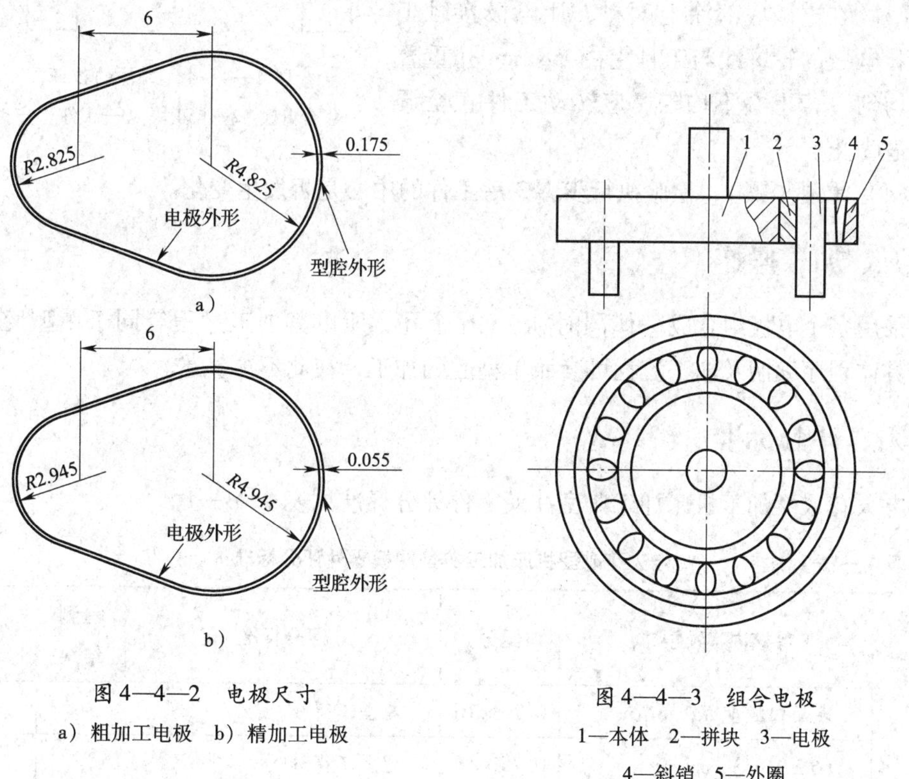

图 4—4—2 电极尺寸
a）粗加工电极 b）精加工电极

图 4—4—3 组合电极
1—本体 2—拼块 3—电极
4—斜销 5—外圈

三、装夹、校正电极与工件

在电火花加工前首先要校正电极与工件。对于图 4—4—3 所示的组合电极，只需要校正垂直关系。校正方法是：将百分表固定在机床上，表的触头接触在电极上，让机床 Z 轴上下移动，将电极的垂直度调整到满足零件加工要求为止。

四、装夹与校正工件

1. 装夹

工件装夹是用磁力吸盘直接将工件固定在电火花成型机床上。将 X、Y 方向坐标原点定在工件的中心；利用机床接触感知的功能，将 Z 方向坐标的原点定在工件的上表面上。

2. 校正

工件的校正方法及步骤如下：

（1）先将校正块插入工件中，如图 4—4—4 所示。工件上表面粗糙度 $Ra0.8\ \mu m$ 的基准面在下。工件下面要垫上若干高度一致的垫块，既方便电解液流动，也防止电极打到电磁吸盘。

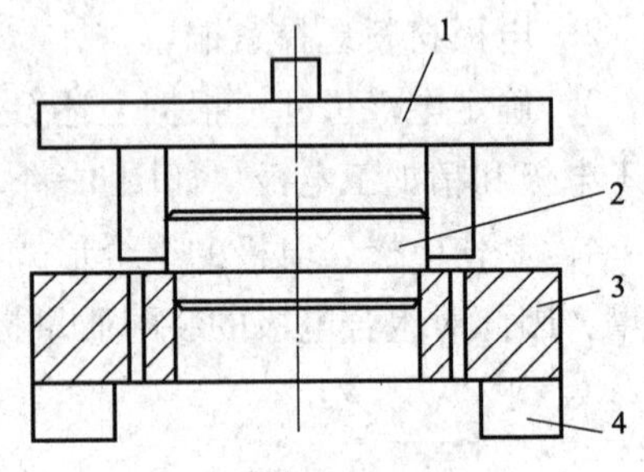

图 4—4—4　工件的校正

1—组合电极　2—校正块　3—工件　4—垫块

（2）取下校正块。

（3）在电极底部涂上颜料，让电极接触工件，看电极的轮廓线与工件上的 $\phi8$ mm 孔重叠是否均匀。若重叠不均匀，应转动工件直至调整合适为止。

（4）重复步骤 1，检验执行步骤 3 后工件的中心是否发生变化。

五、加工操作

采用多个电极组合成一体同时加工 16 个孔，所以其加工过程等同于单型腔的加工，具体程序编制及加工流程可参照单型腔的加工，在此不再赘述。

六、评分标准

电火花成型加工机床加工典型冲模零件评分标准见表 4—4—1。

表 4—4—1　　电火花成型机床加工典型冲模零件评分标准

考核项目	考核内容及要求	配分	评分标准	检测结果	得分
加工精度	表面粗糙度 $Ra1.6\ \mu m$	0.75×16	超差不得分		
	(6±0.03) mm	0.75×16	超差不得分		
	R(3±0.03) mm	0.75×16	超差不得分		
	R(5±0.03) mm	0.75×16	超差不得分		
	(108±0.03) mm	1×8	超差不得分		
	垂直度 0.04 mm	0.75×16	超差不得分		

续表

考核项目	考核内容及要求	配分	评分标准	检测结果	得分
维护	润滑	4	少润滑一处扣2分		
	机床附件的维护	5	未按规范要求操作不得分		
	工具和量具的维护	5	未按规范要求操作不得分		
安全文明生产	正确执行安全技术操作规程	4	每违反一项规定扣2分		
	正确穿戴劳动保护用品	4	工作服（帽）等穿戴不整齐不得分		
工时定额	190 min	10	每超10 min扣5分，超30 min考核不及格		
总分		100			

电火花小孔加工

课题一　电火花小孔加工基本操作

随着电子工业的飞速发展，以及模具行业对小孔加工的要求日益提高，不仅要求能加工小孔，还要求加工的小孔精度高。因此，传统的手动小孔机已不能适应现代加工工艺的需要，全功能电火花小孔机应运而生。这种小孔机在加工性能、加工精度、操作方便性等方面，是手动加工机床无法比拟的。它将代替手动小孔机，成为模具行业必需的一种加工设备。

电火花小孔机（简称小孔机）又称为电火花穿孔机、细孔放电机，如图 5—1—1 所示。它属于电火花加工机床的一种。它是在机械制造业加工微孔、孔系、深小孔，以及在超硬材料上加工孔的首选机床。

电火花小孔加工是遵循电火花成型加工原理进行的。小孔、深孔的加工工艺难度主要表现在加工过程中电蚀物排除困难，为了解决这个问题，电火花穿孔加工必须采用以下特殊的工艺手段：

1. 为了解决电蚀物排除问题，必须加强工作液的循环，使用中空的电极管，通入高压高速流动的工作液。

2. 电极在加工过程中匀速旋转，电极端面损耗均匀，以消除电火花加工时电极振颤带来的影响。

3. 电极在伺服系统的作用下，以高于成型加工的速度进行轴向进给运动。由于高压高速工作液能迅速将电蚀物排出加工区域，从而为加大电火花加工的蚀除速度创造了有利条件。因此，电火花穿孔加工的速度大大高于电火花成型加工，一般情况下蚀除的速度为 20 ~ 60 mm/min，

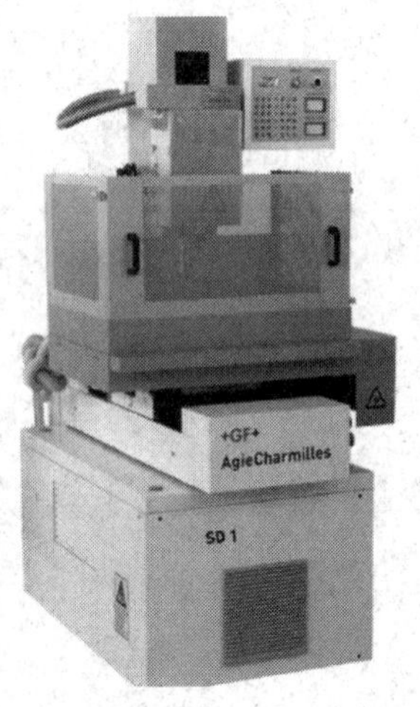

图 5—1—1　电火花小孔机

比机械钻孔加工要快许多。该方法特别适合于直径为 0.1 ~ 3 mm 的小孔加工，而且其深径比可达300:1。

一、电火花小孔机的工作原理

小孔机是利用连续移动的细金属（称为电极丝）作为电极，对工件进行脉冲火花放电蚀除金属，从而穿孔成型。与电火花线切割机床、电火花成型机床不同的是，它的电脉冲电极是铜管，加工介质（如蒸馏水、纯净水）从铜管中心流过，将电蚀物排出加工区域，铜管电极与工件发生放电，腐蚀金属达到穿孔的目的。小孔机用于加工超硬钢材、硬质合金、铜、铝及任何可导电性物质的细孔，其加工原理如图 5—1—2 所示。

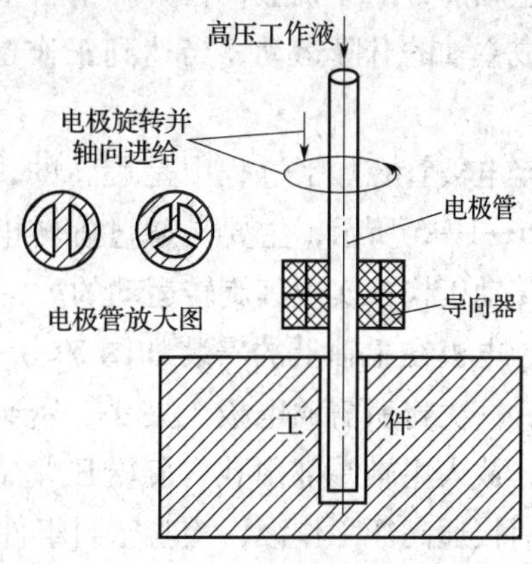

图 5—1—2 电火花小孔加工原理

二、电火花小孔机的结构

电火花小孔机主要由操作面板箱、主轴部分、工作台、工作液系统及电气系统等组成，如图 5—1—3 所示。

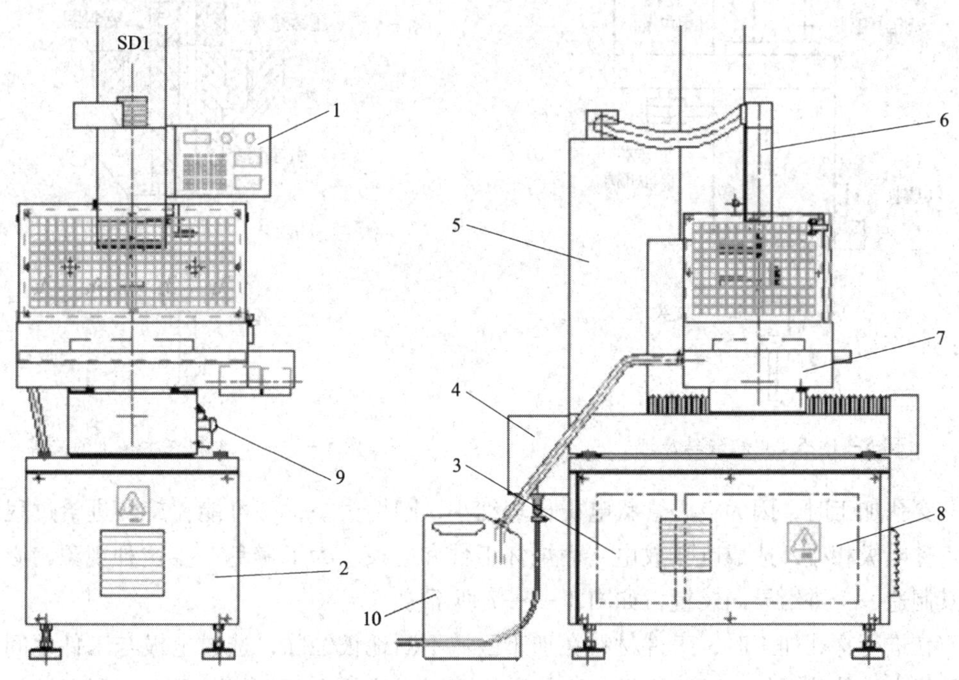

图 5—1—3 电火花小孔机的组成

1—操作面板箱 2—底座 3—高压泵 4—水箱 5—立柱 6—主轴部分
7—工作台 8—电气系统 9—急停开关 10—废水桶

1. 主轴部分

主轴部分主要由升降滑台、主轴、密封系统和导向系统等组成，如图 5—1—4 所示。升降滑台装在主轴前方的导轨上，在升降滑台电动机的驱动下完成主轴的升降运动，当达到工作位置后，停机锁定。

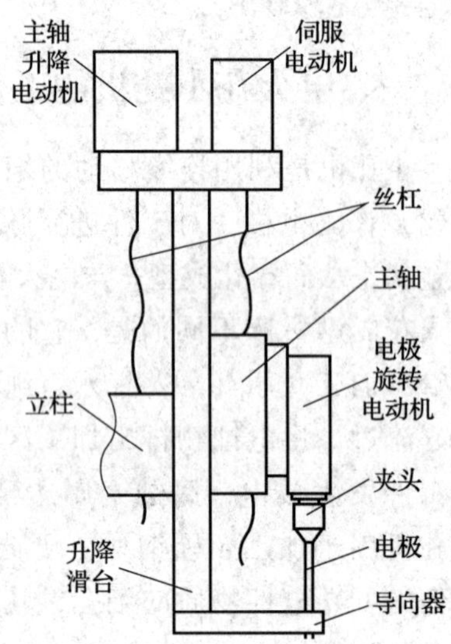

图 5—1—4 电火花小孔机主轴部分

电极管在加工过程中是旋转的，其旋转原理如图 5—1—5 所示，主要是通过旋转电动机带动同步带传动机构来实现其旋转运动的。

电极在主轴上的安装如图 5—1—6 所示。安装时，一次将所需的电极、夹头、密封圈等组件组合好，放入主轴端部内孔，旋转压紧螺母即可。安装好后接通高压工作液，检验密封组件的密封效果。

因为电极主要是通过电刷组件来实现导电，所以在安装时应调整好电刷组件，保证加工连续顺利。

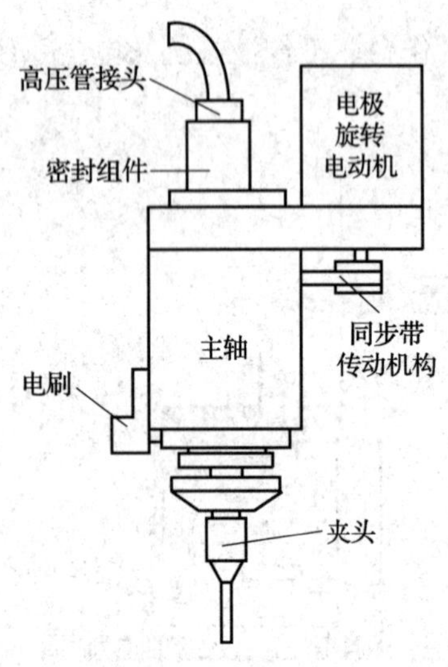

图 5—1—5 电极旋转原理

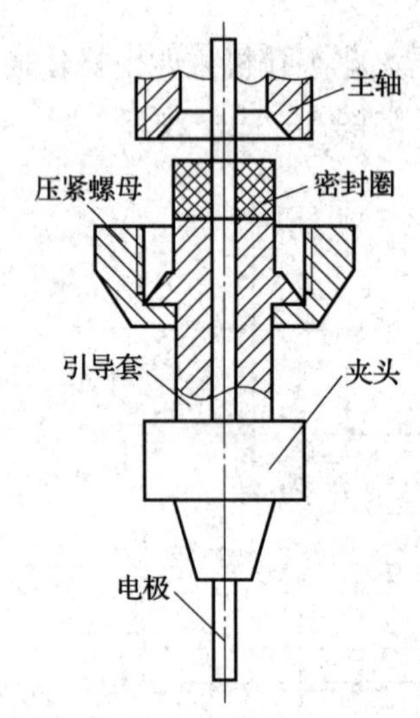

图 5—1—6 电极在主轴上的安装

穿孔加工时，因为空心管状电极比较细小，刚性很差，有可能在旋转进给过程中与工件电极相碰，造成电弧放电，而烧坏工件和电极。为了避免产生这种现象，必须为其制造一个进给导向装置，如图 5—1—7 所示。

在进行穿孔加工时，工件材料在加工区域不断地被蚀除，造成电极与工件之间的间隙增大，使放电加工无以为继。主轴进给伺服系统的主要作用就是在伺服电动机的作用下，根据加工的时间、速度，适时控制主轴带动电极向下做进给运动，保证断面放电间隙恒定，使加工过程连续稳定，如图 5—1—8 所示。

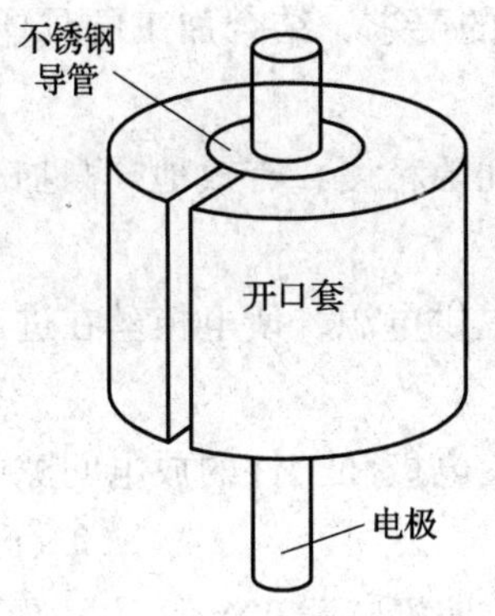

图 5—1—7　电极的进给导向装置

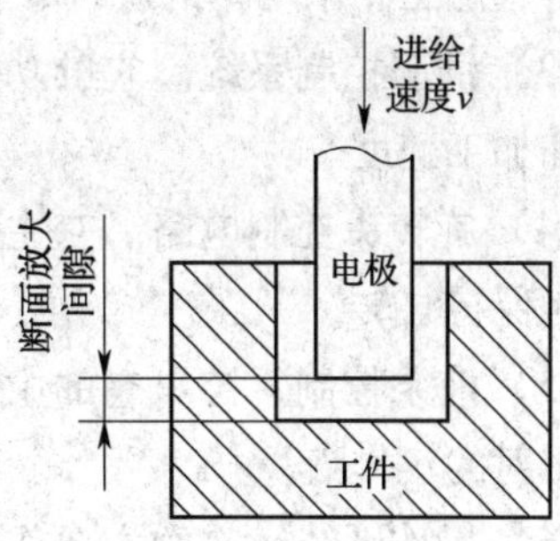

图 5—1—8　端面放电间隙控制

在选配不锈钢套管时，必须注意套管与电极的配合间隙，要做到不松不紧，使电极在进给时无卡阻现象。如果间隙太大，就起不到导向的作用了。

2. 工作台

工作台装在机床底座上，由上滑板、下滑板、中滑板及接液盘等组成。滑板上装有电子尺，滑板运动量反映在控制面板的显示器上。与电火花成型加工机床一样，通过控制 X、Y 两个方向的坐标值，准确地实现工件的找正。为了防止工作时工作液飞溅，工作台上配有由有机玻璃制成的挡液罩。

3. 工作液系统

工作液系统主要由工作液桶、过滤器、高压泵、调压阀、循环管路等组成。它的主要作用是将高压、高速的工作液通过管状电极送入深孔和小孔加工区域，强化电蚀物的排除，使穿孔加工顺利进行，保证加工精度。

4. 电气系统

电火花小孔机的电气系统由脉冲电源、伺服系统、旋转头控制系统、操作系统等组成，如图 5—1—9 所示。

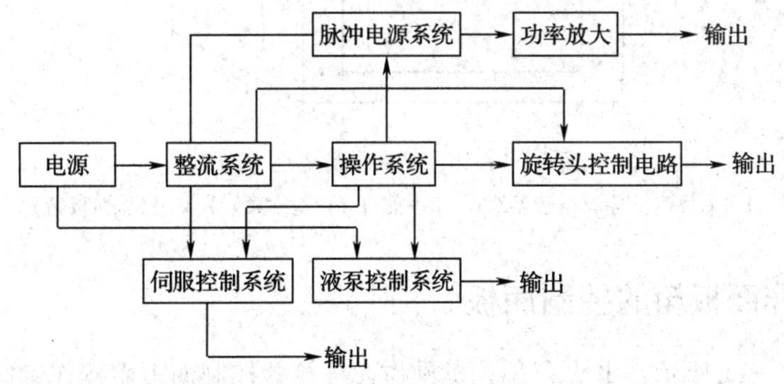

图 5—1—9　电火花小孔机的电气系统方框图

（1）整流系统。将三相交流电源经过变压整流，转换为符合各系统需要的直流电源，供各系统使用。

（2）脉冲电源系统。它的功能是：遵照加工指令的要求，结合加工的具体情况，输出符合加工要求功率的脉冲，供加工使用。

（3）伺服控制系统。它的功能是协调放电加工的间隙精度，有效地提高加工的稳定性和加工速度。

（4）旋转头控制电路。它主要是为旋转头的旋转提供电源，使电极丝在进给过程中同时保持自转。

（5）液泵控制系统。它的主要作用是：在加工时使电极和工件的放电间隙中加入高压溅射的工作液。

（6）操作系统。它的主要作用是：完成人机对话，使机床服从指令。

小孔机的电气和电子元器件主要分布在立柱的右方（操作面板箱）和机床的底盘箱内。底盘箱内的电子元器件都集中装在一个电气框架内，需要大修时，可以从机床的后方拉出电气框架，便于修理。小孔机的电气布局如图 5—1—10 所示。

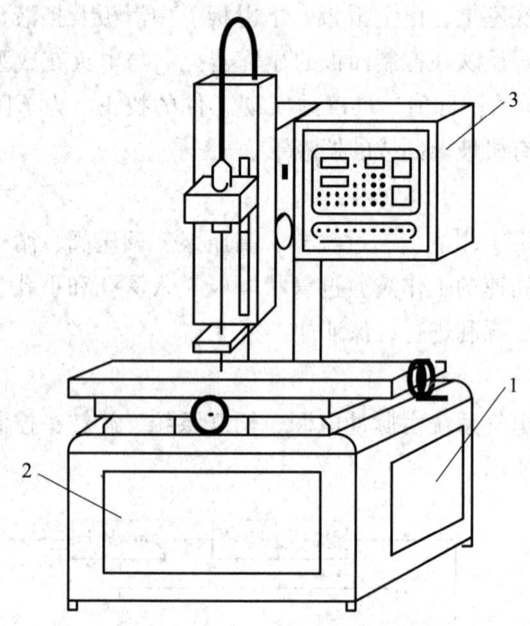

图 5—1—10　小孔机的电气布局

1—右侧门（内有电子器件）　2—前门（内有水泵）　3—操作面板箱

三、操作面板箱的控制面板

如图 5—1—11 所示，电火花小孔机操作面板箱的控制面板由操作键区、VFD 显示区、主菜单、编辑键区、电流表、电压表、POWER ON（电源开）按钮、POWER OFF（电源关）按钮等组成。其中，“（＊）”键为穿透键，当火花从工件底部穿出时，按下此键有助于快速穿透。

图 5—1—11　控制面板

1—操作键区　2—VFD 显示区　3—主菜单　4—编辑键区　5—电流表
6—电压表　7—电源开　8—电源关　（＊）—穿透键

1．操作键区

操作键主要用于坐标轴的移动与控制，具体功能见表 5—1—1。

表 5—1—1　　**操作键功能**

按键	名称	功能
SPO	高速移动及其指示灯	在手动方式下按下该键时，高速移动被选择，指示灯亮
SP1	中速移动及其指示灯	在手动方式下按下该键时，中速移动被选择，指示灯亮
SP2	低速移动及其指示灯	在手动方式下按下该键时，低速移动被选择，指示灯亮
SP3	单步移动及其指示灯	在手动方式下按下该键时，单步移动被选择，指示灯亮
+X	*X* 轴正向移动	在手动方式下按下该键时，*X* 轴以选定的速度正向移动；松开按键，运动停止
-X	*X* 轴负向移动	在手动方式下按下该键时，*X* 轴以选定的速度负向移动；松开按键，运动停止
+Y	*Y* 轴正向移动	在手动方式下按下该键时，*Y* 轴以选定的速度正向移动；松按键，运动停止
-Y	*Y* 轴负向移动	在手动方式下按下该键时，*Y* 轴以选定的速度负向移动；松开按键，运动停止
+Z	*Z* 轴正向移动	在手动方式下按下该键时，*Z* 轴以选定的速度正向移动；松开按键，运动停止
-Z	*Z* 轴负向移动	在手动方式下按下该键时，*Z* 轴以选定的速度负向移动；松开按键，运动停止

续表

按键	名称	功能
ST	忽略接触感知	当电极管与工件接触后，坐标轴将无法移动。此时按下该键，可暂时取消接触感知。按下轴移动键，坐标轴可移动；松开轴移动键，接触感知又自动生效
PUMP	高压泵开关	在手动方式下按下该键时，高压泵启动；再按一下该键，高压泵停止
R	R 轴开关	按下该键时，R 轴旋转；再按一下该键，R 轴停止
OFF	程序停止	按下该键时，程序停止执行，且 Z 轴回退至当前孔的加工起始点。如果在回退过程中再次按下该键，则轴移动会立即停止

2. 显示区

显示区主要用于显示坐标、机床状态、加工参数、加工程序等。

3. 主菜单

主菜单主要用于位置、参数的设置，具体功能见表5—1—2。

表5—1—2　　主菜单功能

按键	名称	功能
EDIT	编辑窗口	按下该键后，进入编辑屏，可以键入新程序，也可以修改原程序
COND	参数窗口	按下该键后，显示加工参数，可对参数进行修改
MANU	手动窗口	用于显示机床坐标及状态信息
SET0	设定坐标的参考点	用于设定参考点

4. 编辑键区

编辑键主要用于程序的编写和编辑，具体功能见表5—1—3。

表5—1—3　　编辑键功能

按键	功能	按键	功能
Prev Page	向前翻一屏	↑	光标上移一行
Next Page	向后翻一屏	↓	光标下移一行
ENT	功能键	←	光标左移一列
SAVE	功能键	→	光标右移一列
0～9	数字键		

四、电火花小孔机的安全操作规则

1. 操作小孔机时可能存在的危害

（1）高电压有可能对操作者、助手及参观者造成电击。

（2）放电加工过程中所产生的废物有可能污染土壤及地下水。

（3）机床运转所产生的电磁干扰有可能对供电网和无线电信号产生干扰。

上述危害可以通过采取一系列的安全防护措施而大大降低。

2. 加工操作的安全保护措施

操作者应该正确使用小孔机上的安全保护装置，具体如下：

（1）开门断电保护装置

加工时所有安全防护盖、板、罩必须安装就位，如图5—1—12所示。与防护罩联锁的安全保护开关在拆下防护罩时会起到中止加工的保护作用。但当人工干预将开关的推杆拉出来时（图5—1—13），机床仍可进行放电加工。人工干预将开关推拉杆拉出时，严禁进行放电加工，此时专业人员（包括经过培训的用户专业维修人员）可对机床进行维修调试。

图5—1—12 开关被压下状态

图5—1—13 提起开关

（2）温度保护装置

当电气箱温度超过60℃时，该装置切断加工电源。

（3）液面控制装置

当水箱内水位下降至设定水位时，该装置切断加工电源。

（4）废物处理

电加工过程中所产生的废物在任何情况下都不能随便排入下水道、扔入垃圾池或其他场所。

（5）电磁防护

电火花小孔机的电磁保护应该按照相关国标规定来实施。按照《工业、科学和医疗（ISM）射频设备 骚扰特性限值和测量方法》（GB/T 4824—2013）的规定，电火花小孔机属于2组A类设备，即属于非家用和不直接连接到住宅低压供电网络的所有设施中使用的工、科、医设备。其电火花加工系统会对电视和收音机造成干扰，但是仅在特殊区域才需要对其屏蔽。可采取下列措施防止工作区域及电网中伴随生成的辐射：

1）安装位置必须尽可能远离产生干扰的发射器和接收器。

2）在可能的情况下，机床应不放置在靠近街道和居民区的一边。

3）最好将机床安装在基座上，而不安装在地面上。

4）最好将机床安装在混凝土建筑中，而不安装在木建筑中。

五、电火花小孔机的维护保养

按照机床润滑明细表（表5—1—4）的要求，按时对机床进行润滑保养，使机床各部件灵活运转。

表5—1—4　　机床润滑明细表

润滑部位	润滑剂品牌号	润滑方式	润滑周期	更换周期
工作台横向、纵向丝杠	锂皂基2号润滑脂	油枪注入	每半年一次	大修
Z轴丝杠和导轨	锂皂基2号润滑脂	油枪注入	每半年一次	大修
工作台横向、纵向导轨	40号机油	油枪注入	每周一次	
辅助轴的导向轴	40号机油	油枪注入	每周一次	
高压泵内	32号机油	注入	随时补充	

技能训练

一、基本操作

1. 开机

图5—1—14　开机操作

1—急停开关　2—电源总开关

（1）开机前应将所有的防护罩安装到位。如图5—1—14所示，接通外网电源后，旋转机床右侧的急停开关按钮（红色蘑菇头）使其处于弹起状态，再置电源总开关于“ON”位置给机床通电。

（2）按下控制面板上的“POWER ON”按钮（图5—1—11中的按钮7），该按钮中的指示灯亮，表明机床正处于工作中。屏幕显示如下：

W	e	l	c	o	m		t	o		u	s	e		S	D
P	l	e	a	s	e		w	a	i	t					

此时，主控制系统正与前台操作系统通信联络。通信成功后，屏幕显示如下：

C	o	m	m		s	u	c	c	e	s	s	!	
V	e	r	s	i	o	n			0	3	-	0	4

其中“03”表示主控制系统软件版本号，“04”表示前台操作系统软件版本号。

数秒钟后，系统进入 MANU 状态，屏幕显示如下：

M	A	N	U				X	+	0	0	0	.	0	0	0
P	A	G	E	1			Y	-	0	0	0	.	0	0	0

“PAGE1”表示屏幕号码，后面的“X+000.000”“Y-000.000”表示当前坐标。

2. 关机

在任何时候，按下控制面板上的“POWER OFF”按钮，指示灯灭，显示器灭，机床停止工作。

在紧急情况下，按下急停开关按钮，总开关断开，切断机床电源，机床停止工作。

3. 移动坐标轴

选择图 5—1—11 所示主菜单中的“MANU”键，使机床处于手动模式。在未安装电极、工件的情况下，才可以操作空行程使工作台和主轴移动，以免操作中主轴与工作台上的物品碰撞而造成机床损伤。具体步骤如下。

（1）选择操作键区的“SP0”键，使坐标轴处于高速移动状态。

1）选择操作键区的“+X”键，使工作台在 *X* 轴正方向高速移动。在操作过程中可以感受机床高速运动的速度，并能清晰地辨析工作台移动的 *X* 轴正方向。

2）选择操作键区的“-X”键，使工作台在 *X* 轴负方向高速移动。在操作过程中可以感受机床高速运动的速度，并能清晰地辨析工作台移动的 *X* 轴负方向。

3）选择操作键区的“+Y”键，使工作台在 *Y* 轴正方向高速移动。在操作过程中可以感受机床高速运动的速度，并能清晰地辨析工作台移动的 *Y* 轴正方向。

4）选择操作键区的“-Y”键，使工作台在 *Y* 轴负方向高速移动。在操作过程中可以感受机床高速运动的速度，并能清晰地辨析工作台移动的 *Y* 轴负方向。

5）选择操作键区的“+Z”键，使主轴在 *Z* 轴正方向高速移动。在操作过程中可以感受机床高速运动的速度，并能清晰地辨析主轴移动的 *Z* 轴正方向。

6）选择操作键区的“-Z”键，使主轴在 *Z* 轴负方向高速移动。在操作过程中可以感受机床高速运动的速度，并能清晰地辨析主轴移动的 *Z* 轴负方向。

（2）选择操作键区的“SP1”键，使坐标轴处于中速移动状态，分别操作机床的 *X/Y/Z* 轴正、负方向移动，感受机床中速运动的速度。

（3）选择操作键区的“SP2”键，使坐标轴处于低速移动状态，分别操作机床的 *X/Y/Z* 轴正、负方向移动，感受机床低速运动的速度。

（4）选择操作键区的“SP3”键，使坐标轴处于单步移动状态，分别操作机床的 $X/Y/Z$ 轴正、负方向移动，确认机床单步移动距离。

二、机床维护保养

1. 水箱过滤网的检查

每天开机前，应检查水箱内的过滤网是否堵塞、破损。因为过滤网堵塞会造成高压泵供水不足而损坏；而过滤网破损会使杂物进入高压泵，同样会造成高压泵的损坏。如果水箱存在堵塞，应及时清理；如果水箱及附件有破损，应及时更换。

2. 润滑机床

小孔机的工作台左右两侧的润滑点（图 5—1—15a）、辅助轴的润滑点（图 5—1—15b）等每天应加注 40 号机油润滑一次。

a）　　b）

图 5—1—15　润滑点

a）工作台两侧　b）辅助轴

3. 机床日常清洁操作

（1）经常保持机床清洁，每日工作完成后，应将夹头、导套、小垫、密封套、螺母及红宝石导向器拆下，擦拭干净后放入附件盒内。

（2）水箱内要绝对保持清洁，不得有杂物、颗粒物落入其中，以免损坏高压泵。

（3）机床外表油漆面不能用汽油、煤油等有机溶剂擦拭，只能用中性清洁剂或水擦拭。

（4）要保持空气过滤器的清洁，每月清扫一次，确保畅通（图 5—1—16）。

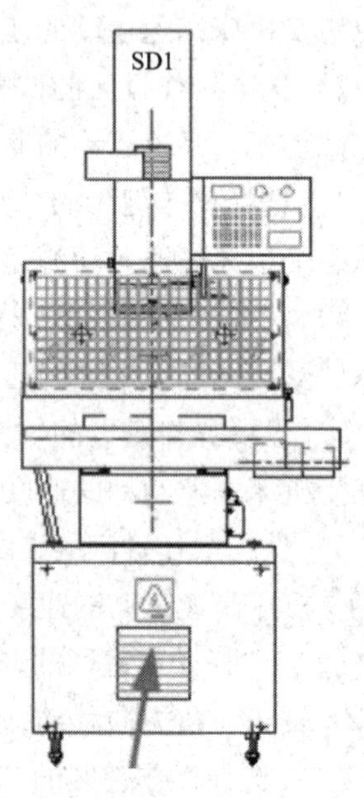

图 5—1—16　空气过滤器位置

4. 机床保护罩内的检查操作

机床多个部位有保护罩，用于保护罩内的机床结构。保护罩内的检查、维护每半年必须做一次。

（1）拆下 Y 轴防护罩、风琴防护罩，检查导轨面是否有划伤，润滑油路是否通畅，回油槽是否通畅，如图 5—1—17 所示。

（2）拆下 R 轴防护罩，检查主轴上端是否漏水，如图 5—1—18 所示。如果出现漏水，应更换密封圈。

（3）拆下 Z 轴护罩，检查 Z 轴及辅助轴导轨工作情况是否正常，如图 5—1—19 所示。

（4）拆下后护罩，检查高压泵（图 5—1—20）运转是否良好，各接头是否有渗水、漏水现象，传动带是否破损。

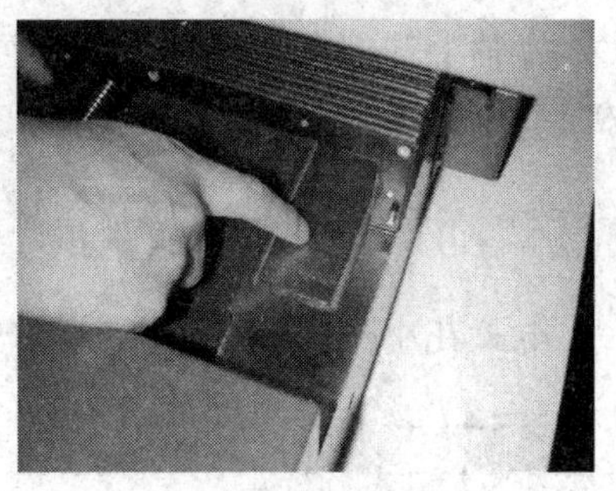

图 5—1—17 导轨面检查

图 5—1—18 R 轴检查位置

图 5—1—19 Z 轴检查位置

图 5—1—20 高压泵结构

1—高压管 2—溢流管 3—高压泵 4—油盆 5—传动带 6—电动机

5. 调整、保养高压泵

高压泵的压力应根据工艺参数表的要求进行调整，最高压力不大于 9.5 MPa。高压泵的调整位置如图 5—1—21 所示。高压泵属于小孔机的关键部件，应时刻注意高压泵的工作状况，发现高压泵有异常现象时应立即停机检查。观察泵体内润滑油是否在油窗位置上，泵体上是否有漏油、漏水现象，压力是否稳定。

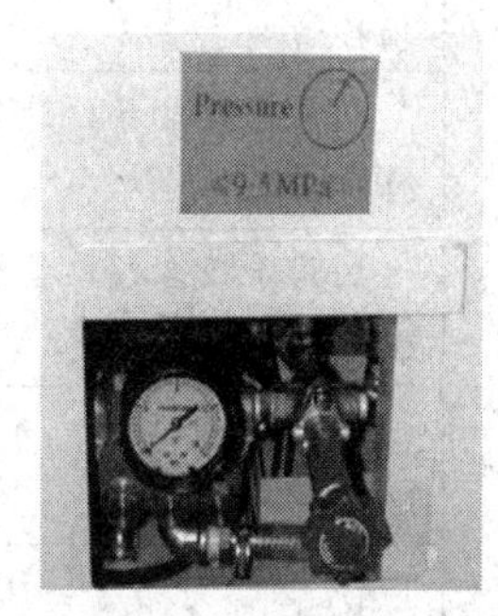

图 5—1—21 高压泵的调整位置

6. 更换主轴易损件

主轴上部进水处的密封圈，主轴夹头处的密封套均属于易损件。当易损件出现损坏时会出现漏水现象，此时应立即更换。

三、评分标准

电火花小孔机基本操作与维护保养评分标准见表5—1—5。

表5—1—5 电火花小孔机基本操作与维护保养评分标准

考核项目	考核内容及要求	配分	评分标准	检测结果	得分
基本操作	利用手控盒按高速控制 X 轴移动	4	按规定距离移动，每超差 0.1 mm 扣 2 分		
	利用手控盒按中速控制 X 轴移动	4	按规定距离移动，每超差 0.01 mm扣 2 分		
	利用手控盒按低速控制 X 轴移动	4	按规定距离移动，每超差 0.001 mm 扣 2 分		
	利用手控盒按单步速度控制 X 轴移动	4	按规定距离移动，每超差 0.001 mm 扣 2 分		
	利用手控盒按高速控制 Y 轴移动	4	按规定距离移动，每超差 0.1 mm 扣 2 分		
	利用手控盒按中速控制 Y 轴移动	4	按规定距离移动，每超差 0.01 mm 扣 2 分		
	利用手控盒按低速控制 Y 轴移动	4	按规定距离移动，每超差 0.001 mm 扣 2 分		
	利用手控盒按单步速度控制 Y 轴移动	4	按规定距离移动，每超差 0.001 mm 扣 2 分		
	利用手控盒按高速控制 Z 轴移动	4	按规定距离移动，每超差 0.1 mm 扣 2 分		
	利用手控盒按中速控制 Z 轴移动	4	按规定距离移动，每超差 0.01 mm 扣 2 分		
	利用手控盒按低速控制 Z 轴移动	4	按规定距离移动，每超差 0.001 mm 扣 2 分		
	利用手控盒按单步速度控制 Z 轴移动	4	按规定距离移动，每超差 0.001 mm 扣 2 分		
	开机	5	未按规范要求操作每次扣 2.5 分		
	关机	5	未按规范要求操作每次扣 2.5 分		

续表

考核项目	考核内容及要求	配分	评分标准	检测结果	得分
维护	润滑	6	少润滑一处扣2分		
	易损件的检查与更换	6	未按规范要求操作每次扣3分		
	高压泵的检查维护	6	未按规范要求操作每次扣3分		
	机床清洁	6	未按规范要求操作每次扣3分		
安全文明生产	正确执行安全技术操作规程	4	每违反一项规定扣2分		
	正确穿戴劳动保护用品	4	工作服（帽）等穿戴不整齐不得分		
工时定额	110 min	10	每超10 min扣5分，超30 min考核不及格		
总分		100			

课题二　单孔加工

一、小孔加工要求及难点分析

1. 小孔加工的特点及要求

（1）加工面积小，深度大，直径一般为0.1～3 mm。

（2）小孔加工多数为盲孔，因此要考虑利于排屑的问题。

（3）应保证一定的表面粗糙度以及圆度要求。

2. 难点分析

由于加工小孔时工具电极截面积小，可用的加工电规准小，爆炸力弱，使得电蚀产物在孔底难以排出；随着加工的进行，放电间隙的电蚀产物浓度越来越高，容易在间隙中搭桥，造成短路，使加工不稳定，而且二次放电的概率越来越高。这些不仅使生产效率下降，还使得加工质量受到很大影响，例如加工的孔存在严重的喇叭口等。小孔电火花加工由于电极截面积小，容易变形，不易散热，排屑又困难，因此电极损耗大。

二、电极管

电极管又称为电极铜管、小孔机用铜管，是电火花机床加工小孔的专用电极，用于加工各种深小孔及盲孔，如图 5—2—1 所示。电极管用于模具线切割加工的穿丝孔、喷丝板的喷丝孔、筛板的群孔、电板的冲液孔、各种发动机的散热孔、油嘴的喷孔，以及造纸、化纤、食品及其他行业的滤孔等。无论加工件表面是曲面还是斜面，均可顺利高速加工出所需的孔。

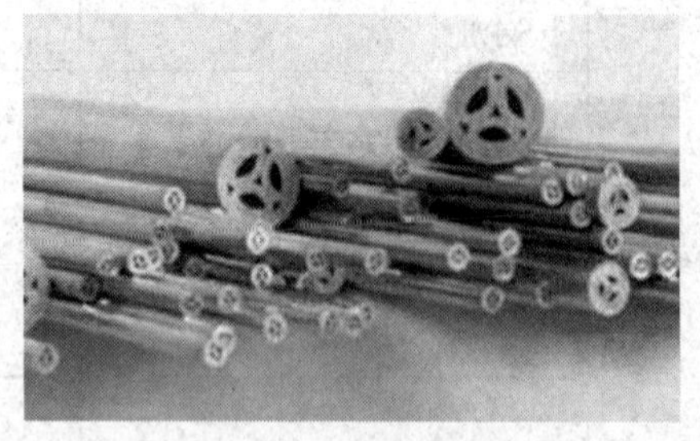

图 5—2—1　电极管

电极管有紫铜管、黄铜管、青铜管，规格为 $\phi0.1 \sim \phi3$ mm。黄铜管用于一般钢材、铝材、石墨等材料的小孔加工，紫铜管用于钨钢、黄铜等材料的小孔加工。

三、加工介质

电火花加工通常采用煤油作为加工介质；加工小孔时，一般采用纯水作为加工介质。纯水作为小孔加工的介质具有以下优点：

1. 使用纯水时，火花间隙的产物只有被加工物和工具电极损耗的微粒。而用煤油作为介质时，由于热作用，煤油本身还析出大量的碳化物微粒，并把其他两种蚀除微粒聚集起来，形成较大的微粒团，使得排出困难，并造成放电拉弧、烧伤，使加工不能继续进行，特别是在排屑条件较差的微细深孔加工中更加明显。

2. 在同样的加工条件下，使用纯水加工时加工微粒的大小约为使用煤油加工时微粒的二分之一，且微粒分散不聚集。因而，加工微粒很容易从加工区排出，使加工能稳定进行。

3. 纯水介质具有散热快、冷却效果好的特点。与煤油介质相比，同一截面积的电极采用纯水能承受比较大的加工电流，其电流密度比使用煤油时高几十倍到几百倍，允许电极在大电流密度下工作，因而容易实现高效的电火花加工。

4. 纯水不燃烧，对人体无害，保证生产安全。

四、小孔加工的工艺参数

1. 电极极性的选择

一般情况下，工具电极极性选择原则是：铜电极对钢，选“+”极性；铜电极对铜，选“-”极性；铜电极对硬质合金，“+”“-”极性都可以；钢电极对钢：选“+”极性。

2. 加工峰值电流和脉冲宽度的选择

加工峰值电流和脉冲宽度主要影响加工表面粗糙度、加工宽度。一般来说，机床制造厂家会提供最大加工峰值电流、最小加工峰值电流、最大脉冲宽度、最小脉冲宽度等参数的指标范围。一般可以把加工峰值电流和脉冲宽度按照粗加工区、半精加工区、精加工区进行大致的划分。精加工区的峰值电流及加工脉冲宽度都最小，最小加工峰值电流为最大加工峰值电流的1/6，最小脉冲宽度为最大脉冲宽度的1/30；半精加工区为最大加工峰值电流的1/6和最大脉冲宽度的1/30，至最大加工峰值电流的1/2和最大脉冲宽度的1/12；最后剩下的即为粗加工区域。加工时，操作者可以根据实际加工情况加以修正。

为达到最终加工要求精度，表面粗糙度值较低，则最终加工峰值电流和脉冲宽度选择时要偏下限一些。对于粗加工，因为后面还有半精加工、精加工，所以其加工峰值电流和脉冲宽度可以偏大一些，以获得大的加工速度。对于半精加工，主要是为了去除粗加工留下的加工痕迹及去除少量余量，所以峰值电流和脉冲宽度一般取中间值。

另外，数控电火花小孔机加工电流选择的影响因素还有电极管直径。一般情况下，电极管直径越大所需的加工电流越大。使用不同规格的电极管时所对应的参考加工电流值见表5—2—1。

表5—2—1　　不同规格的电极管所对应的参考加工电流值

电极管的直径（mm）	加工电流（A）	电极管的直径（mm）	加工电流（A）
<ϕ0.3	0.5～2	ϕ0.7～ϕ1.5	5～15
ϕ0.4～ϕ0.6	2～10	ϕ1.5以上	10～20

3. 脉冲间隙时间选择

脉冲间隙时间影响加工效率，但过短的脉冲间隙时间会引起放电异常，所以选择时重点考虑排屑情况，以保证正常加工。

五、电火花小孔加工过程

加工时，将工件接到脉冲电源的正极，工具电极接脉冲电源的负极。水基工作液介质经水泵加压后，作用到中空管状电极上，在电极的工作端高速喷出，将电火花放电产生的电蚀产物冲走。工具电极在旋转头的作用下做回转运动，一方面可使工具电极端面损耗均匀，不致受高压、高速工作液介质的反作用力而偏斜；另一方面，高压流动的工作液在小孔孔壁按螺旋线轨迹流出孔外，像静压轴承那样使工具电极管“悬浮”在孔心，不易产生短路。图5—2—2所示为电火花小孔机加工小孔示意

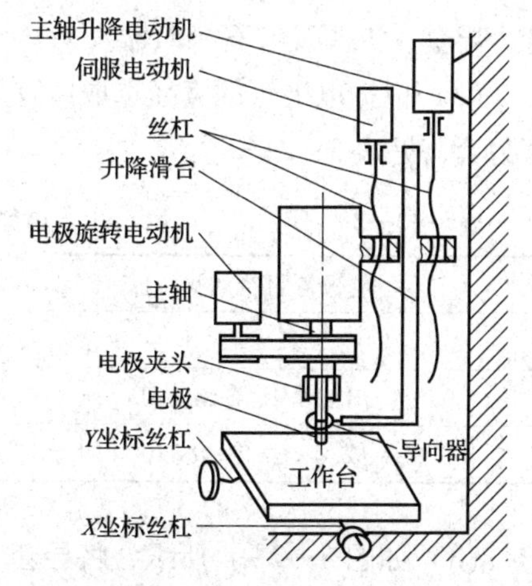

图5—2—2　电火花小孔机加工小孔示意图

图。在加工过程中，工具电极靠伺服系统来调整其放电间隙和加工进给量。将示波器接到工具电极和工件上，可随时采集加工过程中脉冲电源的放电波形，跟踪小孔加工过程中加工参数的变化。

技能训练

本课题要求在 40 mm 厚的钢件表面任意位置加工一个直径为 $\phi 1$ mm 的通孔。

一、工艺分析

查附表 2 可知，加工钢件需用黄铜管，因此选用 $\phi 1$ mm 黄铜管。根据所需的电极直径和工件材料，选择 P06 参数：脉宽 ON 为 79，间隙 OF 为 19，管数 IP 为 04，伺服 SV 为 30，电容 C 为 1。

根据选择的参数可知该加工条件的电极消耗约为 122%，因此 Z 轴加工的最小深度为：$40\times(1+1.22)=88.8$ mm，才能穿通钢件。因为附表 2 中参数为理论参考值，实际加工状态的差异会引起参数值的差异，所以为了保证钢件能完全贯通，加工深度可再增加 10 mm。因此，Z 轴向加工深度为 $88.8+10=98.8$ mm，取整为99 mm。

二、装夹工件及安装电极管

1. 装夹工件

将工件装在夹具上，工件距工作台面至少 10 mm，以便电极管能从工件底部穿出，如图 5—2—3 所示。

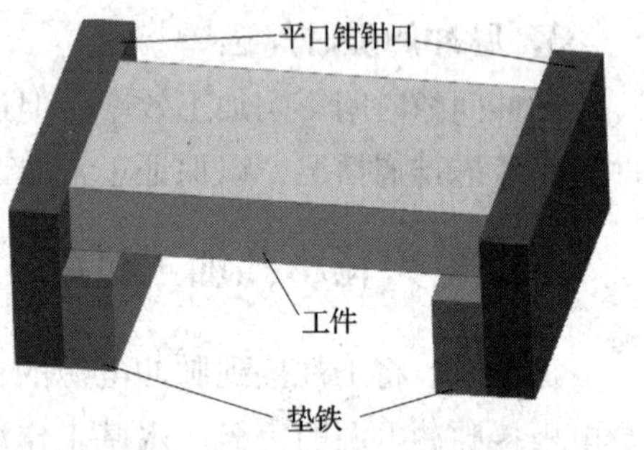

图 5—2—3　工件装夹示意图

2. 安装电极管

（1）选好与要加工孔径相同直径的电极管、导套、夹头及宝石导向器。

（2）根据电极管的直径选取适宜的小垫和密封套，见表 5—2—2。

表 5—2—2　小垫和密封套的选取

电极管直径（mm）	小垫（mm）	密封套（mm）
丝径≤$\phi 1.0$	$\phi 1.1$	$\phi 1.0$
$\phi 1.0$ < 丝径≤$\phi 2.0$	$\phi 2.1$	$\phi 2.0$
$\phi 2.0$ < 丝径≤$\phi 3.0$	$\phi 3.1$	$\phi 3.0$

（3）如图 5—2—4 所示，将导套、小垫、密封套及夹头穿在电极上，并装入旋转轴的孔内，用钩形扳手拧紧螺母。

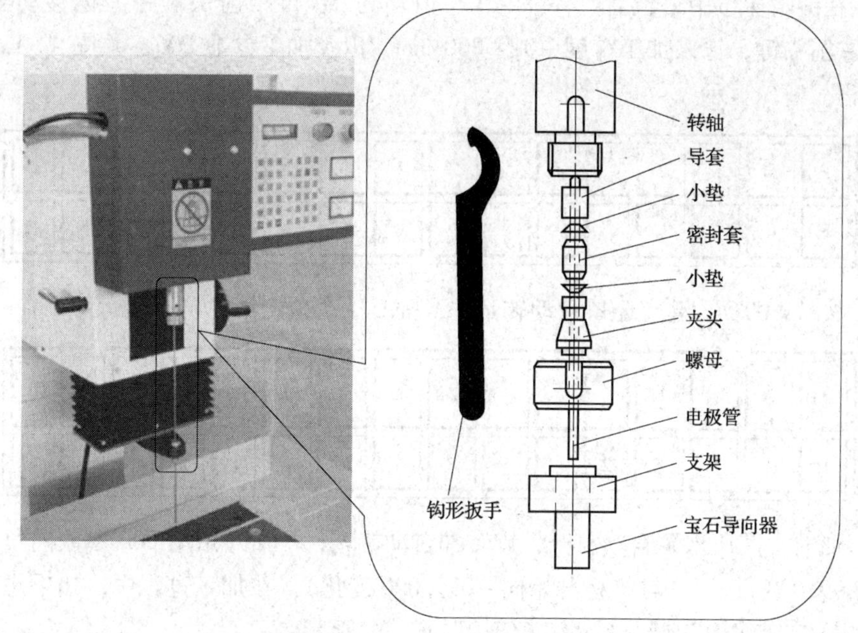

图 5—2—4 电极安装图

（4）将宝石导向器装入支架上，将电极穿入宝石导向器中。

（5）按“PUMP”键，高压泵工作（如果水位太低或防护罩未装，高压泵不会工作），电极管中将会有高压水流出。如果没有水流出，应检查高压泵是否工作。如果高压泵在工作而没有水流出，则说明电极管不通，应更换电极管。

三、加工操作

小孔加工的操作步骤如下。

1. 在任意窗口，用“ +X”“ -X”“ +Y”“ -Y”键移动工件到要穿孔的位置。

2. 用“ -Z”“ +Z”键移动 *Z* 轴，使电极管接近工件上表面。快要接触时，按下“SP2”键，选择“低速”挡移动 *Z* 轴，使电极管与工件慢慢接触短路。当电极管与工件接触后，*Z* 轴会自动停止。

3. 按“SETO”键，窗口显示：

S	E	T	0				X	+	0	0	0	.	0	0	0
P	A	G	E	1			X	+	0	0	0	.	0	0	0

4. 按“ENT”键，电极管与工件接触点被设为 *X* 轴零点。按照同样的方法再分别设置 *Y*、*Z* 轴零点。

5. 按“ST”键后再按“ +Z”键移动 *Z* 轴，使电极管与工件脱离接触，让电极管距工件 2 mm。

6. 在编辑窗口中，设置“X”“Y”值均为0，再用箭头键将光标移动至“Z”后，按左箭头键，输入加工深度 -099.000 mm，以及加工参数P06，并按“SAVE”键结束编程。窗口显示：

E	D	I	T				Z	–	0	9	9	.	0	0	0
N	0	0	1				P	0	6				E	N	D

7. 按“AUTO”键，窗口自动转到“MANU”窗口的第二屏，显示：

M	A	N	U			☺	Z	+	0	0	2	.	0	0	0
P	A	G	E	2			S	T	U			.			

8. 此时，高压水泵自动打开，旋转轴自动旋转，*Z*轴开始用P06参数向负向加工直到 -099.000 mm（*Z*轴坐标开始向 -099.000变化）。在加工过程中，如果想更改加工参数，按“COND”键，进入“COND”窗口，显示：

P			O	N		O	F		I	P		S	V		C
0	6		7	9		1	9		0	4		3	0		1

如果想将IP改为05，将光标移动到IP下，键入05，则显示为：

P			O	N		O	F		I	P		S	V		C
0	6		7	9		1	9		0	5		3	0		1

按“SAVE”键后，该修改生效。

9. 按“MANU”键，进入“MANU”窗口第二屏，显示目前*Z*轴位置：

M	A	N	U			☺	Z	–	0	6	5	.	0	0	0
P	A	G	E	2			S	T	U			.			

10. 当电火花从工件底部穿出，表明孔已钻通，高压水从底部流出。电极管不易从底部穿出，此时按一下“穿透”键，系统将用专门的参数来加工，有助于快速穿透；再按一次该键，恢复原来的加工参数。

11. 待加工到 -99 mm时或按“OFF”键后，系统停止加工，*Z*轴自动回到加工起始点，高压水停止，旋转轴停止；在第一行第七列的“☺”符号消失，表明自动加工结束。

四、评分标准

电火花小孔机加工单孔评分标准见表5—2—3。

表5—2—3 电火花小孔机加工单孔评分标准

考核项目	考核内容及要求	配分	评分标准	检测结果	得分
加工操作过程	电极管安装	9	未按规范要求操作每次扣3分		
	工件装夹	6	未按规范要求操作每次扣3分		
	切削液添加	6	未按规范要求操作每次扣3分		
	参数选择	8	参数选择不合理酌情扣分		
	程序编制	12	程序有错误一处扣3分；有使加工中止的错误程序，全扣分		
	穿孔加工过程控制	9	未按规范要求操作每次扣3分		
维护	润滑	6	少润滑一处扣2分		
	易损件的检查与更换	6	未按规范要求操作每次扣3分		
	高压泵的检查维护	6	未按规范要求操作每次扣3分		
	机床清洁	6	未按规范要求操作每次扣3分		
安全文明生产	正确执行安全技术操作规程	8	每违反一项规定扣2分		
	正确穿戴劳动保护用品	8	工作服（帽）等穿戴不整齐不得分		
工时定额	110 min	10	每超10 min扣5分，超30 min考核不及格		
总分		100			

课题三　多 孔 加 工

电火花小孔机的特别功能 F00 ~ F99，分别代表一个固定的子程序，完成一个规定的任务。常用的特别功能见表 5—3—1。

表 5—3—1　　常用的特别功能

代码	功能	说明
F10	–X 方向找边	电极沿 X 负向接触工件，最后停在接触点
F11	+X 方向找边	电极沿 X 正向接触工件，最后停在接触点（图 5—3—1）
F12	–Y 方向找边	电极沿 Y 负向接触工件，最后停在接触点
F13	+Y 方向找边	电极沿 Y 正向接触工件，最后停在接触点
F14	–Z 方向找边	电极沿 Z 负向接触工件，最后停在接触点
F15	+Z 方向找边	电极沿 Z 正向接触工件，最后停在接触点
F16	X 方向半程移动	X 轴移动到当前坐标值的一半
F17	Y 方向半程移动	Y 轴移动到当前坐标值的一半
F18	找孔中心	电极管沿 X 轴和 Y 轴方向接触工件，最后停在孔的中心位置（图 5—3—2）
F20	X 轴回到所设定的零点	—
F21	Y 轴回到所设定的零点	—
F22	Z 轴回到所设定的零点	—
F23	X、Y 轴分别回到所设定的零点	—
F30	定义接触感知参考点	将 X、Y 轴的当前点定义为接触感知参考点，且 Z 轴值为输入损耗补偿值（图 5—3—3）

如图 5—3—3 所示，当坐标处于 M 点时，执行 F30 后，M 点被设为接触感知参考点，且 Z 轴当前值作为损耗补偿值。当执行 A 点加工→B 点加工→C 点加工→D 点加工程序时，执行顺序如下：首先移动到 A 点，在开始 A 点加工前回到 M 点，在 M 点感知后抬起 2 mm，Z 轴清零，再移动到 A 点并加工到指定的尺寸，然后 Z 轴升起并移动到 B 点；在 B 点加工前回到 M 点再感知，感知后抬起 2 mm 移动到 B 点开始加工；如此反复直到程序结束。

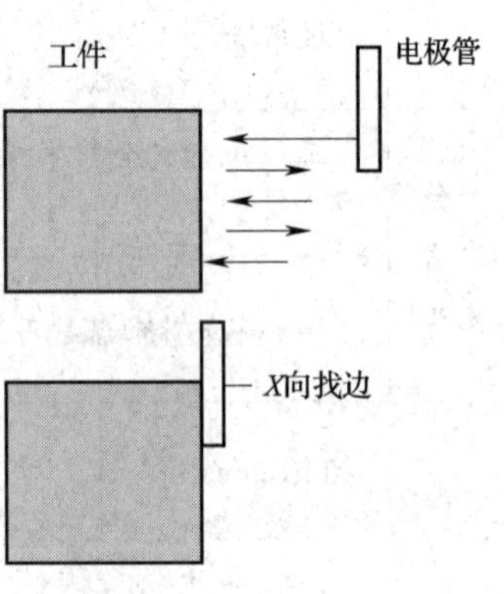

图 5—3—1　电极 X 向找边

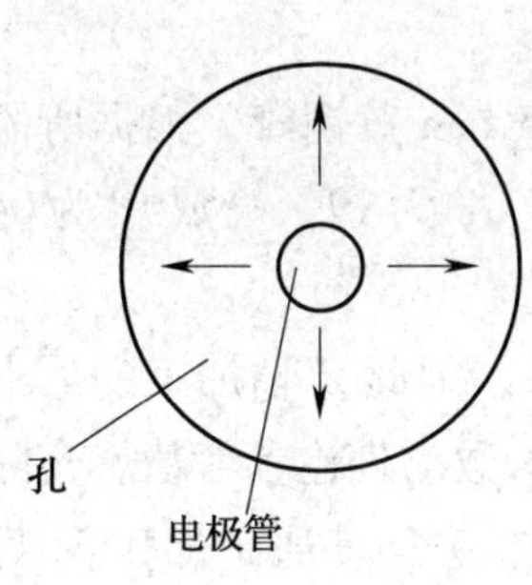

图 5—3—2　电极找正

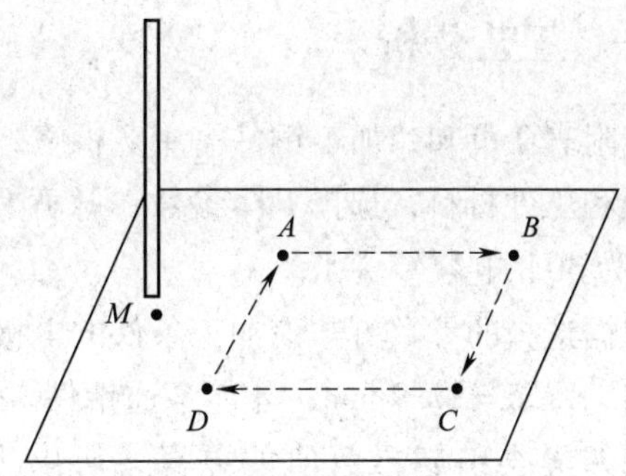

图 5—3—3　接触感知参考点及加工路径

以执行 F90（*X* 轴坐标精度检测）为例，介绍特别功能 F00 ~ F99 的使用。

按下“SET0”键，进入坐标设定窗口，连续按下“Next Page”键进入第四屏：

S	E	T	0				S	p	e	c	i	a	l		F
P	A	G	E	4			F			N	O	T	U	S	E

此时，“F”后两位为空白。用光标键将光标移动到“F”后，键入“90”。按下“ENT”键，机床开始运行 *X* 轴坐标精度检测固定子程序，直到程序结束。同时，屏幕自动回到手动屏（MANU）的相应页。如果中途需要停止，可按下“OFF”键。

技能训练

本课题要求完成 41 × ϕ1.5 mm 通孔加工，如图 5—3—4 所示。毛坯来自模块二课题三，材料为 Cr12 钢，厚度为 18 mm。

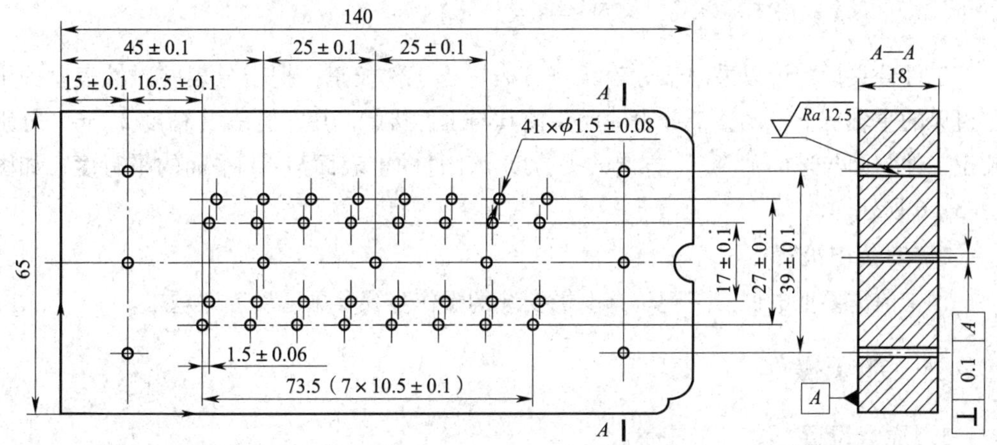

图 5—3—4　多小孔零件图

一、工艺分析

查附表 2 可知，加工钢件需用黄铜管，因此选用 $\phi1.5$ mm 黄铜管。根据所需的电极直径和工件材料，选择 P07 参数：脉宽 ON 为 79，间隙 OF 为 19，管数 IP 为 04，伺服 SV 为 30，电容 C 为 1。

根据选择的参数可知该加工条件的电极消耗约为 55%，因此 Z 轴加工的最小深度为：$18\times1.55=27.9$ mm，才能穿通钢件。因为附表 2 中参数为理论参考值，实际加工状态的差异会引起参数值的差异，所以为了保证钢件能完全贯通，加工深度再加 10 mm。因此，Z 轴向加工深度为 $27.9+10=37.9$ mm，取整为 38 mm。

二、装夹工件及安装电极管

1. 装夹工件

多小孔零件采用平口钳装夹，如图 5—3—5 所示。

图 5—3—5　工件装夹

工件装夹后，可以采用千分表或百分表进行工件校正。把千分表的磁性表座固定在机床的主轴头上，调整千分表的触头使其与工件接触。用千分表（精度 2 μm）分别校正工件侧面与坐标轴 X、Y 方向的平行度，工件的上表面与 XY 平面的平行度，如图 5—3—6 所示。

2. 安装电极管

加工前需要把电极安装到位，电极安装的操作步骤参见模块五课题二。

三、加工操作

1. 原点设置

为保证加工孔距精度，在加工之前必须找准加工基准面，设置加工原点。

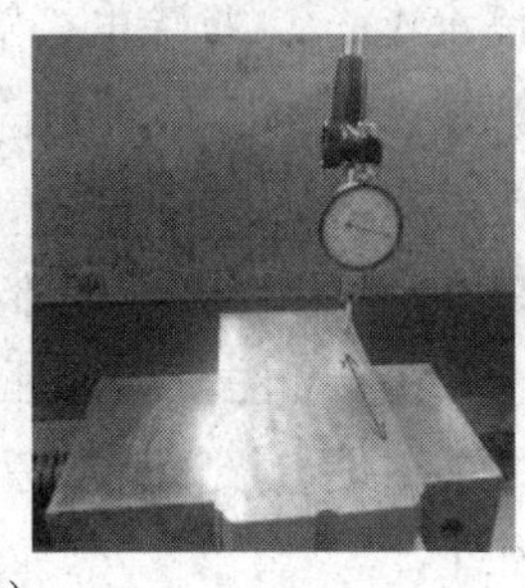

a） b）

图 5—3—6 工件的校正

a）工件侧面与坐标轴 X、Y 方向的平行度 b）工件的上表面与 XY 平面的平行度

（1）开机

首先合上床身右侧的电源总开关，使机床通电；然后按下操作面板上的绿色电源开键。

（2）设定 Y 方向坐标原点

1）在操作面板上，按“+Y”键，使电极向面 1 靠拢，如图 5—3—7a 所示。

2）待接近面 1 时调节放慢速度，在有几毫米余量时用 SP1 速度，有几十丝（1 丝为 0.01 mm）的余量时用 SP2 速度。

3）当小孔机响起警报，电极不能再移动时，表明电极已经碰到了面 1。

4）这时，先按“ST”键，再按“+Z”键，使电极上升到工件上方。

5）按“SETO”键进入坐标设定模式，将 Y 轴坐标清零。

（3）设定 X 方向坐标原点

以工件面 2 为基准，设定 X 方向坐标原点，如图 5—3—7b 所示。设定原点操作与设定 Y 方向坐标原点相同。

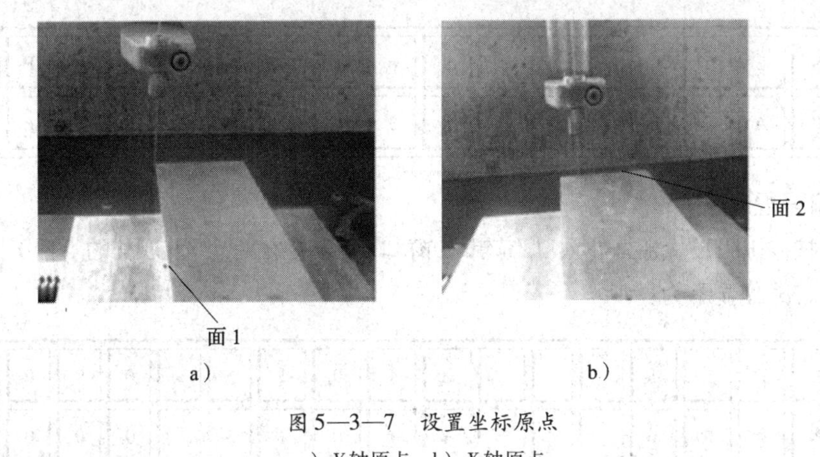

图 5—3—7 设置坐标原点

a）Y 轴原点 b）X 轴原点

2. Z 坐标及参考点设定

在本课题多孔加工中，每加工一个孔电极管损耗长度为 18 × 0.55 = 9.9 mm。标准

电极管长400 mm，排除电极管安装长度，其有效使用长度为300 mm。因此预估计一根电极管最多能加工30个孔。本课题要求加工41个孔，因此需要在加工过程中必须更换一次电极管。

如果在加工之前只设定唯一Z坐标值，加工第二孔比第一孔深度浅9.9 mm，无法使加工继续进行下去。为保证多孔按精度加工完成，必须设定一参考点，在每次加工下一孔之前，使电极管与参考点接触感知，从而校正Z坐标值。设置感知参考点的操作步骤如下。

（1）在电极管移动到工件上表面的孔以外的区域任意一点，按“SET0”键，连续按两次“NEXT PAGE”键，进入“SET0”窗口的第三屏，屏幕显示为：

S	E	T	0			Z	+	0	0	0	.	0	0	0
P	A	G	E	3		Z	+	0	0	0	.	0	0	0

根据前面的计算，电极损耗9.9 mm。为保证电极管在加工到指定深度后既能完全退出工件，又不退出导向器，电极损耗补偿值应多留出余量3～8 mm。因此，将电极损耗补偿值设为12 mm。

（2）按“ENT”键，确定电极损耗补偿值。屏幕显示为：

S	E	T	0			Z	+	0	1	2	.	0	0	0
P	A	G	E	3		Z	+	0	1	2	.	0	0	0

（3）按“NEXT PAGE”键，然后输入“F30”。执行F30命令后，X/Y轴的当前点即被定义成接触感知参考点，且Z轴值为输入损耗补偿值。屏幕显示为：

S	E	T	0			S	p	e	c	i	a	l		F
P	A	G	E	4		F	3	0	N	O	T	U	S	E

3. 编写程序

（1）按“EDIT”键，进入“编辑”窗口，输入第一个加工点的X、Y坐标值（15，13）。屏幕显示为：

E	D	I	T			X	+	0	1	5	.	0	0	0
N	0	0	1			Y	+	0	1	3	.	0	0	0

（2）按“NEXT PAGE”键，输入Z坐标（-.38）及P07加工参数。按“SAVE”键，保存第一点加工编程。屏幕显示为：

E	D	I	T			Z	-	0	3	8	.	0	0	0
N	0	0	1			P	0	7				E	N	D

（3）按“NEXT PAGE”键，继续编辑下一点加工程序，直至编辑完41个孔的加工程序。所有点的 X 与 Y 坐标由图5—3—4获得，Z 坐标均为 -38，加工参数设置均设为P07。

4. 零件加工

（1）按“AUTO”键，高压水自动打开，旋转轴自动旋转，Z 轴开始用P07参数向负向加工直到38 mm。第一点加工结束，Z 轴自动回到比加工起始点低12 mm（电极管的损耗补偿值）的位置。

（2）电极管自动按先 X 轴，后 Y 轴的顺序移动到下一点。加工下一点前，电极管首先回到接触感知参考点，感知 Z 轴零点后再自动移动到下一点，并自动开始加工。

（3）当电极管损耗到一定程度时，程序会使 Z 轴压到 Z 轴极限开关，机床停止加工，表明电极管需要更换。此时，可按下“OFF”键，再手动将 Z 轴升至最高点，更换电极管。

（4）更换电极管后，记住当前点坐标，进入“EDIT”界面按“NEXT PAGE”键，直到当前点坐标后，再按“AUTO”键，继续其余孔的加工。

四、评分标准

电火花小孔机加工多孔零件评分标准见表5—3—2。

表5—3—2　　电火花小孔机加工多孔零件评分标准

考核项目	考核内容及要求	配分	评分标准	检测结果	得分
加工精度	孔径 ϕ（1.5±0.08）mm	0.4×41	超差不得分		
	表面粗糙度 Ra12.5 μm	0.4×41	超差不得分		
	垂直度0.1 mm	0.4×41	超差不得分		
	孔距（17±0.1）mm	0.3×8	超差不得分		
	孔距（27±0.1）mm	0.3×8	超差不得分		
	孔距（10.5±0.1）mm	0.3×28	超差不得分		
	孔距（30±0.1）mm	0.5×3	超差不得分		
	孔距（15±0.1）mm	0.5×3	超差不得分		
	孔距（1.5±0.06）mm	0.8×2	超差不得分		
	孔距（16.5±0.1）mm	1	超差不得分		
	孔距（39±0.1）mm	0.5×2	超差不得分		

续表

考核项目	考核内容及要求	配分	评分标准	检测结果	得分
维护	机床润滑	6	少润滑一处扣2分		
	工量具的维护	4	未按规范要求操作不得分		
安全文明生产	正确执行安全技术操作规程	6	每违反一项规定扣2分		
	正确穿戴劳动保护用品	5	工作服（帽）等穿戴不整齐不得分		
工时定额	180 min	10	每超10 min扣5分，超30 min考核不及格		
总分		100			

附录

附表 1　　　　电火花成型加工参数表（铜电极加工钢）

条件号	面积（cm^2）	安全间隙（mm）	放电间隙（mm）	速度（mm^3/min）	损耗（%）	表面粗糙度 *Ra*（μm）		管数	脉冲间隙	脉冲宽度	参数类型
						侧面	底面				
101		0.04	0.025			0.56	0.7	2	6	9	最小损耗型
103		0.06	0.045			0.8	1.0	3	7	11	
104		0.08	0.05			1.2	1.5	4	8	12	
105		0.11	0.065			1.5	1.9	5	9	13	
106		0.12	0.07	1.2	0.10	2.0	2.6	6	10	14	
107		0.19	0.15	3.0	0.10	3.04	3.8	7	12	16	
108	1	0.28	0.19	10	0.10	3.92	5.0	8	13	17	
109	2	0.40	0.25	15	0.05	5.44	6.8	9	13	18	
110	3	0.58	0.32	22	0.05	6.32	7.9	10	15	19	
111	4	0.70	0.37	43	0.05	6.8	8.5	11	16	20	
112	6	0.83	0.47	70	0.05	9.68	12.1	12	16	21	
113	8	1.22	0.60	90	0.05	11.2	14.0	13	16	24	
114	12	1.55	0.83	110	0.05	12.4	15.5	14	16	25	
115	20	1.65	0.89	205	0.05	13.4	16.7	15	17	26	
121		0.045	0.040			1.1	1.2	2	4	8	标准型
123		0.070	0.045			1.3	1.4	3	4	8	
124		0.10	0.050			1.6	1.6	4	6	10	
125		0.12	0.055			1.9	1.9	5	6	10	

续表

条件号	面积（cm^2）	安全间隙（mm）	放电间隙（mm）	速度（mm^3/min）	损耗（%）	表面粗糙度 Ra（μm）		管数	脉冲间隙	脉冲宽度	参数类型
						侧面	底面				
126		0.14	0.060	2.0	0.40	2.0	2.6	6	7	11	标准型
127		0.22	0.13	4.0	0.40	2.8	3.5	7	8	12	
128	1	0.28	0.165	12.0	0.40	3.7	5.8	8	11	15	
129	2	0.38	0.22	17.0	0.25	4.4	7.4	9	13	17	
130	3	0.46	0.24	26.0	0.25	5.8	9.8	10	13	18	
131	4	0.61	0.31	46.0	0.25	7.0	10.2	11	13	18	
132	6	0.72	0.36	77.0	0.25	8.2	12	12	14	19	
133	8	1.00	0.53	126.0	0.15	12.2	15.2	13	14	22	
134	12	1.06	0.54	166.0	0.15	13.4	16.7	14	14	23	
135	20	1.58	0.84	261.0	0.15	15.0	18.0	15	16	25	
141		0.046	0.04			1.0	1.2	2	6	9	最大去除率型
142		0.090	0.055			1.1	1.4	3	7	11	
143		0.11	0.06			1.2	1.6	4	8	12	
144		0.13	0.065			1.7	2.1	5	9	13	
145		0.15	0.07			2.1	2.6	6	10	14	
146		0.18	0.06	6.0	5.0	2.7	3.7	7	4	8	
147		0.23	0.12	10.0	5.0	3.2	4.8	8	6	11	
148	1	0.29	0.15	15.0	2.5	3.4	5.4	9	7	12	
149	2	0.35	0.19	19.0	1.8	4.2	6.2	9	8	13	
150	3	0.43	0.22	30.0	1.0	4.6	8.0	10	10	15	
151	4	0.61	0.3	45.0	0.9	6.0	9.2	11	11	16	
152	6	0.71	0.35	76.0	0.8	8.0	12.2	12	11	17	
153	8	0.97	0.46	145.0	0.4	11.8	14.2	13	12	20	
154	12	1.22	0.59	220.0	0.4	13.9	17.2	14	12	21	
155	20	1.6	0.81	310.0	0.4	15.0	19.0	15	15	23	

附表 2　　电火花小孔加工工艺参数表（黄铜管加工钢、Cr12）

电极尺寸（mm）	工件厚度（mm）	设置深度（mm）	条件号 P	脉宽 ON	脉间 OF	管数 IP	伺服 SV	电容 C	压力（MPa）	极间电压（V）	极间电流（A）	电极消耗（%）	加工时间（s）
0.3	10	40	P01	79	19	1	40	1	8	25～30	4	275	4
	20	74	P01	79	19	1	40	1	8	25～30	4	250	65
0.5	10	29	P02	59	19	2	27	1	8	25～30	8～10	180	20
	20	56	P02	59	19	2	27	1	8	25～30	8～10	165	50
	40	124	P02	59	19	2	27	1	8	25～30	8～10	188	87
	60	168	P02	59	19	2	27	1	8	25～30	8～10	170	120
	80	288	P02	59	19	2	27	1	8	25～30	8～10	190	360
	100	330	P02	59	19	2	27	1	8	25～30	8～10	215	261
1.0	10	20	P06	79	19	4	30	1	6	30～35	18～20	88	20
	20	48	P06	79	19	4	30	1	6	30～35	18～20	122	41
	40	92	P06	79	19	4	30	1	6	30～35	18～20	122	84
	60	144	P06	79	19	4	30	1	6	30～35	18～20	136	126
	80	196	P06	79	19	4	30	1	6	30～35	18～20	142	117
	100	258	P06	79	19	4	30	1	6	30～35	18～20	155	273
1.5	10	15	P07	79	19	5	25	1	5	20～25	24～26	50	18
	20	34	P07	79	19	5	25	1	5	20～25	24～26	55	46
	40	78	P07	79	19	5	25	1	5	20～25	24～26	90	140
	60	119	P07	79	19	5	25	1	5	20～25	24～26	95	224
	80	254	P07	79	19	5	25	1	5	20～25	24～26	91	273
	100	201	P07	79	19	5	25	1	5	20～25	24～26	99	345
2.0	10	15	P09	79	19	5	25	1	5	20～25	20～22	50	32
	20	32	P09	79	19	5	25	1	5	20～25	20～22	58	65
	40	68	P09	79	19	5	25	1	5	20～25	20～22	65	154
	60	116	P09	79	19	5	25	1	5	20～25	20～22	89	251
	80	128	P09	79	19	5	25	1	5	20～25	20～22	59	337
	100	187	P09	79	19	5	25	1	5	20～25	20～22	78	645

续表

电极尺寸（mm）	工件厚度（mm）	设置深度（mm）	条件号 P	脉宽 ON	脉间 OF	管数 IP	伺服 SV	电容 C	压力（MPa）	极间电压（V）	极间电流（A）	电极消耗（%）	加工时间（s）
2.5	10	11	P11	79	19	6	30	1	5	20~25	28~30	10	41
	20	32	P11	79	19	6	30	1	5	20~25	28~30	57.5	82
	40	72	P11	79	19	6	30	1	5	20~25	28~30	75	152
	60	117	P11	79	19	6	30	1	5	20~25	28~30	85	241
	80	146	P11	79	19	6	30	1	5	20~25	28~30	82.5	326
	100	187	P11	79	19	6	30	1	5	20~25	28~30	84	384
3.0	10	13	P13	79	19	6	20	1	5	15~20	32~34	30	44
	20	32	P13	79	19	6	20	1	5	15~20	32~34	57.5	98
	40	68	P13	79	19	6	20	1	5	15~20	32~34	65	168
	60	104	P13	79	19	6	20	1	5	15~20	32~34	79.5	263
	80	141	P13	79	19	6	20	1	5	15~20	32~34	74.5	338
	100	183	P13	79	19	6	20	1	5	15~20	32~34	76.5	648

附表 3　　电火花小孔加工工艺参数表（黄铜管加工铝）

电极尺寸（mm）	工件厚度（mm）	设置深度（mm）	条件号 P	脉宽 ON	脉间 OF	管数 IP	伺服 SV	电容 C	压力（MPa）	极间电压（V）	极间电流（A）	电极消耗（%）	加工时间（s）
0.3	10	36	P30	39	59	2	40	1	8	60~65	2	230	9
	20	42	P30	39	59	2	40	1	8	60~65	2	105	11
	40	98	P30	39	59	2	40	1	8	60~65	2	140	26
0.5	10	13	P32	79	19	2	30	1	6	50~55	4~6	30	3
	20	26	P32	79	19	2	30	1	6	50~55	4~6	30	7
	40	55	P32	79	19	2	30	1	6	50~55	4~6	33.5	13
	60	84	P32	79	19	2	30	1	6	50~55	4~6	40	21
	80	114	P32	79	19	2	30	1	6	50~55	4~6	41	28
	100	148	P32	79	19	2	30	1	6	50~55	4~6	46	37

续表

电极尺寸(mm)	工件厚度(mm)	设置深度(mm)	条件号P	脉宽ON	脉间OF	管数IP	伺服SV	电容C	压力(MPa)	极间电压(V)	极间电流(A)	电极消耗(%)	加工时间(s)
1.0	10	14	P34	79	19	3	30	1	6	45~50	8~10	30	4
	20	22	P34	79	19	3	30	1	6	45~50	8~10	10	7
	40	48	P34	79	19	3	30	1	6	45~50	8~10	16	15
	60	72	P34	79	19	3	30	1	6	45~50	8~10	16.5	24
	80	96	P34	79	19	3	30	1	6	45~50	8~10	18.5	31
	100	122	P34	79	19	3	30	1	6	45~50	8~10	18.5	48
1.5	10	11	P37	79	19	3	30	1	6	45~50	12~14	10	7
	20	23	P37	79	19	3	30	1	6	45~50	12~14	14	14
	40	48	P37	79	19	3	30	1	6	45~50	12~14	16.5	35
	60	69	P37	79	19	3	30	1	6	45~50	12~14	15	57
	80	96	P37	79	19	3	30	1	6	45~50	12~14	17.5	85
	100	115	P37	79	19	3	30	1	6	45~50	12~14	13.5	109
2.0	10	12	P39	79	19	4	30	1	6	45~50	14~16	11	5
	20	23	P39	79	19	4	30	1	6	45~50	14~16	13.5	11
	40	46	P39	79	19	4	30	1	6	45~50	14~16	15	24
	60	74	P39	79	19	4	30	1	6	45~50	14~16	19.5	63
	80	105	P39	79	19	4	30	1	6	45~50	14~16	28	109
	100	122	P39	79	19	4	30	1	6	45~50	14~16	11.5	112
2.5	10	11	P41	59	19	4	30	1	6	30~35	16~18	10	8
	20	22	P41	59	19	4	30	1	6	30~35	16~18	7.5	17
	40	44	P41	59	19	4	30	1	6	30~35	16~18	9	39
	60	75	P41	59	19	4	30	1	6	30~35	16~18	23.5	102
	80	103	P41	59	19	4	30	1	6	30~35	16~18	22	139
	100	129	P41	59	19	4	30	1	6	30~35	16~18	24	192

续表

电极尺寸（mm）	工件厚度（mm）	设置深度（mm）	条件号 P	脉宽 ON	脉间 OF	管数 IP	伺服 SV	电容 C	压力（MPa）	极间电压（V）	极间电流（A）	电极消耗（%）	加工时间（s）
3.0	10	11	P43	59	19	5	30	1	6	30～35	18～20	10	7
	20	22	P43	59	19	5	30	1	6	30～35	18～20	10	17
	40	50	P43	59	19	5	30	1	6	30～35	18～20	21.5	54
	60	75	P43	59	19	5	30	1	6	30～35	18～20	22.5	87
	80	103	P43	59	19	5	30	1	6	30～35	18～20	26.5	138
	100	123	P43	59	19	5	30	1	6	30～35	18～20	20.5	146